U0192984

复旦发展研究院智库丛书

同盟安全与防扩散

美国延伸威慑的可信度及其确保机制

江天骄 ◎ 著

时事出版社
北京

图书在版编目（CIP）数据

同盟安全与防扩散：美国延伸威慑的可信度及其确保机制/江天骄著．
—北京：时事出版社，2020．11
ISBN 978-7-5195-0350-5

Ⅰ．①同… Ⅱ．①江… Ⅲ．①核安全—研究—美国②
核扩散—防止—研究—美国 Ⅳ．①TL7②D815.2

中国版本图书馆 CIP 数据核字（2020）第 191338 号

出 版 发 行：时事出版社
地　　　址：北京市海淀区万寿寺甲 2 号
邮　　　编：100081
发 行 热 线：(010) 88547590　88547591
读者服务部：(010) 88547595
传　　　真：(010) 88547592
电 子 邮 箱：shishichubanshe@ sina. com
网　　　址：www. shishishe. com
印　　　刷：北京朝阳印刷厂有限责任公司

开本：787×1092　1/16　印张：15.5　字数：230 千字
2020 年 11 月第 1 版　2020 年 11 月第 1 次印刷
定价：95.00 元
（如有印装质量问题，请与本社发行部联系调换）

CONTENTS
目 录

第一章　导论 ……………………………………………………………… /001

一、延伸威慑作为防扩散工具的悖论 ……………… /002

二、延伸威慑有效性的比较历史分析 ……………… /005

三、新时期的延伸威慑与防扩散研究 ……………… /012

第二章　延伸威慑及其可信度困境 ……………………… /018

一、从威慑到延伸威慑的可信度困境 ……………… /018

二、延伸威慑的可信度与防扩散理论 ……………… /024

三、本书的结构安排 …………………………… /035

第三章　延伸威慑的可信度及其确保机制 ……………… /038

一、承诺机制与可信度的确保 ……………………… /038

二、分享机制与可信度的确保 ……………………… /048

三、可信度及其确保机制曲线 ……………………… /056

第四章　美德核分享与核关系再平衡 …………………… /066

一、艾森豪威尔的积极分享政策 …………………… /067

二、从核分享到"多边核力量"计划 ……………… /076

三、肯尼迪的核收缩与美德失信 …………………… /083

　　四、"核计划小组"与核关系再平衡 ⋯⋯⋯⋯⋯⋯⋯⋯ /091
　　五、小结 ⋯⋯⋯⋯⋯⋯⋯⋯⋯⋯⋯⋯⋯⋯⋯⋯⋯⋯⋯ /097

第五章　美意核分享与核关系的稳定 ⋯⋯⋯⋯⋯⋯⋯⋯⋯ /100
　　一、意大利早期对核武装的追求 ⋯⋯⋯⋯⋯⋯⋯⋯⋯ /101
　　二、美意核分享的强化及其成效 ⋯⋯⋯⋯⋯⋯⋯⋯⋯ /107
　　三、美意围绕"多边核力量"的合作 ⋯⋯⋯⋯⋯⋯⋯⋯ /112
　　四、"核计划小组"与核关系的稳定 ⋯⋯⋯⋯⋯⋯⋯⋯ /116
　　五、小结 ⋯⋯⋯⋯⋯⋯⋯⋯⋯⋯⋯⋯⋯⋯⋯⋯⋯⋯⋯ /121

第六章　美日核保护的缺陷与核避险 ⋯⋯⋯⋯⋯⋯⋯⋯⋯ /124
　　一、"核过敏"与美日核保护的缺陷 ⋯⋯⋯⋯⋯⋯⋯⋯ /126
　　二、美日"核密约"对核保护的补充 ⋯⋯⋯⋯⋯⋯⋯⋯ /133
　　三、美日核合作与日本的"核避险" ⋯⋯⋯⋯⋯⋯⋯⋯ /139
　　四、美日太空合作的补偿性效应 ⋯⋯⋯⋯⋯⋯⋯⋯⋯ /150
　　五、小结 ⋯⋯⋯⋯⋯⋯⋯⋯⋯⋯⋯⋯⋯⋯⋯⋯⋯⋯⋯ /156

第七章　美国延伸威慑战略的发展及其影响 ⋯⋯⋯⋯⋯⋯ /160
　　一、冷战后美国延伸威慑战略的演进 ⋯⋯⋯⋯⋯⋯⋯ /162
　　二、北约延伸威慑对全球战略稳定的影响 ⋯⋯⋯⋯⋯ /172
　　三、美日韩延伸威慑对东北亚地区的影响 ⋯⋯⋯⋯⋯ /182
　　四、美国延伸威慑对中美战略稳定的影响 ⋯⋯⋯⋯⋯ /197
　　五、小结 ⋯⋯⋯⋯⋯⋯⋯⋯⋯⋯⋯⋯⋯⋯⋯⋯⋯⋯⋯ /212

第八章　结论 ⋯⋯⋯⋯⋯⋯⋯⋯⋯⋯⋯⋯⋯⋯⋯⋯⋯⋯⋯ /215

参考文献 ⋯⋯⋯⋯⋯⋯⋯⋯⋯⋯⋯⋯⋯⋯⋯⋯⋯⋯⋯⋯⋯ /219

后　记 ⋯⋯⋯⋯⋯⋯⋯⋯⋯⋯⋯⋯⋯⋯⋯⋯⋯⋯⋯⋯⋯⋯ /242

第一章 导论*

核武器一直以来都是国际政治中能够引起广大学者和政策制定者进行激烈辩论的话题。原子弹问世 70 余年后的今天，人们对于核武器究竟如何影响了世界政治仍然缺乏全面的认识。核武器究竟带来了多大的政治优势？在什么情况下核武器能够发挥政治影响力？是否核武器越多就越有利于国家在冲突中获得优势？过去的研究从许多不同的视角进行分析，包括核武器在讨价还价过程中的作用，核战略态势对外交关系的影响，核武器起到预防战争作用的机制及其作为一种强制手段的有效性等。无论选取何种研究视角，其共同的大前提是，由于核武器导致潜在敌人发起攻击并获得战争胜利的成本大幅增加，结果核武器就成了慑止战争的终极武器。因此，获得核武器对于国家来说无论在政治上还是军事上都具有重大的战略意义。然而，在过去的 70 多年里，最终拥有核武器的国家屈指可数。除了研发核武器的资金和技术门槛限制之外，以美国为代表的部分核大国通过向盟友提供核保护的方式化解了许多国家发展核武器的冲动，并由此形成了所谓延伸威慑战略。该战略逐渐成为核大国管控盟友核扩散行为的关键。

---

* 本书得到复旦发展研究院智库丛书出版资助。感谢彭希哲老师、吴心伯老师、张怡老师、黄昊老师等在资助出版过程中所提供的帮助。

本书部分章节的内容已经在学术期刊上发表，江天骄：《同盟与防扩散——美国延伸威慑的可信度及其确保机制》，《外交评论》，2020 年第 1 期；江天骄：《意大利核不扩散政策与美意核合作》，《史林》，2020 年第 2 期。

一、延伸威慑作为防扩散工具的悖论

冷战时期，美国和苏联为了互相遏制对方的行动而开展了旷日持久的核军备竞赛，试图通过强化核战争所带来的毁灭性威胁来迫使对手保持克制。除此之外，两个超级大国还将核武器所具有的强大威慑力延伸到对盟友的保护当中，作为当时最主要的安全承诺。[①] 在具体实践中，美国向北约、日本、韩国、澳大利亚、新西兰、大部分拉美国家以及其他国家或地区提供延伸威慑。苏联则向华约以及其他共产主义阵营国家提供延伸威慑。从结果上看，核武器的存在既避免了美苏直接爆发核大战，又阻止了两大军事集团之间的大规模冲突，是维持冷战处于"长期和平"状态的重要因素之一。[②] 然而，无论从学理上还是从政策实践的过程来看，延伸威慑战略都面临诸多悬而未决的问题。

以美国为首的西方阵营对于核武器的政治和军事效用能否被分享这一问题存在着较大的分歧。美国一直将延伸威慑视为确保关键盟友处于无核地位，避免核武器扩散的重要手段。[③] 其内在逻辑是，当美国向盟

---

① 所谓安全承诺是指核大国向盟友保证当盟友受到军事威胁时核大国会及时干预。但具体的干预方式是采用核武器还是常规手段则取决于具体的承诺或条约内容。一般认为，冷战时期美国对北约国家明确给出了核保护的承诺，但对于其他盟友则将核保护的意思暗含（implied）在口头或书面承诺之中。因此，冷战时期的延伸威慑主要指的是向盟友提供核保护。冷战后，美国也将导弹防御纳入到对盟友的延伸威慑当中。Jeffrey W. Knopf, "Security Assurances: Initial Hypotheses," in Knopf, ed. , *Security Assurances and Nuclear Nonproliferation*, Stanford: Stanford University Press, 2012, pp. 16 – 17.

② John Lewis Gaddis, The Long Peace: Elements of Stability in the Postwar International System, *International Security*, Vol. 10, No. 4 (Spring, 1986), pp. 99 – 142.

③ Kurt Campbell and Robert Einhorn, "Avoiding the tipping point: concluding observations," in Kurt Campbell, Robert Einhorn and Mitchell Reiss, eds. , *The Nuclear Tipping Point: Why States Reconsider Their Nuclear Choices*, *Washington DC: Brookings Institution Press, 2004*, p. 321; Congressional Commission on the Strategic Posture of the United States, *Interim Report of the Congressional Commission on the Strategic Posture of the United States*, Washington, DC: United States Institute of Peace, 2009; James Schlesinger, "Report of the Secretary of Defense Task Force on DOD Nuclear Weapons Management Phase II: Review of DoD Nuclear Mission," Special Report prepared at the Request of the Department of Defense, Washington, DC, 2008; Joseph F. Pilat, "A Reversal of Fortunes? Extended Deterrence and Assurance in Europe and East Asia," *Journal of Strategic Studies*, Vol. 39, No. 4, 2016, pp. 580 – 591.

友提供核保护后，盟国就不必出于安全考虑而寻求发展核武器。历史上最为著名的案例是 20 世纪 60 年代，美国国务院提出在北约建立"多边核力量"（MLF），从而防止无核盟友，尤其是联邦德国发展核武器。此外，时任美国国务卿腊斯克（Dean Rusk）认为，这种通过延伸威慑来防止核扩散的办法也同样适用于日本和印度。① 然而，在获得美国延伸威慑保护的众多盟友当中，包括英国、法国、联邦德国、意大利、日本、韩国以及中国台湾等多个国家和地区已经发展或曾试图发展核武器。显然，在美国的延伸威慑战略与盟友的核不扩散行为之间难以总结出简单的因果关系。而在政策实际执行过程中，美国与其盟友之间也始终龃龉不断。英国前国防大臣希利（Denis Healey）曾对此做出过经典的评价，即延伸威慑要比一般的威慑战略困难得多，其关键问题就在于如何让盟友确信美国会最终履行安全承诺。② 美英两国自二战时期就开展核武器研发项目，英国更是积极加入美国的"曼哈顿工程"。但美国很快推行了核垄断政策，而英国则坚持在没有美国帮助的情况下继续发展核武器。③ 后来的越南战争和苏伊士运河危机则让法国清醒地认识到，美国并不会为了法国的利益而做出牺牲，更不要说相信美国核保护的承诺了。④ 戴高乐明确指出，美国绝不会以身犯险来保卫欧洲，而没有原子弹的法国将成为欧洲一体化后的一个卫星国，又何谈大国地位。⑤ 而当美苏之间处于相互确保摧毁的状态时，为了保护盟友而不惜自我毁灭的

① US Department of State Policy Planning Council, "The Further Spread of Nuclear Weapons: Problems for the West," February 14, 1966, National Archives, Record Group (RG) 59, Records of the Department of State, Records of Policy Planning Council, 1965 – 1968 Subject, Country and Area Files, box 384, Atomic Energy – Armaments (2 of 4), https://nsarchive2.gwu.edu/nukevault/ebb253/doc01.pdf.

② Denis Healey, *The Time of My Life*, London: Michael Joseph, 1989, p. 243.

③ 夏立平：《冷战后美国核战略与国际核不扩散体制》，北京：时事出版社 2013 年版，第 267 – 269 页。

④ 张沱生主编：《核战略比较研究》，北京：社会科学文献出版社 2014 年版，第 161 页。See also Bruno Tertrais, "Nuclear Deterrence and Disarmament: The View from Paris," in *Major Power's Nuclear Policies and International Order in the 21st Century*, Tokyo: The National Institute for Defense Studies, 2010, pp. 143 – 144.

⑤ 张锡昌、周剑卿：《战后法国外交史（1944 – 1992）》，北京：世界知识出版社 1993 年版，第 139 页。

行为显然是非理性的。这充分反映了延伸威慑战略在其可信度问题上所面临的结构性困境。

著名的战略学家谢林（Thomas Schelling）曾对延伸威慑战略的可信度问题做过精彩的分析。延伸威慑首先是建立在核大国对盟友所做出的一系列安全承诺之上的。而在无政府状态下，盟友往往无法全面掌握核大国履行承诺的实力和意志的信息，进而担忧遭受欺骗。这也就造成了可信承诺困境。① 其次，保护本土的威慑战略与保护海外盟友的延伸威慑战略有着天壤之别。让对手不要侵犯本土的威胁拥有与生俱来的可信度。但试图保护他国的领土则是一种外交行为。要让对手相信自己会不惜一切代价来保护他国不仅需要足够的军事实力，更需要把这种意志准确无误的传递给对方并使其相信。② 无论如何花言巧语进行口头上的承诺，美国和盟友在地理上的分割必然导致这种可信度时刻都受到怀疑。尽管美国和苏联在全球层面上通过一系列危机管理、军事博弈和条约的签署维护了战略稳定，但对于部分盟友来说，只要核大国的延伸威慑透露出些许不可靠的迹象，那么盟友在受到严重威胁时就很有可能选择发展核武器。因此，可信度是延伸威慑的核心环节。然而，进一步的问题是，对于不同的盟友，作为同盟内部管理和防扩散工具的延伸威慑为何时而可信时而不可信？是什么因素在影响着延伸威慑的可信度进而导致盟友在核扩散问题上做出截然不同的反应？

20 世纪 50 年代以来，美国就对其盟友实施延伸威慑战略并对全球和地区层面的安全与稳定产生了重要的影响。美国延伸威慑战略在冷战中的主要目的：一是威慑苏联并使其放弃对美国盟友采取大规模军事行动或威逼行为；二是安抚盟友并使其对美国的安全保护充满信心，从而放弃发展核武器。③ 在应对外部威胁的问题上，美国的延伸威慑战略逻辑清晰、效果显著。而在作为一种防扩散工具的问题上，无论是政策实

① Thomas Schelling, *Strategies of Commitment and Other Essays*, Cambridge: Harvard University Press, 2006. p. 3.

② Thomas Schelling, *Arms and influence*, New Haven: Yale University Press, 1966, p. 36.

③ David S. Yost, "Assurance and US Extended Deterrence in NATO," *International Affairs*, Vol. 85, No. 4, 2009, p. 755.

践的过程还是结果都充斥着矛盾。在学理上也没有对一部分延伸威慑战略为何成功起到防扩散的效果，而另一部分又为何失败进行系统性的研究。即便如此，在冷战结束后的今天，美国仍然对将近40个国家提供延伸威慑。其重要理由是延伸威慑有助于预防大规模杀伤性武器的扩散并确保关键盟友处于无核地位，从而积极维护了国际防扩散体制。而批评意见认为，冷战史明确显示延伸威慑不仅无法确保核不扩散，而且还使美国不得不保留庞大的核武库，迟滞了核裁军并拖累了全球防扩散进程。在矛盾的历史和观点面前，有必要解释清楚延伸威慑究竟在何种条件下具备较高的可信度，从而能够有效起到防扩散作用。换言之，通过对冷战史的研究，亟须总结出一套可能增强或削弱延伸威慑可信度的方法，从而能够对当前防扩散进程及全球战略稳定提供指导性意见。

二、延伸威慑有效性的比较历史分析

为了更好地对延伸威慑的可信度变化及其防扩散效果进行研究，同时排除其他可能影响国家核扩散行为的变量的干扰，本书将采取比较案例研究的方法。在研究设计时，尽可能控制干扰变量。为了实现这一目的，首先设定以在冷战期间与美国签署了正式同盟条约或军事互助协议的国家和地区构建案例样本库，避免在界定同盟关系以及是否受到延伸威慑保护的问题上产生争议。① 其中具体包括《美洲国家间互助条约》的20个成员国②；《北大西洋公约》所覆盖的15个北大西洋地区国家③；《澳新美安全条约》所包含的澳大利亚和新西兰2个国家；以及双边同

---

① On Alliance Treaty Obligations and Provisions (ATOP) dataset, see Brett Ashley Leeds et al., "Alliance Treaty Obligations and Provisions, 1815 – 1944," *International Interactions*, Vol. 28, No. 3, 2002, pp. 237 – 260.

② 具体国家名单为：阿根廷、玻利维亚、巴西、智利、哥伦比亚、哥斯达黎加、古巴、多米尼加、厄瓜多尔、萨尔瓦多、危地马拉、海地、洪都拉斯、墨西哥、尼加拉瓜、巴拿马、巴拉圭、秘鲁、乌拉圭、委内瑞拉。

③ 具体国家名单为：比利时、加拿大、丹麦、法国、冰岛、意大利、卢森堡、联邦德国、荷兰、挪威、葡萄牙、英国、希腊、土耳其、西班牙。

盟条约所覆盖的 8 个国家和地区①。

其次，在上述 45 个冷战正式盟友的样本库中，考虑到延伸威慑与防扩散议题的具体限制，需要做进一步筛选。其中，西班牙、以色列和巴基斯坦需要被排除。西班牙尽管与美国开展过军事合作，但在冷战中的大部分时间里都不是美国的正式盟友，直到 1981 年才加入北约。以色列同样直到 1981 年才与美国正式签订安全条约，而此时以色列已经拥有了核武器。巴基斯坦虽然是美国的军事伙伴，但美国明确指出该军事协定不针对巴基斯坦、不针对印度，② 所以巴基斯坦应当被排除。此外，伊朗和中国台湾地区也应当被排除。伊朗和中国台湾地区一度是美国的盟友，但同盟关系也很快走向终结。由于解密档案仍然有限，难以清楚地判断伊朗和中国台湾地区的核武器项目确切的起始时间。③ 因此，很难论证伊朗和中国台湾地区究竟是因为失去了美国的保护而试图发展核武器，还是在仍然受到美国保护时就要寻求研发核武器。如果是前者，那就符合受到外部威胁而发生核扩散的传统理论解释，而与本书探讨延伸威慑可信度的关系不大。如果是后者，那么在相关档案陆续解密之后也能够进一步充实本书的研究。

最后，为了突出延伸威慑可信度这一因素，还需要对其他可能影响国家核扩散行为的因素进行控制。安全因素首当其冲。只有当选取的案例都面临严重的外部安全威胁时，才能进一步分析是否存在其他因素导致这些案例在核扩散的行为上出现差异。在剩余的样本库中，《美洲国家间互助条约》所覆盖的 20 个拉美地区国家基本被排除。尽管冷战期间在拉美地区发生过像古巴导弹危机这样极其严重的危机事件，但拉美国

① 具体国家和地区包括：日本、韩国、中国台湾地区、伊朗、以色列、巴基斯坦、菲律宾和泰国。

② See Husain Haqqani, *Magnificent Delusions：Pakistan，the United States，and an Epic History of Misunderstanding*，New York：Public Affairs，2013.

③ 关于中国台湾地区的核武器计划以及美国的防扩散政策，可参见王震：《一个超级大国的核外交——冷战转型时期美国核不扩散政策（1969－1976）》，北京：新华出版社 2013 年版；夏立平：《冷战后美国核战略与国际核不扩散体制》，北京：时事出版社，2013 年版，第 476－480 页；詹欣：《约束与局限：试述台湾核武器计划与美国的对策》，载《台湾研究集刊》，2014 年第 3 期，第 27－36 页。关于伊朗的核计划，可参见姚大学：《伊朗核危机的历史考察》，载《历史研究》，2009 年第 2 期，第 57－68 页。

家所面临的安全威胁与身处冷战前线的欧洲国家以及东亚国家相比仍然有着不小的差距。此外，拉美地区仅有阿根廷和巴西发展了军用核项目，而其根本原因更多地是出于两国当时的军政府统治以及双方在地区层面的竞争。随着两国的民主化进程，双方的军用核项目也最终没有演变成核扩散。① 同理，南太平洋地区也并非冷战的最前线。澳大利亚和新西兰当时所面临的安全威胁显然不像联邦德国和韩国那样紧迫。因此，如果将案例所面临的外部安全威胁设置为十分严重，那么可供选择的样本只剩《北大西洋公约》所覆盖的 15 个国家以及同美国签署了双边条约的日本、韩国、泰国和菲律宾这 4 个东亚国家。

第二个需要控制的变量是供给侧因素。众所周知，发展核武器需要具备相应的资金、技术和人员，尤其在冷战时期相应的准入门槛还比较高。对于那些本身不具备发展核武器能力的国家来说，传统的同盟理论已经可以给出较好的解释，即由于这些国家不具备独立发展核武器的条件，为了获取安全保障而牺牲一定的防务自主权（autonomy – security trade – off model）。② 也有研究从公共产品的角度指出，弱小的盟友只是搭上了美国延伸威慑的便车来应对外部威胁。③ 在这种情况下，即便核大国真的违背安全承诺，这些不具备核能力的国家也由于自身条件的限制而显得束手无策。相反，对于具备发展核武器能力的盟友来说，传统同盟理论的解释力略显不足。就像英国和法国那样，具备核能力的盟友在感受到外部威胁又怀疑美国延伸威慑可信度的情况下，完全有可能寻求独立拥有核武器。约束自身的核扩散行为或者继续搭便车就不再是自然而然的选择了。所以，在研究延伸威慑可信度与国家核扩散行为的问题时，需要排除那些因为自身能力不足而无法实现核扩散的国家的干扰。

---

① José Goldemberg, "Looking Back: Lessons from the Denuclearization of Brazil and Argentina," *Arms Control Today*, April 1, 2006, https://www.armscontrol.org/act/2006_04/LookingBack.

② James D. Morrow, "Alliances and Asymmetry: An Alternative to the Capability Aggregation Models of Alliances," *American Journal of Political Science*, Vol. 35, No. 4, 1991, pp. 904 – 933; Michael F. Altfeld, "The Decision to Ally: A Theory and Test," *Western Political Quarterly*, Vol. 37, No. 4, 1984, pp. 523 – 544.

③ Glenn Palmer, "Corralling the Free Rider: Deterrence and the Western Alliance," *International Studies Quarterly*, Vol. 34, No. 2, 1990, pp. 147 – 164.

判断是否具有核能力的标准是参照《全面禁止核试验条约》（CTBT）所规定的44个"附件2"（Annex 2）国家列表。[①] 将该列表与此前的18个国家进行对照，从而最终得出本书所要考察的样本库。

表1-1　具备核能力且面临严重安全威胁的美国冷战盟友列表

盟友	延伸威慑及核武器前沿部署的时间	核扩散行为
比利时	北约盟友及核武器前沿部署（1963年至今）	未扩散
加拿大	北约盟友及核武器前沿部署（1964-1984年）	未扩散
韩国	东亚盟友及核武器前沿部署（1958-1991年）	启动核武器研发项目
法国	北约盟友（1966年退出军事一体化机构）	独立核武装
联邦德国	北约盟友及核武器前沿部署（1955年至今）	未扩散
意大利	北约盟友及核武器前沿部署（1956年至今）	未扩散
日本	东亚盟友及核武器秘密部署（1951-1972年）	明确保留研发核武器的技术潜力
荷兰	北约盟友及核武器前沿部署（1960年至今）	未扩散
挪威	北约盟友	未扩散
土耳其	北约盟友及核武器前沿部署（1959年至今）	未扩散
英国	北约盟友及英美特殊核关系[②]	独立核武装

表1-1所列出的11个国家是冷战期间美国的正式盟友，享有美国的延伸威慑保护。同时，这些国家所面临的外部安全威胁程度大致相当，且都具备独立发展核武器的基本条件。然而，这些国家的核扩散行为却大相径庭。其中，英法两国很快成为核大国，可以归为一类。不过，英法两国的案例具有一定的特殊性。首先，两国都从苏伊士运河危机中吸取了教训，即美国不会为了英法两国而牺牲自己的利益。因此，从冷战

---

① See Annex 2 States, https://www.ctbto.org/the-treaty/status-of-signature-and-ratification/.

② 1946年，美国国会通过《麦克马洪法案》禁止与其他国家交换核情报。然而，在随后的几年里，美国政府通过多次修正法案，逐步向英国开放非关键性技术及军事情报。1958年，美英两国正式确立核同盟关系，围绕核武器开展全方位合作。参见耿志：《哈罗德·麦克米伦政府与英美核同盟的建立》，载《首都师范大学学报（社会科学版）》，2010年第6期，第13-22页。

初期，英法就不相信美国的核保护。① 其次，英国本来就是"曼哈顿计划"的参与国，有资格也有技术独立发展核武器。早在1952年英国就成功进行了核试验，而当时美国还没有向北约承诺核保护。因此，英国的案例并不适用于讨论延伸威慑与核扩散之间的关系。最后，法国的核武器计划与戴高乐总统的民族主义倾向有密切关联。② 戴高乐不仅从根本上怀疑美国的核保护，而且不愿意看到美国领导下的欧洲，甚至认为英国是美国打入欧洲的一枚楔子。为了恢复法国的大国地位，戴高乐致力于发展核武器，对于美国在北约推行的延伸威慑始终采取怀疑甚至排斥的态度，直到最终在军事上退出北约。显然，法国发展核武器不只是因为对美国的不信任，而更多的是出于自身民族主义的考虑，力图在领导欧洲的问题上与美国竞争。如果一定要套用延伸威慑可信度的分析框架，也可以对法国的核扩散行为做出解释。事实上，从戴高乐东山再起之后，法国就不再接受美国前沿部署核武器。③ 而法国也早已酝酿脱离北约军事一体化机构的计划，只待时机成熟。④ 既然美法之间的延伸威慑很大程度上是形同虚设，那么法国采取独立核武装也是十分自然的结果。只不过从案例研究的角度来说，绝大部分过往的研究都明确将法国的核扩散与民族主义相联系，因此不适合作为延伸威慑可信度的比较研究对象。

而在剩下的国家中，绝大部分北约盟友在核扩散问题上都表现出了克制。换句话说也是美国的延伸威慑战略起到防扩散效果最为显著的案

① See Hugh Beach and Nadine Gurr, *Flattering the Passions: Or, the Bomb and Britain's Bid for a World Role*, London: I. B. Tauris, 1999; Douglas Holdstock and Frank Barnaby, eds., *The British Nuclear Weapons Programme, 1952 - 2002*, London: Frank Cass, 2003.

② Jacques E. C. Hymans, *The Psychology of Nuclear Proliferation: Identity, Emotions, and Foreign Policy*, Cambridge: Cambridge University Press, 2006, p. 94. See also Wilfred L. Kohl, *French Nuclear Diplomacy*, Princeton: Princeton University Press, 1971; Constantine A. Pagedas, *Anglo - American Strategic Relations and the French Problem, 1960 - 1963: A Troubled Partnership*, London: Frank Cass, 2000; Ian Clark, *Nuclear Diplomacy and the Special Relationship: Britain's Deterrent and America, 1957 - 1962*, Oxford: Clarendon Press, 1994.

③ Richard Challener, "Dulles and De Gaulle," In Robert O. Paxton, and Nicholas Wahl, eds. *De Gaulle and the United States: A Centennial Reappraisal*, Oxford: Bloomsbury Academic, 1994, pp. 152 - 154.

④ Sebastian Reyn, *Atlantis Lost: The American Experience with de Gaulle, 1958 - 1969*, Amsterdam: Amsterdam University Press, 2010, pp. 35, 54.

例。相比之下，日本虽然没有发生核扩散，但实际上采取了保留强大核技术潜力的战略。所以美国对日本的延伸威慑只在防扩散问题上取得了暂时性的成功。而韩国则在朴正熙政府时期谋求研发核武器。① 尽管在朴正熙遇刺后，美国又成功将韩国拉回不扩散核武器的轨道，但这至少反映出美国对韩国的延伸威慑在防扩散效果上存在明显的缺陷。因此，本书的案例选择应当在未出现核扩散的北约成员国和出现较高核扩散风险的东亚盟国之间进行。出于掌握材料的简便程度以及相关国家在冷战史和国际关系研究中的地位，本书选择联邦德国、意大利和日本作为研究对象。

在研究材料运用方面，本书将结合多国解密档案进行冷战史研究。除了美国国务院出版的《美国对外关系文件》（FRUS）之外，其国家档案馆收藏的国务院档案（RG59）、陆军部档案（RG319）、国防部档案（RG330）、参谋长联席会议档案（RG218）以及国会档案（RG46）等都对本书的研究大有帮助。其中大部分档案内容已经解密到 20 世纪 70 年代，基本能够覆盖本书研究的历史时期范围。此外，由美国盖尔公司（Thomson Gale）开发的《解密文献参考系统》（DDRS）数据库以及基于美国国家安全档案（National Security Archive）生成的《数字国家安全档案》（DNSA）为本书写作提供了大量宝贵的史料。尤其是《数字国家安全档案》中的《美国的防扩散政策（1945—1991）》《美国核武器史：导弹时代的核武器与政治（1955—1968）》《日本和美国：外交、安全与经济关系（1960—2000）》等专题所记录的史料极为丰富翔实。除了美国的档案之外，本书十分注重在针对不同国别案例进行研究时掌握相关国家的一手档案进行论述，辅以双边或多边档案进行综合研判。例如，日本国立国会图书馆收藏《日本占领关系资料》以及柏书房出版的美国政府解密档案文献集《美国对日政策文件集成》（*Documents on United States*

---

① 相关研究可参见汪伟民：《美韩同盟再定义与东北亚安全》，上海：上海辞书出版社，2013 年版；高奇琦：《美韩核关系（1956—2006 年）：对同盟矛盾性的个案考察》，复旦大学 2008 年博士学位论文。See also Young‑Sun Ha, *Nuclear Proliferation, World Order and Korea*, Seoul: Seoul National University Press, 1983; Peter Hayes, *Pacific Powderkeg: American Nuclear Dilemmas in Korea*, Lanham: Lexington Books, 1991; Don Oberdorfer, *The Two Koreas: A Contemporary History*, Reading: Addison‑Wesley, 1997; Se Young Jang, "The Evolution of US Extended Deterrence and South Korea's Nuclear Ambitions," *Journal of Strategic Studies*, Vol. 39, No. 4, 2016, pp. 502–520.

Policy Toward Japan）就为研究冷战时期美日围绕"核保护伞"的问题提供了大量关键性材料。而根据《国家公文书公开法》，日本政府自 1976 年以来也陆续解密了外务省收藏的战后档案。目前解密时间已经到了 20 世纪 70 年代，大致能够满足研究的需要。此外，鸠山由纪夫内阁曾下令外务省组建"第三方调查委员会"调查所谓的美日"核密约"问题。随后，外务省又陆续公开关于美日修改安保条约以及冲绳归还问题的诸多重要档案。而美国威尔逊国际学者中心（The Woodrow Wilson International Center for Scholars）下设的冷战国际史项目（The Cold War International History Project）将大量德语和法语档案进行翻译并建立了在线数据库，为本书的研究提供了诸多便利。其中，意大利外交部和国防部最新解密的档案以及前总理朱利奥·安德烈奥蒂（Giulio Andreotti）近年来披露的许多私人档案对了解意大利领导人、外交官以及军方当时对美国延伸威慑的态度起到了关键作用。

需要指出的是，由于延伸威慑及防扩散议题所具有的特殊性，国外学界近年来热衷于采用定量研究的方法实际上是不适用的。首先，样本的数量十分有限。以美国的盟友为例，尽管冷战中美国的盟友数量众多，但真正拥有发展核武器能力的盟友仅有大约 20 个。[1] 在对样本进行编码的过程中，由于对史实掌握不清或者因作者个人的偏好而取舍一两个样本都会对统计结果造成较大的影响。其次，延伸威慑和防扩散问题具有一定的政治和军事敏感性。尽管大量的历史档案已经解密，但仍然存在一些尚未公布的重要历史细节。例如，美国在冷战时期海外部署核武器的具体地点、时间段、核武器数量以及类型直到 20 世纪 90 年代才得以解密。但目前公开的仍然不是完整版的目录。[2] 历史学家根据档案中的国家名单是按照首字母顺序排列的原则，大致推理出了一份名单。然而

---

① See Dong - Joon Jo and Erik Gartzke, "Determinants of Nuclear Weapons Proliferation," *Journal of Conflict Resolution*, Vol. 51, No. 1, 2007, pp. 176 - 194.

② Office of the Assistant to the Secretary of Defense (Atomic Energy), "History of the Custody and Deployment of Nuclear Weapons: July 1945 through September 1977, Appendix B: Chronology - Deployments by Country, 1951 - 1977," February 1978, https://nsarchive2.gwu.edu//news/19991020/04 - 46.htm.

他们很快就发现，一开始被认为部署了美国核武器的冰岛（Iceland）实际上应该是当时被美国占领的硫黄岛（Iwo Jima）。[1] 除了这类史实性错误可能从根本上影响统计结果之外，还有大量历史细节问题需要一一排查。在延伸威慑实施的过程中，有些盟友实际上能够轻易获得美国部署的核武器，还有一些盟友则是通过政治磋商来影响美国的核作战原则。这些不同的制度合作对延伸威慑可信度所带来的影响难以通过简单的赋值进行量化，而必须还原到当时的历史背景中进行更加深刻的理解。

三、新时期的延伸威慑与防扩散研究

本书的研究意义及创新之处在于，首先，尽管本书旨在发掘美国的延伸威慑战略与防扩散之间的内在联系，但在比较案例研究的过程中选取了"冷战国际史"（Cold War International History）的视角，注重利用多国档案，力图跳脱"美国中心论"的局限。[2] 过去的冷战史研究具有明显的美国中心主义色彩。而新的冷战史研究则更加关注大国与盟友之间的互动关系，并发现了许多所谓"大国被小国牵着鼻子走"（the tail wags the dog）的案例。[3] 因此，只有打破大国中心主义，发现能够同时反映大国的权力及其限度的分析框架，才能更好地理解大国与其盟友之间的真实互动关系。[4] 这种研究视角的切换和探索新型分析框架的思路

---

[1]　Robert S. Norris, William M. Arkin, William Burr, Rewriting Japanese History: Article Reveals New Information about U. S. Nukes in " Non – nuclear" Japan during the 1950s and 1960s, *National Security Archive Electronic Briefing Book No. 23*, December 13, 1999, https: //nsarchive2. gwu. edu/ NSAEBB/NSAEBB22/index. html.

[2]　张曙光：《冷战国际史与国际关系理论的链接——构建中国国际关系研究体系的路径探索》，载《世界经济与政治》，2007 年第 2 期，第 7－14 页。

[3]　Tony Smith, "New Bottles for New Wine: A Pericentric Framework for the Study of the Cold War," *Diplomatic History*, Vol. 24, No. 4, 2000, pp. 567－591. See also Hope M. Harrison, *Driving the Soviets Up the Wall: Soviet – East German Relations, 1953 – 1961*, Princeton: Princeton University Press, 2003.

[4]　John L. Gaddis, *We Now Know: Rethinking Cold War History*, New York: Oxford University Press, 1997, p. 27.

同样适用于国际关系理论层面的研究。在分析延伸威慑的时候，传统模型大多从威慑理论的研究视角出发，只考虑进攻方和防守方之间的互动①，而往往忽略了被保护的盟友在双方战略制定中的作用。② 实际上，延伸威慑的提供者经常会面临威慑与克制的困境，即大国必须向盟友承诺以足够强大的力量来威慑挑战者，但这种强有力的承诺又很有可能使得盟友贸然行事。③ 这就与延伸威慑的可信度问题相互联系起来。大国必须在提升延伸威慑的可信度和防止受到牵连之间维系平衡，从而制定更加有效和富有弹性的延伸威慑机制。

其次，国内学界目前主要是在探讨美国威慑战略的背景下相对笼统的介绍其延伸威慑战略，很少有研究从防扩散的视角剖析延伸威慑的作用及其可信度的问题。当许多研究将美国的延伸威慑战略默认为一种同盟管理甚至是向盟友施压的工具时，却忽略了在历史上，这种战略只是对部分盟友取得了成功，而在另一些盟友身上却收效甚微。除此之外，国内大部分有关美欧核关系的冷战史研究都将目光集中在"多边核力量"计划以及"拿骚会议"等重大事件上，却较少关注至今仍然在发挥关键作用的北约核分享以及核计划小组（NPG）等延伸威慑机制。郑飞最早指出了这一问题，并对北约核分享制度进行了阐述，但对于北约核计划小组的研究仍然不够深入。④ 事实上，核计划小组不仅在冷战中有效化解了美欧在核问题上的分歧，而且在冷战后继续协调着北约的核政策，甚至被美日和美韩同盟效仿，建立了延伸威慑磋商机制。对于类似

① See Vesna Danilovic, *When the Stakes Are High: Deterrence and Conflict among Major Powers*, Ann Arbor: University of Michigan Press, 2002; D. Marc Kilgour and Frank C. Zagare, "Uncertainty and the Role of the Pawn in Extended Deterrence," *Synthese*, Vol. 100, No. 3, 1994, pp. 379 – 412; Bruce M. Russett, "The Calculus of Deterrence," *Journal of Conflict Resolution*, Vol. 7, No. 2, 1963, pp. 97 – 109.

② Suzanne Werner, "Deterring Intervention: The Stakes of War and Third – Party Involvement," *American Journal of Political Science*, Vol. 44, No. 4, 2000, p. 721.

③ Frank C. Zagare and D. Marc Kilgour, "The Deterrence – Versus – Restraint Dilemma in Extended Deterrence: Explaining British Policy in 1914," *International Studies Review*, Vol. 8, No. 4, 2006, pp. 623 – 41. See also Timothy W. Crawford, *Pivotal Deterrence: Third – Party Statecraft and the Pursuit of Peace*, Ithaca: Cornell University Press, 2003.

④ 参见郑飞：《北约核分享制度——变迁与管理（1954 – 1966）》，复旦大学 2007 年博士学位论文。

问题的深入讨论不仅能够填补过往研究的空白，而且有利于把握今后美国延伸威慑战略及其相关机制建设的发展方向。此外，学界对于意大利的核不扩散政策以及美意核关系的研究极为有限。尤其在国内，仅有的一些意大利政治和安全研究都集中在冷战特定时期的美意双边关系和意大利的国内政治研究。① 在冷战史相关著作中，涉及意大利的篇幅也往往十分有限。② 因此，本书涉及美意核关系的部分对于国内冷战史研究以及防扩散理论研究都能起到一定的查漏补缺作用。

再次，从研究设计的角度来看，即便是国际学界也尚未出现用比较案例的研究方法来揭示延伸威慑可信度与防扩散之间内在关系的论著。以谢林为代表的战略学家主要通过博弈论的方法，相对抽象的论证延伸威慑及其可信度问题。以凯莱赫（Catherine McArdle Kelleher）为代表的国别研究成果堪称经典，但这类国别研究成果普遍由于成书较早，无法涵盖大量后期解密的历史档案。③ 冷战后，以崔切伯格（Marc Trachtenberg）为代表的历史学家虽然清晰地描绘了美欧核关系，但相关研究或是只从美国外交决策的视角出发，或是以欧洲为中心视角，仍然无法展现美国与欧洲以及其他地区的盟友围绕核政治博弈的全貌。④ 此外，还

---

① 参见汪婧：《美国杜鲁门政府对意大利的政策研究》，北京：社会科学文献出版社 2015 年版；史志钦：《意共的转型与意大利政治变革》，北京：中央编译出版社 2006 年版；孙艳："美国对意大利的政策与《对意和约》的签署（1945—1947）"，东北师范大学 2007 年硕士学位论文；张春梅："试论战后美国对意大利的政策（1947—1952）"，东北师范大学 2007 年硕士学位论文；王新谦：《NSC - 1 号系列文件与美国对意大利政治的强势干预》，载《史学月刊》，2017 年第 6 期，第 109 - 117 页；柳海青："浅析美国对意大利实施马歇尔计划的政治原因"，载《首都师范大学学报（社会科学版）》，2011 年第 1 期，第 264 - 267 页；白建才："论冷战期间美'隐蔽行动'战略"，载《世界历史》，2005 年第 5 期，第 56 - 66 页。

② 参见周琪、王国明主编：《战后西欧四大国外交（英、法、德、意）》，北京：中国人民公安大学出版社 1992 年版。其中，关于意大利的章节主要聚焦于战后意大利恢复主权的过程以及冷战时期融入西方体系的外交努力，而对于意大利的核政策以及美意核关系谈及较少。

③ See Catherine McArdle Kelleher, *Germany and the Politics of Nuclear Weapons*, New York: Columbia University Press, 1975; Jeffrey Boutwell, *The German Nuclear Dilemma*, Ithaca: Cornell University Press, 1990.

④ See Marc Trachtenberg, *A Constructed Peace: The Making of the European Settlement 1945 - 1963*, Princeton: Princeton University Press, 1999; Christoph Bluth, *Britain, Germany, and Western Nuclear Strategy*, Oxford: Oxford University Press, 1995; Beatrice Heuser, *NATO, Britain, France and the FRG: Nuclear Strategies and Forces for Europe, 1949 - 2000*, London: Palgrave Macmillan, 1999.

有许多以国别和同盟双边关系为视角的防扩散研究，大多强调各国国内政治和与美国关系的特殊性，反而容易造成只见树木不见森林的缺陷。[1] 而新近的研究成果大多偏好采用定量研究的方法，试图借助统计学在众多案例中找到延伸威慑与核扩散之间统一的规律，却由于上文提到的在编码和研究设计中存在的不足，导致诸多互相矛盾的结果。相比之下，运用案例比较研究的方法不仅能够充分发挥近些年各国涌现的大量解密档案的优势，而且能够打破传统防扩散研究中只关注个案的情形，打通美国的东西方盟友在延伸威慑和防扩散议题上的关联性，力图通过一个全新的分析框架对绝大部分案例进行解释。

最后，本书具有较强的现实政策意义。近年来，随着乌克兰危机的爆发以及朝核问题持续发酵，所谓"新冷战"的问题正引发各界广泛关注。为了能够更好地理解当前的国际政治态势，对冷战国际史进行反思并吸取经验和教训无疑是一项必要而紧迫的任务。[2] 就防扩散问题而言，即便远离了冷战时期相互确保摧毁的恐怖平衡，对于在 21 世纪核武器究竟应该扮演一种什么样的角色，各方意见仍然有着巨大的分歧。当乐观主义者认为，核武器很快将被扫入历史的垃圾堆，无核世界就要来临时，悲观主义者则坚持消除核武器几乎是不可能的任务，核威慑将永远伴随人类文明前行。在进一步的讨论中，许多人会问在新世纪是否还有必要保持延伸威慑这样一种战略。在几乎不可能发生核大战的今天，延伸威慑不仅是过时的战略，而且会给美国带来沉重的负担和巨大的战略风险。[3] 从工具

① See Mitchell Reiss, *Bridled Ambition: Why Countries Constrain Their Nuclear Capabilities*, Washington DC: Woodrow Wilson Center Press, 1995; Leopoldo Nuti, "Me Too, Please: Italy and the Politics of Nuclear Weapons, 1945 – 1975," *Diplomacy & Statecraft*, Vol. 4, No. 1, 1993, pp. 114 – 148; Llewelyn Hughes, "Why Japan Will Not Go Nuclear (Yet): International and Domestic Constraints on the Nuclearization of Japan," *International Security*, Vol. 31, No. 4, Spring 2007, pp. 67 – 96; Seung - Young Kim, "Security, Nationalism and the Pursuit of Nuclear Weapons and Missiles: The South Korean Case, 1970 – 82," *Diplomacy & Statecraft*, Vol. 12, No. 4, 2001, pp. 53 – 80; Catherine McArdle Kelleher, *Germany & the Politics of Nuclear Weapons*, New York: Columbia University Press, 1975.

② 沈志华：《冷战国际史研究：世界与中国》，载詹欣：《冷战与美国核战略》，北京：九州出版社，2013 年版，第 27 页。

③ Timothy W. Crawford, "The Endurance of Extended Deterrence: Continuity, Change, and Complexity in Theory and Policy," in T. V. Paul, Patrick M. Morgan, and James J. Wirtz, eds., *Complex Deterrence: Strategy in the Global Age*, Chicago: University of Chicago Press, 2009, pp. 277 – 303.

理性的角度出发，批评者认为，核保护在后冷战时代只是一种为了安抚盟友而不断重复的"外交辞令"或者是"虚幻的概念"。[①] 对美国来说，把核武器放在对盟友的安全承诺当中还构成了一种"承诺陷阱"。[②] 美国为了使其承诺可信就会有更大的冲动去展示核力量或强调核武器的使用来应对那些明明用常规武器就足以威慑的行为。再从维护国际制度和规范的角度出发，绝大部分无核国家以及非政府组织在过去60多年里始终坚持削弱核武器的作用并最终销毁核武器。[③] 然而，以向盟友提供核保护为核心的延伸威慑战略的存在极大地阻碍了在世界范围内降低核武器作用的努力。尽管美国奥巴马政府曾试图扛起无核世界的大旗，但为了满足向盟友提供足够强大的核保护的需求，美国在核裁军问题上动作迟缓。[④] 面对广泛的批评和质疑，美国仍然对将近40个国家提供延伸威慑并提出了所谓"第二个核时代"（second nuclear age）的概念。[⑤] 而特朗普政府上台后，更是致力于"核重建"（nuclear overhaul）的目标，逆历史潮流而动。[⑥] 除了传统的核保护之外，美国及其盟友还把以导弹防御系统为代表的先进常规武器系统纳入延伸威慑战略当中。在东亚，美国正不断强化对日本和韩国的延伸威慑承诺。美日持续推进军事一体化部

---

① Richard Tanter and Peter Hayes, "Beyond the Nuclear Umbrella: Re – thinking the Theory and Practice of Nuclear Extended Deterrence," *Pacific Focus*, Vol. 26, No. 1, April 2011, p. 15; Jeffrey Lewis, "Rethinking extended deterrence in Northeast Asia," Nautilus Institute workshop, Seoul, June 15 – 16, 2010, https://nautilus. org/napsnet/napsnet – policy – forum/rethinking – extended – deterrence.

② Scott Sagan, "The Commitment Trap: Why the United States Should Not Use Nuclear Threats to Deter Biological and Chemical Weapons Attacks," *International Security*, Vol. 24, No. 4, 2000, p. 111.

③ See Lawrence Wittner, *Confronting the Bomb: A Short History of the World Nuclear Disarmament Movement*, Stanford, Stanford: Stanford University Press, 2009.

④ Ivo Daalder and Jan Lodal, "The Logic of Zero: Toward a World without Nuclear Weapons," *Foreign Affairs*, Vol. 87, No. 6, 2008, pp. 80 – 95.

⑤ See Paul Bracken, *The Second Nuclear Age: Strategy, Danger, and the New Power Politics*, New York: Times Books 2012; T. V. Paul, Patrick M. Morgan and James J. Wirtz, eds., *Complex Deterrence: Strategy in the Global Age*, Chicago: University of Chicago Press, 2009; Clark A. Murdock and Jessica M. Yeats, *Exploring the Nuclear Posture Implications of Extended Deterrence and Assurance*, Washington DC: Center for Strategic and International Studies Press, 2009; Karl – Heinz Kamp and David S. Yost, eds., *NATO and 21st Century Deterrence*, Rome: NATO Defense College, 2009.

⑥ Office of the Secretary of Defense, *Nuclear Posture Review*, February 2018, https://media. defense. gov/2018/Feb/02/2001872877/ – 1/ – 1/1/EXECUTIVE – SUMMARY. PDF.

署以及美韩部署"萨德"系统都给中国周边安全造成巨大的负面影响。在欧洲,尽管核武器在安全政策中的地位曾一度边缘化,但随着俄罗斯与北约关系彻底恶化,近年来延伸威慑的重要性又出现了不降反升的态势。美国延伸威慑战略的推进不仅关系到全球防扩散进程,而且深刻影响着地区安全和大国战略稳定。面对由此不断引发的摩擦和分歧,各方亟待从以往的经验中抽象出一套能够解释延伸威慑机制变迁的理论模型,从而客观评估相关政策调整可能对我国带来的战略影响。

第二章 延伸威慑及其可信度困境

　　国家为何要发展核武器？尽管学者们从许多角度给出了解释，但最为广泛适用的理论或许就是外部安全威胁。[①] 在无政府状态下，自助（self – help）是国家确保自身安全的必要手段。核技术革命之后，获得核武器就成为受到外部威胁的国家确保生存的关键所在。尤其当敌我双方军事力量差距悬殊时，借助核武器所具有的强大毁伤能力，有核国家可以通过威胁使用核武器来劝阻对手不要轻举妄动。然而，发展核武器会带来很多负面影响。例如，破坏与盟友的关系，受到国际社会的孤立甚至制裁，还很有可能引发对手乃至整个地区都出现核扩散的连锁反应，进而导致核军备竞赛，造成更加恶劣的外部环境。此外，核武器项目本身代价高昂，而在研发的过程中，国家安全不仅没能得到改善反而可能持续恶化。考虑到这些负面因素，与核大国结盟从而获得安全保护或许是更理想的替代手段。冷战初期，美国凭借自身在核武器方面的巨大优势将核保护承诺迅速延伸到欧洲以及东亚盟友身上，从而构成了所谓延伸威慑战略并延续至今。然而，延伸威慑战略能否有效替代独立拥有核武器是一个具有争议的问题。从历史上看，也并非所有获得美国核保护的国家都放弃了发展核武器。这主要是由于延伸威慑战略始终面临着结构性的可信度困境。

一、从威慑到延伸威慑的可信度困境

　　所谓威慑，即迫使对手考虑到采取行动所面临的成本远高于收益而

---

　　① Scott Sagan, "Why Do States Build Nuclear Weapons?: Three Models in Search of a Bomb," *International Security*, Vo. 21, No. 3, 1996, pp. 54 – 86.

放弃行动，从而维持现状的策略。① 从手段上区分，威慑主要包括"惩罚性威慑"（deterrence by punishment）和"拒止性威慑"（deterrence by denial）两大类。前者以核武器为代表，通过威胁报复性的使用这类武器迫使对手不敢轻举妄动，后者则主要通过抵消对手的行动，使其感到因无法实现预期目标而放弃行动。② 由于本书主要聚焦于核威慑，因此在后文提及的威慑战略中主要讨论的是惩罚性威慑。此外，从层级上区分，威慑还可分为中央威慑（central deterrence）与延伸威慑（extended deterrence）。在美国的核战略实践中，前者主要是慑止潜在敌人对美国本土发动进攻，而后者则是慑止潜在敌人对美国盟友的攻击。③ 由于涉及本土安全和生死存亡的问题，中央威慑所针对的是最为核心的利益，因而层级最高。相比之下，延伸威慑所针对的海外盟友，或是具备重要的地缘政治意义，或是在历史、文化、宗教、社会制度以及价值观方面与美国具有高度的认同，从而表现为美国利益的延伸。因此，由于所保护的利益本身存在显著的差异，延伸威慑的可信度要远低于中央威慑。

而无论采取何种威慑策略，可信度都是其成功的重要前提。成功的威慑往往需要具备三个条件，即实施威慑的一方展示其足够强大的军事力量；表明会使潜在敌人遭到不可承受的报复的决心；同时成功地把相关政治信号传递给对手。④ 摩根（Patrick Morgan）指出，所有的威慑理论都涉及几个关键要素，即对于理性决策的假设，对于大规模冲突和不可承受的报复的界定以及对于威慑的可信度和稳定性的判断。⑤ 扎格尔（Frank Zagare）则将所有冷战时期的经典威慑理论划分为结构性威慑理

① Henry Kissinger, *The Necessity for Choice*: *Prospects of American Foreign Policy*, New York: HarperCollins, 1961, p. 12.
② 关于惩罚性威慑和拒止性威慑的概念，参见姚云竹：《战后美国威慑理论与政策》，北京：国防大学出版社1998年版，第11－12页；See also Glenn H. Snyder, *Deterrence and Defense*, Princeton: Princeton University Press, 1961, pp. 14－16; Barry Buzan, *An Introduction to Strategic Studies*: *Military Technology and International Relations*, London: Macmillan, 1987, pp. 135－138.
③ 张沱生主编：《核战略比较研究》，北京：社会科学文献出版社2014年版，第45页。
④ See William Kaufmann, ed., *Military Policy and National Security*, Princeton: Princeton University Press, 1956.
⑤ Patrick M. Morgan, *Deterrence Now*, Cambridge: Cambridge University Press, 2003, p. 8.

论和决策型威慑理论。[1] 结构性威慑理论继承了现实主义理论的逻辑，强调只要双方实现均势就会被相互慑止，从而实现稳定。[2] 在常规战争中，只要存在进攻占优的局面就可能发生冲突。而一旦有了核武器，哪怕只存在些许被报复的可能也足以迫使对手放弃进攻。[3] 因此，只要获得了可靠的"二次打击能力"就足以形成有效威慑。而另一种决策型威慑理论主要通过博弈论建立威慑模型。[4] 这里出现了所谓的相互威慑悖论（paradox of mutual deterrence），即进攻方知道防守方为了避免冲突可能选择让步，而一旦防守方真的让步，那将助长进攻方的进攻，结果导致威慑失败。[5] 此时，防守方可以破釜沉舟，做出强硬姿态，或者威胁将采取进一步的行动。总之要维持紧张态势，提升报复的不确定性，从而把是否继续挑战底线的皮球踢还给对方。这样一来，双方都会试图采取边缘政策（brinkmanship），从而使威慑战略变成了一种对风险承受能力的考验。而只有当对手相信某种强硬姿态或威胁时，威慑才发挥作用。[6]

延伸威慑作为威慑战略的扩展，自然也面临可信度的挑战。尤其当盟友作为第三方加入后，延伸威慑的博弈关系要比一般威慑只涉及攻防两方之间的关系更为复杂。首先，地理位置对延伸威慑的可信度有着重要影响。谢林曾指出，美国作为向北约国家提供延伸威慑的核大国，却

---

① Frank C. Zagare, "Classical Deterrence Theory: A Critical Assessment," *International Interactions*, Vol. 21, No. 4, 1996, pp. 365 – 87.

② See Michael D. Intriligator and Dagobert L. Brito, "Can Arms Races Lead to the Outbreak of War?" *Journal of Conflict Resolution*, Vol. 28, No. 1, 1984, pp. 63 – 84; John Mearsheimer, "Back to the Future: Instability in Europe After the Cold War," *International Security*, Vol. 15, No. 1, 1990, pp. 5 – 56.

③ Kenneth Waltz, "The Origins of War in Neorealist Theory," *Journal of Interdisciplinary History*, Vol. 18, No. 4, 1988, p. 626.

④ Robert Powell, "Nuclear Deterrence Theory, Nuclear Proliferation, and National Missile Defense," *International Security*, Vol. 27, No. 4, 2003, pp. 86 – 118.

⑤ See Frank C. Zagare and D. Marc Kilgour, *Perfect Deterrence*, Cambridge: Cambridge University Press, 2000.

⑥ Robert Jervis, "Introduction: Approach and Assumptions," in Robert Jervis, Richard Ned Lebow and Janice Gross Stein, eds., *Psychology and Deterrence*, Baltimore: Johns Hopkins University Press, 1985, pp. 1 – 12.

身处大西洋的另一边，这本身就使得美国的核保护看起来并不那么可靠。对于苏联来说，加利福尼亚显然是美国的国土，苏联也清楚攻击加利福尼亚可能带来的后果。但西欧盟国的国土并不能天然的与美国本土画上等号。这就使得苏联有理由相信，入侵西欧与美国本土所可能遭受到的报复程度有着巨大的差异。[①] 其次，盟友所具有的地缘政治意义也影响着美国延伸威慑的可信。冷战时期，美苏不顾核战争的风险也要保护的盟友必然为其带来至关重要的地缘政治利益。[②] 这种地缘政治利益可以体现为对战略要地的控制、历史上的殖民地、高度的贸易往来、武器出口以及其他军事、外交和经济方面的相互关联。如果盟国所在的地区越具有清晰的地缘政治意义，那么对其提供的延伸威慑也就越可信。[③] 最后，美国外交政策中出现的扩张与收缩的周期性变化也对延伸威慑的可信度造成影响。[④] 无论决策者是肆意扩大延伸威慑还是被迫做出广泛的安全承诺，其都会受到国内经济和政治的制约。因而经常出现由于过度扩展利益而无法兑现承诺的情况。[⑤] 事实上，过度扩张对于任何大国

① ［美］托马斯·谢林：《军备及其影响》，毛瑞鹏译，上海：上海人民出版社 2011 年版，第 48 - 49 页。

② See Saul B. Cohen, *Geography and Politics in a World Divided*, New York: Oxford University Press, 1973; Gary Goertz and Paul F. Diehl, *Territorial Changes and International Conflict*, London: Routledge & Kegan Paul, 1992; Hans J. Morgenthau, *Politics among Nations: The Struggle for Power and Peace*, New York: Knopf, 1948.

③ See Alexander L. George and Richard Smoke, *The Deterrence in American Foreign Policy: Theory and Practice*, New York: Columbia University Press, 1974; Robert Jervis, "Deterrence Theory Revisited," *World Politics*, Vol. 31, No. 2, 1970, pp. 289 - 324.

④ Fred Chernoff, "Stability and Alliance Cohesion: The Effects of Strategic Arms Reductions on Targeting and Extended Deterrence," *The Journal of Conflict Resolution*, Vol. 34, No. 1, 1990, pp. 92 - 101; James D. Morrow, "Alliances, Credibility and Peacetime Costs," *The Journal of Conflict Resolution*, Vol. 38, No. 2, 1994, pp. 270 - 297; Brett Ashley Leeds, Andrew G. Long and Sara McLaughlin Mitchell, "Reevaluating Alliance Reliability: Specific Threats, Specific Promises," *The Journal of Conflict Resolution*, Vol. 44, No. 5, 2000, pp. 686 - 699; Barry R. Posen and Andrew L. Ross, "Competing Visions for US Grand Strategy," *International Security*, Vol. 21, No. 3, 1996, pp. 5 - 63.

⑤ ［美］阿瑟·斯坦：《国内制约、扩大威慑与大战略的不协调：1938 年至 1950 年的美国》，载 ［美］理查德·罗斯克兰斯、阿瑟·斯坦：《大战略的国内基础》，刘东国译，北京：北京大学出版社 2005 年版，第 96 页。

来说都是难以为继的。① 而一旦采取收缩战略或推行孤立主义的政策，美国所能够用于威慑对手的实力和政治意志都将显著下降，从而动摇延伸威慑的可信度。

除了上述因素之外，同盟困境也是导致延伸威慑可信度危机的一大障碍。冷战时期，美国对欧洲的延伸威慑主要是在北约的框架下进行，而在东亚则是基于美韩和美日双边同盟的框架进行。冷战后，美国基本上维持了过去的同盟体系和延伸威慑战略。然而，"被抛弃"（abandonment）和"受牵连"（entrapment）这一组矛盾使得同盟具有天然的不稳定性。② 尤其当盟友之间的力量对比存在不平衡时，大国会惧怕因对盟友过多的安全承诺而被卷入一场与自己的利益并不直接相关的冲突当中。而弱小的盟友往往担心自己被大国抛弃。根据统计研究显示，在尚不考虑核战争情形的条件下，大国违背安全承诺的概率已经超过 1/4。③ 因此，小国必须不断地确认延伸威慑的可信度从而避免遭受巨大的战略风险。而核武器的出现使得同盟所面临的困境更加严峻。④ 在回答美国是否会不顾核战争的风险而保护盟友的利益时，前国务卿赫脱（Christian Herter）曾明确表示，除非美国自身也遭到毁灭性的威胁，否则美国不愿被卷入一场核大战当中。⑤ 基辛格也指出，核武器会迫使盟国选择中

---

① See Paul M. Kennedy, *The Rise and Fall of the Great Powers*: *Economic Change and Military Conflict from 1500 to 2000*, London: Unwin Hyman, 1988.

② Michael Mandelbaum, *The Nuclear Revolution*: *International Politics before and after Hiroshima*, London: Cambridge University Press, 1981, pp. 151 - 152; Glenn H. Snyder, "The Security Dilemma in Alliance Politics," *World Politics*, Vol. 36, No. 5, 1984, pp. 461 - 95.

③ Brett Ashley Leeds, Andrew G. Long, and Sara McLaughlin Mitchell, "Reevaluating Alliance Reliability: Specific Threats, Specific Promises," *Journal of Conflict Resolution*, Vol. 44, No. 5, 2000, pp. 686 - 99; Brett Ashley Leeds, "Alliance Reliability in Times of War: Explaining State Decisions to Violate Treaties," International Organization Vol. 57, No. 4, 2003, pp. 801 - 27.

④ Michael Mandelbaum, *The Nuclear Revolution*: *International Politics Before and After Hiroshima*, Cambridge University Press, 1981, p. 151; Pierre M. Gallois, "U. S. Strategy and the Defense of Europe," *Obis*, Vol. VII, No. 2, 1963, pp. 226 - 249; Henry A. Kissinger, *The Troubled Partnership*, Westport: Greenwood Press Inc. , 1982, pp. 11 - 13.

⑤ Dean Acheson, "The Practice of Partnership," *Foreign Affairs*, Vol. 41, No. 2, 1963, pp. 251 - 252.

立或者民族主义。① 法国总统戴高乐就选择了民族主义的道路。无论是奠边府战役、阿尔及利亚战争还是苏伊士危机都使法国人不再幻想美国的承诺。② 法国人常说，核武器从来都只会保护自己的主人。核威慑是各国独自享有的，核武器的风险无法共同承担，延伸威慑是不可靠的。③ 当然，除了法国这一极端的案例，仍然有许多盟友愿意继续相信美国的核保护承诺而没有选择研发核武器的道路。不过，核武器的出现确实强化了盟友对于被抛弃的担忧，进而对延伸威慑的可信度提出质疑。

　　总体上，美国从冷战以来长期推行延伸威慑战略，除了保护盟友免遭入侵之外，更将其视为一种关键的防扩散手段。④ 然而，对于盟友来说，延伸威慑能否有效替代独立拥有核武器取决于美国所做出的安全承诺是否可靠。从威慑理论的层面分析，美国与盟友在地理上的割裂、不同盟友对于美国所具有的不同地缘政治价值以及美国自身战略扩张和收缩的更替都会对延伸威慑的可信度造成影响。再从同盟困境的角度来看，核武器的出现加深了盟友对于被美国抛弃的担忧。而无论是地理位置、地缘政治利益、战略更迭还是同盟困境都无法轻易得到修正。这些因素导致了延伸威慑战略长期面临结构性的可信度难题。因此，如何通过一系列外在的手段和方法，将延伸威慑的可信度尽量维持在一个较高的水平，就成为了有效管理盟友核扩散行为的关键。

---

① Henry A. Kissinger, "Coalition Diplomacy in a Nuclear Age," *Foreign Affairs*, Vol. 42, No. 4, 1964, p. 529.

② Frank Costigliola, *France and the United States: The Cold Alliance Since World War II*, New York: Twayne, 1992, p. 111; Avery Goldstein, *Deterrence and the Security in the 21st Century: China, Britain, France, and the Enduring Legacy of the Nuclear Revolution*, Stanford: Stanford University Press, 2000, pp. 188 – 191.

③ See Ministere de la Defense, "Livre blanc sur la defense nationale, vol. I," p. 8; Ministere des Relations Exterieures, "La Politique Etrangere de la France: Textes et Documents, January – February 1986," p. 26, in Josef Joffe, "NATO and The Dilemmas of a Nuclear Alliance," *Journal of International Affairs*, Vol. 43, No. 1, 1989, p. 31.

④ See Lawrence Freedman, *The Evolution of Nuclear Strategy*, London: Palgrave Macmillan, 2003; Robert E. Osgood, *NATO: The Entangling Alliance*, Chicago: University of Chicago Press, 1962; David N. Schwartz, *NATO's Nuclear Dilemmas*, Washington DC: Brookings Institution Press, 1983.

二、延伸威慑的可信度与防扩散理论

　　在探究维持延伸威慑可信度的方法之前，有必要对防扩散问题这一大背景以及延伸威慑在其中的作用进行进一步的梳理。国内在这一问题上的研究起初较为薄弱。直到 20 世纪 80 年代末、90 年代初这段时间，主要是由政府和军方的相关单位围绕美国核战略以及军备控制问题开展研究。其中，徐光裕、陈崇北、祁学远、王仲春、夏立平、姚云竹等知名专家引入了西方威慑战略的概念，并奠定了国内对于威慑理论以及核战略研究的基础。① 与此同时，王羊、朱明权、潘振强、杜祥琬、刘华秋、胡思德、李彬等专家学者或从历史研究，或从技术分析的角度出发，对军备控制和防扩散问题做出了系统性的介绍。② 2000 年以后，相关研究议题更加细化且与国际防扩散形势紧密结合。例如，2001 年美国退出《反导条约》之后，国内出现了一批关于威慑和导弹防御方面的研究。③ 2008 年前后，朝核问题、伊核问题等地区性核扩散问题持续发酵，国内

---

　　① 徐光裕：《核战略纵横》，北京：国防大学出版社 1987 年版；陈崇北等：《威慑战略》，北京：军事科学出版社 1989 年版；祁学远：《世界有核国家的核力量与核政策》，北京：军事科学出版社 1991 年版；王仲春等编译：《美国五角大楼核作战计划揭秘》，山西：山西人民出版社 1992 年版；王仲春，夏立平：《美国核力量与核战略》，北京：国防大学出版社 1995 年版；姚云竹：《战后美国威慑理论与政策》，北京：国防大学出版社 1998 年版。

　　② 王羊：《美苏军备竞赛与控制研究》，北京：军事科学院出版社 1993 年版；朱明权：《核扩散：危险与防止》，上海：上海科学技术文献出版社 1995 年版；潘振强主编：《国际裁军与军备控制》，北京：国防大学出版社 1996 年版；杜祥琬：《核军备控制的科学技术基础》，北京：国防工业出版社 1996 年版；刘华秋主编：《军备控制与裁军手册》，北京：国防工业出版社 2000 年版；夏立平：《亚太地区军备控制与安全》，上海：上海人民出版社 2002 年版；胡思德主编：《周边国家和地区核能力》，北京：原子能出版社 2006 年版；李彬：《军备控制理论与分析》，北京：国防工业出版社 2006 年版。

　　③ 朱峰：《弹道导弹防御计划与国际安全》，上海：上海人民出版社 2001 年版；吴莼思：《威慑理论与导弹防御》，北京：长征出版社 2001 年版；朱强国：《美国战略导弹防御计划的动因》，北京：世界知识出版社 2004 年版；朱明权、吴莼思、苏长和：《威慑与稳定——中美核关系》，北京：时事出版社 2005 年版。

学界对于国际核不扩散机制以及美国防扩散战略调整的关注日益增多。①
尽管新时期的研究成果已经不再局限于简单介绍或是归纳整理关于核威
慑和防扩散的概念，但其中相当一部分仍然是应景式的研究，主要分析
了当前国际核不扩散机制所面临的矛盾以及美国防扩散政策调整的动因
及其影响。而在近年来乌克兰危机爆发和美俄"新冷战"的背景下，又
涌现了一批通过重新发现冷战史并对美国防扩散战略进行解读的著作。②
这些作品大多史料翔实，论述严谨，但较少关注从理论层面对美国及其
盟友之间不同的核关系做出统一的解释。尽管部分研究论及了美国的延
伸威慑战略，但基本停留在历史叙述的层面。例如，介绍美国对日本的
"核保护伞"。总体上，国内学界尚未对延伸威慑作为一种防扩散手段进
行深入的探讨，也没有对美国长期推行延伸威慑战略的防扩散效果进行
系统性的评估。

　　国外对于防扩散问题有比较长时期的积累，相关成果也可谓汗牛充

---

① 朱锋：《核扩散与反扩散：当代国际安全深化的困境——以朝鲜核试验为例》，载《欧洲研究》2006 年第 6 期，第 32－46 页；王仲春，刘平：《试论冷战后的世界核态势》，载《世界经济与政治》2007 年第 5 期，第 6－13 页；张春：《弃核的可能性：理论探讨与案例比较》，载《世界经济与政治》2007 年第 12 期，第 48－55 页；沈丁立：《核扩散与国际安全》，载《世界经济与政治》2008 年第 2 期，第 6－12 页；赵恒：《核不扩散机制历史与理论》，北京：世界知识出版社 2008 年版；刘子奎：《奥巴马无核武器世界战略评析》，载《美国研究》2009 年第 3 期，第 58－72 页；张贵洪：《国际核不扩散体系面临的挑战及发展趋势》，载《国际观察》2009 年第 6 期，第 31－38 页；姜振飞：《冷战后的美国核战略与中国国家安全》，北京：光明日报出版社 2010 年版；刘宏松：《国际防扩散体系中的非正式机制》，上海：上海人民出版社 2011 年版；朱立群等主编：《国际防扩散体系：中国与美国》，北京：世界知识出版社 2011 年版；赵伟明：《中东核扩散与国际核不扩散机制研究》，北京：时事出版社 2012 年版；夏立平：《冷战后美国核战略与国际核不扩散体制》，北京：时事出版社 2013 年版；樊吉社：《美国军控政策中的政党政治》，北京：社会科学文献出版社 2014 年版。

② 崔磊：《盟国与冷战期间的美国核战略》，北京：世界知识出版社 2013 年版；詹欣：《冷战与美国核战略》，北京：九州出版社 2013 年版；王震：《一个超级大国的核外交——冷战转型时期美国核不扩散政策（1969—1976）》，北京：新华出版社 2013 年版；高望来：《核时代的战略博弈：核门槛国家与美国防扩散外交》，北京：世界知识出版社 2015 年版；梁长平：《国际核不扩散机制的遵约研究》，天津：天津人民出版社 2016 年版。

栋。其中，最核心的问题就是为什么会发生核扩散。① 也有一部分研究聚焦于核扩散对于国际安全所带来的影响。② 最近几年，国际学界主要从供给和需求两个方面对核扩散的原因进行了更加深入的分析。③ 供给侧主要强调的是国家拥有相关的资金、技术和物质条件，具体指标包括经济成本、铀的储量、电力的供应水平、核工业、物理以及化学方面所拥有的专业人才等。④ 需求侧主要考虑的因素包括是否受到安全威胁，是否与有核国家签署了军事协议，是否接受前沿部署以及是否拥有其他核生化武器等。⑤ 聚焦需求侧因素的研究绝大部分都是从现实主义的角度出发，强调无政府状态下国家或是为了确保自身安全，或是为了扩大

① Etel Solingen, "The Political Economy of Nuclear Restraint," *International Security*, Vol. 19, No. 2, 1994, pp. 126 – 69; Scott Sagan, "Why Do States Build Nuclear Weapons?: Three Models in Search of a Bomb," *International Security*, Vo. 21, No. 3, 1996, pp. 54 – 86; Sonali Singh and Christopher R. Way, "The Correlates of Nuclear Proliferation: A Quantitative Test," *Journal of Conflict Resolution*, Vol. 48, No. 6, 2004, pp. 859 – 85; Dong – Joon Jo and Erik Gartzke, "Determinants of Nuclear Weapons Proliferation," *Journal of Conflict Resolution*, Vol. 51, No. 1, 2007, pp. 167 – 94.

② See Victor Asal and Kyle Beardsley, "Proliferation and International Crisis Behavior," *Journal of Peace Research*, Vol. 44, No. 2, 2007, pp. 139 – 55; Kyle Beardsley and Victor Asal, "Winning with the Bomb," *Journal of Conflict Resolution*, Vol. 53, No. 2, 2009, pp. 278 – 301; Erik Gartzke and Dong – Joon Jo, "Bargaining, Nuclear Proliferation, and Interstate Disputes," *Journal of Conflict Resolution*, Vol. 53, No. 2, 2009, pp. 209 – 33; Scott Sagan and Kenneth Waltz, *The Limits of Safety: Organizations, Accidents, and Nuclear Weapons*, Princeton: Princeton University Press, 1993.

③ 还有一些研究强调规范性因素以及政治心理学对核扩散行为的影响。See Maria Rost Rublee, *Nonproliferation Norms: Why States Choose Nuclear Restraint*, Athens: University of Georgia Press, 2009; Jacques E. C. Hymans, *The Psychology of Nuclear Proliferation: Identity, Emotions, and Foreign Policy*, Cambridge: Cambridge University Press, 2006.

④ Stephen M. Meyer, *The Dynamics of Nuclear Proliferation*, Chicago, IL: University of Chicago Press, 1984; Robert L. Brown and Jeffrey M. Kaplow, "Talking Peace, Making Weapons: IAEA Technical Cooperation and Nuclear Proliferation," *Journal of Conflict Resolution*, Vol. 58, No. 3, 2014, pp. 402 – 28; Matthew Fuhrmann, "Spreading Temptation: Proliferation and Peaceful Nuclear Cooperation Agreements," *International Security*, Vol. 34, No. 1, 2009, pp. 7 – 41; Matthew Kroenig, "Importing the Bomb: Sensitive Nuclear Assistance and Nuclear Proliferation," *Journal of Conflict Resolution*, Vol. 53, No. 2, 2009, pp. 161 – 80.

⑤ Philipp Bleek and Eric Lorber, "Security Guarantees and Allied Nuclear Proliferation," *Journal of Conflict Resolution*, Vol. 58, No. 3, 2014, pp. 429 – 54; Michael Horowitz and Neil Narang, "PoorMan's Atomic Bomb? Exploring the Relationship between 'Weapons of Mass Destruction'," *Journal of Conflict Resolution*, Vol. 58, No. 3, 2014, pp. 509 – 35; Matthew Fuhrmann and Todd S. Sechser, "Nuclear Strategy, Nonproliferation, and the Causes of Foreign Nuclear Deployments," *Journal of Conflict Resolution*, Vol. 58, No. 3, 2014, pp. 455 – 80.

权力，或是两者兼而有之才谋求核武器。核武器几乎无法防御的破坏性使其在政治上和军事上都拥有颠覆性的意义。因此，当国家面临安全威胁或谋求扩大权力时，就很有可能发生核扩散。[①] 而萨根（Scott Sagan）在现实主义视角的基础之上提出了国家发展核武器的多层次动机，即"安全因素""国内政治因素"和"规范因素"。[②] 其中，"安全因素"与大部分现实主义的解释基本一致，即为了应对外部威胁而选择发展核武器或与核大国结盟。"国内政治因素"则主要指一国政治领导人、军队以及核工业技术部门如何通过博弈来决定核政策的走向。而"规范因素"是指一国的核政策受到一系列国际防扩散制度和规范的约束。随着国家逐渐学习并认同相关规范，其国内利益集团的博弈以及政策制定也会受到相应的影响。[③] 保罗（T. V. Paul）则结合区域主义的研究理论，特别强调国家所在地区的安全困境而非域外或是全球层面的安全威胁才是推动核扩散的主要因素。[④] 基辛格在此基础上进一步总结出国家发展核武器的三大动机：（1）谋求成为世界大国；（2）受到周边国家威胁；（3）试图打破地区均势。[⑤]

尽管存在官僚竞争、规范认同以及供给侧因素等不同角度的解释变量，安全因素始终在防扩散研究中占据主导地位。而延伸威慑又是影响安全因素的一个重要指标。上述核扩散的安全因素模型普遍认为，核扩散是国家受到外部威胁而做出的反应。然而，制造核武器需要付出高昂

① Scott Sagan and Kenneth Waltz, *The Spread of Nuclear Weapons: A Debate*, New York: W. W. Norton and Company, 1995, p. 9; Joseph M. Grieco, "Anarchy and the Limits of Cooperation: A Realist Critique of the Newest Liberal Institutionalism," *International Organization*, Vol. 42, No. 3, 1988, pp. 497 – 503; John Mearsheimer, "The False Promise of International Institutions," *International Security*, Vol. 19, No. 3, 1994/1995, pp. 5 – 49; John Mearsheimer, "Back to the Future: Instability in Europe after the Cold War," *International Security*, Vol. 15, No. 1, 1990, pp. 5 – 56.

② Scott Sagan, "Why Do States Build Nuclear Weapons? Three Models in Search of a Bomb," *International Security*, Vol. 21, No. 3, 1996, pp. 54 – 86.

③ Lawrence Scheinman, "Does the NPT Matter?" In Joseph F. Pilat and Robert E. Pendley, eds., *Beyond 1995: The Future of the NPT regime*, New York: Plenum, 1990, pp. 53 – 64.

④ See T. V. Paul, *Power versus Prudence: Why Nations Forgo Nuclear Weapons*, Montreal: McGill – Queen's University Press, 2000.

⑤ See Henry Kissinger, *Does America Need a Foreign Policy: Towards a Diplomacy for the 21st Century*, New York: Simon & Schuster, 2002.

的代价，不仅对于资金和技术都有一定的要求，而且还有可能破坏同盟关系并激怒潜在对手，引发冲突或军备竞赛。① 因此，获得核大国的延伸威慑或许是一个两全其美的办法。核大国的安全承诺作为独立拥有核武器的替代手段能够保障盟友免遭大规模军事进攻的威胁。② 由此可以推论出，当核大国向无核盟友提供延伸威慑时，盟友会在发展核武器的问题上采取克制的态度。③ 延伸威慑与防扩散之间的逻辑也就可以简化为表 2 - 1 所示的分析框架。在安全因素分析框架中，一般将国内政治博弈和国际规范因素（例如是否加入《不扩散核武器条约》）等视为常量。当外部安全威胁增加且资金、技术等供给侧因素充分时，更有可能出现核扩散行为。但在引入核大国的延伸威慑保护这一干预变量后，盟友更有可能选择克制。

表 2 - 1　基于安全因素视角的核扩散分析框架

自变量 1	自变量 2	干预变量	因变量 1	因变量 2
外部安全威胁	供给侧因素	延伸威慑保护	核扩散	核不扩散

然而，对于受到严重安全威胁的盟友来说，核大国的保护能够持续多久且是否可靠都意味着延伸威慑并不能完全代替独立拥有核武器。华尔兹（Kenneth Waltz）认为，当国家安全受到威胁时，可以通过强化军事力量（内部平衡）或寻求结盟（外部平衡）的办法来确保安全。④ 而

---

① See Stephen Schwartz, ed. , *Atomic Audit*: *The Costs and Consequences of U. S. Nuclear Weapons since 1940*, Washington, DC: Brookings Institution Press, 1998; Don Oberdorfer, *The Two Koreas*: *A Contemporary History*, New York: Basic Books, 2002.

② Paul Huth, *Extended Deterrence and the Prevention of War*, New Haven: Yale University Press, 1988; Scott Sagan, "Why Do States Build Nuclear Weapons?: Three Models in Search of a Bomb," *International Security*, Vo. 21, No. 3, 1996, pp. 54 – 86; Benjamin Frankel, "The Brooding Shadow: Systemic Incentives and NuclearWeapons Proliferation," *Security Studies*, Vol. 2, No. 3 – 4, Spring/Summer 1993, p. 46.

③ T. V. Paul, *Power versus Prudence*: *Why Nations Forgo Nuclear Weapons*, Montreal: McGill – Queen's University Press, 2000, p. 22.

④ Kenneth Waltz, *Theory of International Politics*, Boston: Addison – Wesley, 1979, p. 118.

依赖于盟友保护的最大问题在于可能被抛弃。① 一旦核大国做出战略调整或者国内政治发生变化，就很有可能收回延伸威慑的承诺。相比之下，将核武器掌握在自己手中显然要可靠许多。② 虽然发展核武器可能造成军备竞赛以及安全环境的恶化，但相比被抛弃所带来的巨大风险，独立发展核武器也不失为一个选择。由于核武器极大地提升了使用武力所要付出的代价，敌对双方之间的军事力量对比将产生根本性的变化。对于在常规力量方面落后的一方来说，拥有核武器意味着可以有效威慑对手的军事行动，从而维持现状。③ 尤其当核大国的领土也受到对手核打击的威胁时，其延伸威慑就不一定可靠。盟友会相应的产生焦虑和担忧，从而更加倾向于研发核武器。反对意见或许会指出，由于诸多条件的限制，大部分国家往往不能独立形成有效的核威慑力量，因此还是要诉诸核大国的保护。但实际情况是无论是英国、法国、中国还是印度都形成了可靠的二次打击力量。④ 即便某些国家的核武器生存能力较差，但拥有独立的核武库本身已经是有效的威慑力量。例如，巴基斯坦通过采取一旦遭遇任何常规打击就使用核武器进行报复的不对称升级战略，成功慑止了大规模战争的爆发。⑤ 既然小规模的核武库并不会带来太大的战略劣势，在外部安全威胁的刺激以及对延伸威慑可信度的担忧相互叠加的情况下，研发核武器似乎又是自然而然的选择。因此，不是延伸威慑

① Glenn Snyder, "The Security Dilemma in Alliance Politics," *World Politics*, Vol. 36, No. 4, 1984, pp. 461 – 69.

② Kenneth Waltz, "Nuclear Myths and Political Realities," *American Political Science Review*, Vol. 84, No. 3, September 1990, pp. 731 – 745; John Mearsheimer, "Back to the Future: Instability in Europe after the Cold War," *International Security*, Vol. 15, No. 1, 1990, pp. 5 – 56; Avery Goldstein, *Deterrence and Security in the 21st Century: China, Britain, France, and the Enduring Legacy of the Nuclear Revolution*, Stanford: Stanford University Press, 2000, pp. 21 – 25.

③ Robert Jervis, *The Meaning of the Nuclear Revolution: Statecraft and the Prospect of Armageddon*, Ithaca: Cornell University Press, 1989, pp. 29 – 35.

④ Vipin Narang, *Nuclear Strategy in the Modern Era: Regional Powers and International Conflict*, Princeton: Princeton University Press, 2014, p. 22.

⑤ Vipin Narang, "What Does It Take to Deter? Regional Power Nuclear Postures and International Conflict," *Journal of Conflict Resolution*, Vol. 57, No. 3, June 2013, pp. 478 – 508; Vipin Narang, "Posturing for Peace? Pakistan's Nuclear Postures and South Asian Stability," *International Security*, Vol. 34, No. 3, Winter 2009/2010, pp. 41 – 43.

的有无而是其可信度成为影响盟友核扩散行为的关键变量。延伸威慑的可信度越高意味着盟友选择研发核武器的必要性越小，从而提升防扩散的效果。[1] 表2-2是一个简化版的延伸威慑与国家核扩散行为分析框架。为了避免多重因素的干扰，假定盟友拥有发展核武器的供给侧条件且受到严重的外部安全威胁，此时，核大国延伸威慑的可信度成为影响盟友核扩散行为的关键变量。当延伸威慑比较可信时，盟友更倾向于克制；当可信度一般时，盟友可能采取保留核技术潜力的"核避险"战略（nuclear hedging）；[2] 当可信度较低时，盟友则倾向于发展核武器。

表2-2　延伸威慑与国家核扩散行为分析框架

控制变量	自变量	因变量
外部安全威胁、供给侧因素等	延伸威慑的可信度	国家核扩散行为（克制、"核避险"、发展核武器）

那么延伸威慑的可信度究竟为何会发生变化？这里需要引入"确保"战略（assurance）的概念。所谓"确保"战略，即通过一系列方法和手段提升盟友对延伸威慑的信心，使其确信核大国给出的安全承诺是真实可靠的。[3] 冷战时期，"确保"与"再确保"（reassurance）的概念

---

[1] T. V. Paul, *Power versus Prudence*: *Why Nations Forgo Nuclear Weapons*, Montreal: McGill - Queen's University Press, 2000, p. 23; Nuno P. Monteiro and Alexandre Debs, "The Strategic Logic of Nuclear Proliferation," *International Security*, Vol. 39, No. 2, 2014, p. 10.

[2] 吴翠玲（Evelyn Goh）和麦艾文（Evan Medeiros）认为，所谓的"避险"或"对冲"战略（hedging）是指通过两面或是多面下注的方式来避免出现不希望看到的结果。李维（Ariel Levite）则进一步指出，"核避险"战略就是在拥核和无核之间摇摆。See Evelyn Goh, *Meeting the China Challenge*: *The U. S. in Southeast Asian Regional Security Strategies*, Hawaii: East - West Center, 2005, pp. 2 - 4; Evan Medeiros, "Strategic Hedging and the Future of Asia - Pacific Stability," *Washington Quarterly*, Vol. 29, No. 1, 2005, pp. 145 - 167; Ariel Levite, "Never Say Never Again: Nuclear Reversal Revisited," *International Security*, Vol. 27, No. 3, 2003, p. 71.

[3] See Jeffrey W. Knopf, "Security Assurances: Initial Hypotheses," in Knopf, ed., *Security Assurances and Nuclear Nonproliferation*, Stanford: Stanford University Press, 2012.

出现过混用的情况。① 直到近几年，美国才明确将提振盟友对延伸威慑信心的措施称为"确保"战略。② "确保"战略可以通过不同的机制发挥作用，但对于哪一类确保机制更加有助于提升延伸威慑的可信度则尚无定论。例如，以谢林为代表的经典战略学家主要将公开承诺和前沿部署视为有效的确保机制。在谢林看来，延伸威慑作为一系列对盟友的公开安全承诺，对于本国的国家声望有着重要的影响。根据"多米诺骨牌"理论，冷战中所发生的各个事件之间都是相互联系的。从水平方向来看，如果国家在应对某一事件时违背诺言，那么必然削弱其在另一事件上所做出的承诺的可信度；从垂直方向来看，国家在过往的行为当中是否一贯表现良好，展现出履行承诺的坚定决心是其能否在今后取信于盟友的重要依据。③ 除了国际声望这一成本之外，核大国在盟友领土上部署军队还可以起到绊网（trip wire）的作用。通过"牺牲"这些海外驻军，能够确保在盟友遭受攻击时核大国会自动介入，从而提升延伸威慑的可信度。④

　　然而，在20世纪60年代末至70年代期间，"第三波"威慑理论学家对于以谢林为代表的经典战略学家的观点提出了质疑。麦克斯韦（Stephen Maxwell）就指出，如果仅仅是为了保住延伸威慑的可信度就去以身犯险，甚至不惜发动核战争，这种行为本身显然是不理性的。因此，

---

　　① See Michael Howard, "Reassurance and Deterrence: Western Defense in the 1980s," *Foreign Affairs*, Vol. 61, No. 2, winter 1982/1983, https://www.foreignaffairs.com/articles/1982 – 12 – 01/reassurance – and – deterrence – western – defense – 1980s.

　　② 与"确保"不同，"再确保"的对象则是潜在的竞争者。美国试图告诉竞争者，他们并不是美国要主动实施打击或者进行遏制的对象。如果竞争者侵犯美国的盟友，那么美国一定会积极介入。但只要竞争者愿意维持现状，美国也不会采取行动。See Jeffrey W. Knopf, "Security Assurances: Initial Hypotheses," in Jeffrey W. Knopf, ed., *Security Assurances and Nuclear Nonproliferation*, Stanford: Stanford University Press, 2012, pp. 14 – 16; Linton Brooks and Mira Rapp – Hooper, "Extended Deterrence, Assurance, and Reassurance during the Second Nuclear Age," in Ashley J. Tellis, Abraham M. Denmark and Travis Tanner, eds., *Strategic Asia 2013 – 2014: Asia in the Second Nuclear Age*, Washington DC: National Bureau for Asian Research, 2013, pp. 270 – 277.

　　③ Thomas Schelling, *Arms and Influence*, New Haven: Yale University Press, 1966, pp. 55 – 59.

　　④ Thomas Schelling, *Arms and Influence*, New Haven: Yale University Press, 1966, p. 47.

无论如何都难以持续确保延伸威慑的可信度。① 为了解释这一悖论，温斯坦（Franklin Weinstein）对危机情况和一般情况下的延伸威慑进行了区分。由于自身利益遭受风险，危机情况下的延伸威慑承诺要比一般情况下的承诺更有效。② 此外，杰维斯（Robert Jervis）对释放承诺的信号（signals）与对利益进行标记（indices）这两种行为进行了区分。③ 斯奈德等人则对与对手讨价还价的能力（inherent bargaining power）和讨价还价的技巧（bargaining skill）进行了区分。④ 这些区分的共同出发点在于讲清楚哪些手段是为了明确自身的利益，哪些手段则是为了展示保护盟友的决心与对手博弈。冷战后，以费伦（James Fearon）为代表的战略学家运用昂贵信号理论（costly signaling）对可信度问题进行了系统性的解释。⑤ 为了提升延伸威慑的可信度，核大国必须向盟友传递准确的信号来表达自己的偏好和真实意图。然而，要向盟友表达自己的决心始终是困难的。除了通过发表公开声明或者签署协议的方式向盟友提供安全承诺之外，核大国还须通过海外驻军、前沿部署等成本更加高昂的手段来提升延伸威慑的可信度。因为如果核大国对于做出的安全承诺是一种无所谓的态度或者很有可能要违背诺言，那么就不会愿意付出高昂的代价来维系延伸威慑战略。⑥ 基德（Andrew Kydd）将这种昂贵信号称之为区

---

① Stephen Maxwell, *Rationality in Deterrence* (*Adelphi Paper No. 50*), London: Institute for Strategic Studies, 1968, p. 12.

② Franklin B. Weinstein, "The Concept of a Commitment in International Relations," *Journal of Conflict Resolution*, Vol. 13, No. 1, 1969, pp. 39 – 56.

③ Robert Jervis, "Deterrence Theory Revisited," *World Politics*, Vol. 31, No. 2, 1970, pp. 289 – 324.

④ See Glenn H. Snyder and Paul Diesing, *Conflict among Nations: Bargaining, Decision Making, and System Structure in International Crises*, Princeton: Princeton University Press, 1977.

⑤ James D. Fearon, "Signaling versus the Balance of Power and Interests: An Empirical Test of a Crisis Bargaining Model," *Journal of Conflict Resolution*, Vol. 38, No. 2, 1994, pp. 236 – 69; James D. Fearon, "Signaling Foreign Policy Interests: Tying Hands versus Sinking Costs," *Journal of Conflict Resolution*, Vol. 41, No. 1, 1997, pp. 68 – 90; James D. Morrow, "Signaling Difficulties with Linkage in Crisis Bargaining," *International Studies Quarterly*, Vol. 36, No. 2, 1992, pp. 153 – 72; James D. Morrow, "Alliances, Credibility, and Peacetime Costs." *Journal of Conflict Resolution*, Vol. 38, No. 2, 1994, pp. 270 – 97.

⑥ James D. Morrow, "Alliances: Why Write Them Down?" *Annual Review of Political Science*, Vol. 3, June 2000, p. 70.

分大国承诺是否真的具有诚意的"压力测试"。[1] 费伦则进一步将昂贵信号分为"自缚其手"和"沉没成本"。其中,"自缚其手"是通过自我约束的方式来展示诚意,而"沉没成本"则是通过前期投入大量成本而难以撤销承诺的方式来获取信任。[2] 费伦还开创了所谓观众成本与国内约束理论,尤其指出在民主国家中,如果领导人公开发出威胁或是承诺但没有付诸实施,必然会遭受严厉的国际和国内政治惩罚。[3] 此外,还有一些研究强调国际制度安排。例如,联合国、国际法庭、世贸组织等可以有效解决信息不对称的问题,从而将国家的承诺嵌入国际制度之中,提升了违约的成本,增加其可信度。[4] 考虑到本书关注的视角是美国对其盟友的延伸威慑战略,因此政体类型和国际制度对于可信度的影响不是主要的考察因素。

近年来,西方学界偏好用定量研究的方法对可信度问题进行再讨论,却得出了诸多混杂而又自相矛盾的结论。例如,默多克(Clark Murdock)认为,核大国的核态势(nuclear posture),即使用核武器的原则、核力量的构成以及对待防扩散问题的态度等因素都会对延伸威慑的可信度产生重要影响,进而约束或鼓励核扩散的发生。[5] 富尔曼(Matthew Fuhrmann)等人则指出,与核大国签署正式的同盟协议能够有效提升延伸威慑,但海外驻军或前沿部署核武器并不一定提升威慑的效果,因此与防扩散之间没有直接关联。[6] 丹·赖特(Dan Reiter)又认为,前沿部署核武器有助于降低盟友核扩散的可能性,而海外驻军与盟友的核扩散行为

① Andrew H. Kydd, *Trust and Mistrust in International Relaitons*, Princeton: Princeton Unviersity Press, 2005, pp. 5 – 10.

② James D. Fearon, "Signaling Foreign Policy Interests: Tying Hands versus Sinking Costs," *Journal of Conflict Resolution*, Vol. 41, No. 1, 1997, pp. 68 – 90.

③ Ibid.

④ Lisa Martin, *Coercive Cooperation: Explaining Multilateral Economic Sanctions*, Princeton: Princeton Unviersity Press, 1992, p. 11 – 20; Beth A. Simmons and Allison Danner, "Credible Commitment and the International Criminal Court", *International Organization*, Vol. 64, No. 2, 2010, pp. 225 – 256.

⑤ See Clark Murdock, ed., *Exploring the Nuclear Posture Implications of Extended Deterrence and Assurance*, Washington DC: Center for Strategic and International Studies Press, 2009.

⑥ Matthew Fuhrmann and Todd S. Sechser, "Signaling Alliance Commitments: Hand – Tying and Sunk Costs in Extended Nuclear Deterrence," *American Journal of Political Science*, Vol. 58, No. 4, 2014, pp. 919 – 935.

无关。[①] 此外，辛格（Sonali Singh）、赵东俊（Jo Dong - joon）、布勒克
（Philipp Bleek）以及克罗宁（Matthew Kroenig）等人的研究指出，无论
采取何种确保机制，核大国的延伸威慑保护与盟国是否选择研发核武器
之间并没有关联。[②] 理论学家不仅在通过哪些确保机制可以提升延伸威
慑可信度的问题上争论不休，而且对于延伸威慑战略究竟能否起到防扩
散的作用也表示怀疑。不过，在对这些研究设计进行反思后就不难发现，
所有的统计分析都是建立在作者自行编码的数据库之上，且相应地使用
了 Hazard、Logit 和 Probit 等不同的统计指标，而在编码过程中又都存在
较为明显的缺陷。例如，苏联事实上直到 1949 年才拥有核武器，而辛格
在编码时将起始时间算成了 1945 年。此外，辛格还将冷战时期美国和伊
朗、美国和巴基斯坦以及苏联和埃及等视作正式的同盟关系并获得核大
国的延伸威慑。然而，美国和伊朗在冷战中很快相互敌视，美国对巴基
斯坦的军事援助也明确不针对印度，苏联和埃及也从来不是正式的同盟
关系。赵东俊则没有把日本、澳大利亚、新西兰和菲律宾等获得美国核
保护的重要盟友编入数据库。其他作者在编码过程中类似的失误比比皆
是。由于获得延伸威慑保护且同时具备核能力的国家样本数量本来就较
为有限，所以在没有完全掌握史料的情况下主观取舍一两个样本都会对
统计结果造成较大的影响。由此看来，不同的确保机制究竟如何影响延
伸威慑的可信度，进而导致不同的核扩散行为是一个亟待研究的理论
问题。

综上所述，核扩散的安全模型认为延伸威慑能够起到替代独立拥有
核武器的效果，进而约束国家的核扩散行为。但实际上，延伸威慑的可

---

① Dan Reiter, "Security Commitments and Nuclear Proliferation," *Foreign Policy Analysis*,
Vol. 10, No. 1 2014, pp. 61 - 80.

② Sonali Singh and Christopher R. Way, "The Correlates of Nuclear Proliferation: A Quantitative
Test," *Journal of Conflict Resolution*, Vol. 48, No. 6, 2004, pp. 859 - 85; Dong - Joon Jo and Erik Gar-
tzke, "Determinants of Nuclear Weapons Proliferation," *Journal of Conflict Resolution*, Vol. 51, No. 1,
2007, pp. 167 - 94; Philipp C. Bleek and Eric B. Lorber, "Security Guarantees and Allied Nuclear Pro-
liferation," *Journal of Conflict Resolution*, 2014, Vol. 58, No. 3, pp. 429 - 454; Matthew Kroenig,
"Importing the Bomb: Sensitive Nuclear Assistance and Nuclear Proliferation," *Journal of Conflict Resolu-
tion*, Vol. 53, No. 2, 2009, pp. 161 - 80.

信度是影响其防扩散效果的关键。而在影响延伸威慑可信度的具体条件方面，战略学家围绕口头承诺、书面协议、前沿部署、核态势等确保机制的有效性进行了辩论。回到本书开篇提出的问题，正是由于美国与不同盟友之间采取的确保机制不尽相同，导致其延伸威慑的可信度出现差异，才最终对盟友的核扩散行为产生积极或消极的影响（参见表2-3）。而进一步需要探讨的问题是，不同的确保机制究竟如何提升或削弱延伸威慑的可信度？美国在与盟友共同建设相关确保机制时又分别有着怎样的利弊考量，进而发展出了表面相似但实质上大为不同的延伸威慑战略。只有通过清晰地回答这些问题，才能真正理解作为一种防扩散工具的延伸威慑战略为何时而有效，时而无效；才能准确认识美国与盟友围绕延伸威慑的博弈；才能最终把握延伸威慑战略的调整对于全球防扩散以及大国战略稳定所带来的复杂影响。

表2-3　延伸威慑的确保与核扩散分析框架

控制变量	自变量	干预变量	因变量
外部安全威胁、供给侧因素等	延伸威慑的可信度	延伸威慑的确保机制（口头承诺、书面协议、前沿部署、核态势等）	国家核扩散行为（克制、"核避险"、研发核武器）

三、本书的结构安排

全书包括导论和结论部分在内共有八章内容。第一章导论部分首先提出了本书需要研究的问题，明确了研究方法和思路，并对案例选择的标准进行了阐述，从而确定了研究对象和范围。在此基础上，进一步挖掘本书在理论和政策层面的研究意义，总结在研究视角、研究方法和研究材料运用方面的创新之处。

第二章主要是围绕核心概念进行梳理，并通过文献回顾进一步厘清研究问题中自变量、因变量和干预变量之间的逻辑层次。在指出前人研究中存在不足的基础上，通过更加科学的研究设计，准确把握多个变量之间的内在联系，从而为搭建新的理论框架奠定基础。

第三章是本书的理论创新部分。对于延伸威慑战略所面临的内在可信度困境，本书提出可以通过外在的确保机制对其进行修复。确保机制主要分为核大国的承诺机制和核分享机制这两大类。在实践过程中，这两类确保机制对于核大国和盟友分别产生不同的利弊影响。据此，本书总结出一套关于延伸威慑确保机制及其可信度的理论分析框架，从而对美国与不同盟友之间延伸威慑战略的防扩散效果进行评估。

第四章到第六章是本书的比较案例研究部分。第四章以冷战时期联邦德国为例，聚焦于美国的延伸威慑战略对于波恩政府核政策的影响。联邦德国是延伸威慑战略有效起到防扩散作用的典型案例。艾森豪威尔提出的积极核分享计划为美德核关系奠定了良好的基础。而在苏联的威胁日益增长的情况下，美德也试图进一步强化延伸威慑的确保机制，向"多边核力量"迈进。但这一计划在肯尼迪政府收缩核分享以及其他欧洲国家的反对意见中失败，美德核关系陷入低谷。好在美国方面及时提出"核计划小组"这一补救措施，通过建立核磋商机制恢复了联邦德国对于美国延伸威慑战略的信心。

第五章以冷战时期的意大利为案例。由于意大利和联邦德国同为北约成员国，美意围绕延伸威慑的确保机制建设与美德之间大致相同。但这其中也有一些结合了意大利自身特点的延伸威慑确保形式，例如美意成立的南欧特遣队，部署的"朱庇特"导弹以及基于水面联合舰艇的"多边核力量"等。尽管意大利最初有比较明显的核扩散冲动，但其总体上对于不扩散核武器的态度变化与联邦德国基本一致。德意两国的案例都反映了完善的延伸威慑确保机制能够在防扩散问题上起到积极作用。

第六章以美国的东亚盟友日本为案例。从表面上来看，日本在美国延伸威慑的保护下并未发展核武器，是一个成功的防扩散案例。但仔细分析实际情况就不难发现，日本从冷战至今一直保留着强大的核技术潜力，采取所谓的"核避险"战略。而日本对于美国延伸威慑的可信度始终抱有怀疑。因此，在这一案例中延伸威慑战略在防扩散问题上只实现了暂时性的成功。究其原因，很大程度上是由于当时日本国内的政治态势以及民众普遍的"核过敏"使得美国难以对日本公开构筑延伸威慑。为了绕过这一困境，最大限度提升延伸威慑的确保机制，美日两国政府先是写下"核密约"，随后又在民用核技术以及太空技术方面加强合作，部分满足日本在安全、经济以及民族情绪方面的需要。实际上，正是美日这种特殊的延伸威慑机制造就了日本介于扩散与不扩散之间的核政策。

　　第七章则是对冷战后美国延伸威慑战略的调整及其对中美战略稳定的影响进行分析。随着各国安全环境的改善，防扩散与核裁军一度成为冷战后国际社会的主流。北约部分成员国积极要求精简延伸威慑，而美国与东亚盟友之间也出现了短暂的"漂流"。但随着俄罗斯与北约关系逐步恶化，地区核扩散形势日益严峻，延伸威慑的战略作用不降反升。美国很快确立了以进攻型核战略和导弹防御相结合的延伸威慑手段，试图通过构筑排他性的战略力量优势来预防大规模杀伤性武器的扩散并确保关键盟友的无核地位。然而，美国及其盟友不断强化延伸威慑的做法不仅打破了大国间的战略稳定，而且进一步刺激了地区核扩散和安全困境的加剧，并给全球防扩散与核裁军带来极其负面的结果。

　　最后第八章结论部分将总结全书的观点，并展望美国延伸威慑战略及其确保机制未来的发展趋势。

/第三章　延伸威慑的可信度及其确保机制/

由于延伸威慑的可信度面临结构性的困境，因而需要通过一系列的确保措施将其维系在一个稳定的水平之上。相关确保措施可以分为承诺机制和核分享机制两大类，具体包括口头或书面承诺、前沿部署、核分享以及核磋商这四种手段。不同的确保措施对延伸威慑可信度的影响不同，同时也会对核大国在核安全以及受牵连的问题上造成相应的影响。因此，美国及其盟友往往在确保机制的选择上有着不同的利弊偏好，进而发展成为双方在核政治问题上的互动和博弈。总体上，由于美国与不同盟友所建立的确保机制不尽相同，从而使得延伸威慑的可信度出现差异，并最终导致盟友之间出现不同的核扩散行为。

一、承诺机制与可信度的确保

在实际政策推行过程中，延伸威慑的确保机制多种多样，也自然对其可信度产生不同程度的影响。有许多核保护的承诺仅仅是口头上的。例如，美国在冷战时期对拉美地区的安全承诺仅仅是派驻了不到 100 名军事人员。也有一些国家将核保护的含义暗含在与核大国签订的条约当中，抑或是选择接受核大国驻军和前沿部署核武器这样的安全保障措施。费伦认为，核大国主要通过"自缚其手"和"沉没成本"这两类承诺机制来提升延伸威慑的可信度。[1] 所谓自缚其手，指的是只有当违背诺言时（expost）才需要偿付相应的成本，而"沉没成本"则是事前（exante）

---

① James D. Fearon, "Signaling Foreign Policy Interests: Tying Hands versus Sinking Costs," *Journal of Conflict Resolution*, Vol. 41, No. 1, 1997, p. 82.

已经支付相应的成本。不过，对于哪一类承诺机制更为有效尚无定论。有的观点认为，只要与核大国正式结盟就足以获得可信的延伸威慑，从而避免核扩散。[①] 也有观点指出，仅仅依靠结盟的作用十分有限，必须配合核武器的前沿部署。[②] 历史上，美国针对不同的盟友或采取"自缚其手"的办法，或付诸相应的"沉没成本"，或两者兼而有之。

　　用口头或书面承诺的方式向盟友提供延伸威慑是最为基础的形式。在无政府状态下，由于不存在世界政府来迫使核大国履行其口头承诺，盟友或面临口说无凭的风险。[③] 然而，如果这一口头承诺是公开的，那么核大国如果违背诺言就将付出信用和国际声望的代价。这就使得口头承诺也有可能是可靠的。[④] 当然，如果双方签署了盟约，那么核大国就更有责任积极履行义务，否则也将付出盟友背叛以及声望受损的巨大代价。毕竟，随便抛弃盟友意味着很难继续建立新的同盟关系。[⑤] 如果在保护盟友时退缩，那么核大国对于其他盟友的延伸威慑可信度也将大幅下降。尤其在冷战时期，盟友是美苏之间竞相争夺的重要资源。此时将自己的声望作为代价来显示承诺的可信度是一种经典的自缚其手的做法。[⑥] 与沉没成本不同，自缚其手的行为本身并无需付出巨大的代价。

---

① Matthew Fuhrmann and Todd S. Sechser, "Signaling Alliance Commitments: Hand – Tying and Sunk Costs in Extended Nuclear Deterrence," *American Journal of Political Science*, Vol. 58, No. 4, 2014, pp. 919 – 935; Matthew Fuhrmann and Todd S. Sechser, "Nuclear Strategy, Nonproliferation, and the Causes of Foreign Nuclear Deployments," *Journal of Conflict Resolution*, Vol. 58, No. 3, 2014, pp. 455 – 480.

② Dan Reiter, "Security Commitments and Nuclear Proliferation," *Foreign Policy Analysis*, Vol. 10, No. 1, 2014, pp. 61 – 80.

③ John Mearsheimer, "The False Promise of International Institutions," *International Security*, Vol. 19, No. 3, 1994, pp. 5 – 49.

④ James D. Fearon, "Signaling Foreign Policy Interests: Tying Hands versus Sinking Costs," *Journal of Conflict Resolution*, Vol. 41, No. 1, 1997, pp. 68 – 90.

⑤ Douglas M. Gibler, "The Costs of Reneging: Reputation and Alliance Formation," *Journal of Conflict Resolution*, Vol. 52, No. 3, 2008, pp. 426 – 454, Mark J. C. Crescenzi, Jacob D. Kathman, Katja B. Kleinberg and Reed M. Wood, "Reliability, Reputation, and Alliance Formation," *International Studies Quarterly*, Vol. 56, No. 2, 2012, pp. 259 – 274.

⑥ James D. Fearon, "Signaling Foreign Policy Interests: Tying Hands versus Sinking Costs," *Journal of Conflict Resolution*, Vol. 41, No. 1, 1997, pp. 68 – 90; David J. Lektzian and Christopher M. Sprecher, "Sanctions, Signals, and Militarized Conflict," *American Journal of Political Science*, Vol. 51, No. 2, 2007, pp. 415 – 431.

只有当核大国无法履行承诺时，这一代价才会显现出来。无论是口头承诺还是签署同盟条约都符合自缚其手的逻辑。承诺或条约本身并不需要付出巨大的成本。然而，如果核大国无法履行安全承诺，那将面临声望受损以及难以获得其他盟友信任的代价。① 因此，公开口头承诺或签署正式的同盟条约都有助于提升延伸威慑的可信度。

不过，历史上美国对不同盟友所做出的关于延伸威慑的口头承诺或书面协定都不尽相同。尽管美国历届政府不断调整着美国的核战略，但美国向北约盟友提供的延伸威慑无论在政策宣示上还是在书面条约中都表述得比较清晰。在艾森豪威尔政府提出"大规模报复战略"后，北约理事会相应的通过了《北大西洋军事委员会第 48 号文件》（MC48），进一步提出"剑与盾"战略，即以美国的核力量向苏联发动核打击，而以北约的常规力量在前沿阵地迟滞敌人的进攻。② 随着核武器成为欧洲防务的重点，北约很快又出台了《北大西洋军事委员会第 70 号文件》（MC70），要求尽快建立 30 个配备有美国战术核武器的师作为北约核心军事力量。③ 尽管肯尼迪政府上台后对延伸威慑战略做出大幅调整，美欧关系也经历了一系列波折，但最终北约还是妥善解决了各方的分歧，出台了 MC14/3 安全战略文件。这份文件明确规定了美国部署在欧洲的核武器将用于在不导致冲突升级的情况下反制对手的侵略行为并恢复北约的安全和稳定。④ 与北约的情况不同，美国在其他双边同盟协定中尽管也表达了对盟友提供延伸威慑的意思，但在究竟提供核保护还是常规保护之间保持模糊，几乎从未明确宣示在何种情况下对这些盟友提供核保护。例如，《日美安保条约》第五条提到了共同防卫原则，但没有规

---

① Glenn H. Snyder, "The Security Dilemma in Alliance Politics," *World Politics*, Vol. 36, No. 4, July 1984, p. 484.

② 陈佩尧：《北约战略与态势》，北京：中国社会科学出版社 1989 年版，第 201 页。

③ Carl H. Amme, *NATO Strategy and Nuclear Defense*, Westport: Greenwood Press Inc., 1988, p. 21.

④ MC 14/3, "Overall strategic concept for the defense of the North Atlantic Treaty Organization area," approved by the Defence Planning Committee in ministerial session on 12 December 1967, in Gregory W. Pedlow, ed., *NATO strategy documents 1949 – 1969*, Brussels: National Information Service, 1997, pp. 345 –70, paras 17a, 17b, 22a.

定美国是否要用核武器对日本进行保护，也没有指出在何种情况下将使用核武器。① 同样在《美韩共同防御条约》中，并没有明确提及核保护的问题。② 在公开的口头承诺方面，直到 1965 年美国总统约翰逊与日本首相佐藤荣作会谈时，美国政府才明确表示，如果日本遭受核打击，美国一定会保障日本的安全。③ 但美国仍然没有直截了当地把核保护一词说出来，为此两国还发生了争议。④ 而韩国方面，除了麦克阿瑟将军因扬言要在朝鲜战场上使用核武器而被解职之外，在 20 世纪 70 年代以前，也极少有美国领导人公开宣示向韩国提供核保护。冷战后，小布什政府积极研发新型核武器并推行进攻性的核政策；奥巴马政府提出"无核世界"愿景并试图推行不首先使用核武器的原则；而特朗普政府又主张"核重建"。对于盟友来说，在没有重大危机检验美国使用核力量的决心和能力时，这种在政策宣示层面的大幅度摇摆极易挫伤美国延伸威慑的可信度。⑤ 尽管从表面上所有的盟友都获得了美国的延伸威慑，但具体的承诺内容可能存在较大的差异，需要结合当时的历史环境以及地缘政治背景进行深入分析。不同的口头承诺或书面协议对美国延伸威慑的可信度自然造成不一样的影响。一般情况下，清晰明确地表达核保护的承诺会提升延伸威慑的可信度，而模棱两可的表述或是将核保护暗含在承诺之中的做法则有助于核大国对承诺或条约文本做出不一样的解释，进而为其在危机爆发时开脱责任留下后路。

当然，即便核大国做出了十分明确的核保护承诺并以其国际声望作为抵押，在无政府状态下，公开宣示或是同盟协议的约束力仍然有限，

---

① 日本国とアメリカ合衆国との間の相互協力及び安全保障条約、外務省、http：//www. mofa. go. jp/mofaj/area/usa/hosho/jyoyaku. html.

② Between the U. S. and the Republic of Korea Regarding the Mutual Defense Treaty, Department of State, https：//photos. state. gov/libraries/korea/49271/p_int_docs/p_rok_60th_int_14. pdf.

③ 「第 1 回ジョンソン大統領・佐藤総理会談要旨」1965 年 1 月 12 日、外務省外交記録、CD1、01 − 535 − 1.

④ 「日中戦争なら核報復を」佐藤首相、65 年訪米時に、朝日新聞、2008 年 12 月 22 日、http：//www. asahi. com/politics/update/1221/TKY200812210172. html.

⑤ William J. Perry and James R. Schlesinger, *America's Strategic Posture: The Final Report of the Congressional Commission on the Strategic Posture of the United States*, Washington DC: United States Institute of Peace Press, 2009, http：//www. usip. org/strategic_posture/final. html.

无法强制核大国兑现诺言。[1] 因此，从理性主义的视角出发，为了进一步体现出履行核保护承诺的意愿，核大国就需要向盟友释放昂贵信号。[2]因为如果核大国对于承诺是一种无所谓的态度或者很有可能要违反，那么就不会愿意付出高昂的代价来维系承诺。冷战中，美国和苏联都向重要盟国派驻军队，这些驻军一方面能够强化前线国家的防御能力，威慑对手不要轻举妄动；另一方面，这些驻军还扮演着"人质"这一更加重要的角色。例如，美国当时在西柏林部署的小规模部队根本不足以抵御苏联的进攻。然而，这些小规模部队却有效慑止了大规模冲突的爆发。因为一旦苏联的进攻造成了美军的伤亡，那么美国介入到欧洲战事的可能性将大幅提升。谢林曾直截了当地说，虽然这些部队不能阻止侵略，但"他们可以去死"。[3] 因此，美军的前沿部署也被称为绊网战略。而在类似逻辑的驱使下，为了强化延伸威慑的效果及其可信度，美国也将核武器部署到海外。

原子弹最初被设计为弹体和裂变材料分成两部分进行组装。其中，裂变材料部分由美国原子能委员会掌管。直到总统下令将其用于军事用途，裂变材料部分才能被填充到弹体中组成原子弹。早在1950年美国就开始向英国、关岛、加拿大、法属摩洛哥等地部署核武器的无核组件部分。随着核武器的设计很快得到改进，裂变材料和弹体实现一体化。于是，美国军方对核武器有了更大的控制权。[4] 在欧洲方面，联邦德国位于冷战的最前沿，也相应部署了最多数量的美国核武器。从1955年开始，美国在联邦德国先后部署了21种不同的核武器。整个北约部署核武器数量的峰值大约是7000枚，而联邦德国几乎部署了其中的一半。美国

① Jonathan Mercer, *Reputation and International Politics*, Ithaca: Cornell University Press, 1996, pp. 1 – 100; Dale C. Copeland, "Do Reputations Matter?" *Security Studies*, Vol. 7, No. 1, 1997, pp. 33 – 71; Daryl G. Press, *Calculating Credibility: How Leaders Assess Military Threats*, Ithaca: Cornell Unviersity Press, 2005, pp. 3 – 15.

② James D. Morrow, "Alliances: Why Write Them Down?" *Annual Review of Political Science*, Vol. 3, 2000, p. 70.

③ Thomas C. Schelling, *Arms and Influence*, New Haven: Yale University Press, 1966, p. 47.

④ Robert S. Norris, William M. Arkin, and William Burr, "Where They Were," *Bulletin of the Atomic Scientists*, Vol. 55, No. 6, November/December 1999, pp. 27 – 28.

对东亚的核武器部署相对较少。[①] 1954 年至 1955 年台海危机爆发前后，美国开始向冲绳部署一体化的核武器，包括陆基、空基、潜射等 19 种不同类型的核武器，数量则大约在 1000 件以下。[②] 同时，美国将装备有核武器的"中途岛"号航母驶入台湾海峡，并在 1958 年 1 月向台湾地区部署了数十枚"飞马"导弹。随后，艾森豪威尔政府又在韩国部署了"诚实约翰"导弹等战术核武器，数量在 600 件左右。艾森豪威尔还向日本本岛秘密部署了核武器的无核组件部分，用于在紧急事态下应对来自苏联和中国的威胁。[③] 美国在东亚前沿部署的核武器数量从 20 世纪 60 年代末开始逐步减少。1974 年，部署总量由最高峰时期的 3200 件下降到 1600 件。[④] 冲绳归还日本后，美国便相应撤出了核武器。而冷战末期，美国也撤出了部署在韩国的核武器。

首先，核武器的前沿部署是一种力量的投射（power projection），即通过地缘优势对对手形成有效威慑。[⑤] 这种威慑既可以是进攻性的。例如，经典的古巴导弹危机事件，也可以是防御性的。防御性的核武器前沿部署主要用于满足延伸威慑的内部受众，即盟友的安全需要，从而起到防扩散的作用。从这个角度来说，前沿部署核武器改变了盟友所在地区的军事力量对比，为盟友营造了相对安全的外部环境。冷战时期，美国通过在欧洲前沿部署核武器来慑止苏联发动大规模军事行动。尤其在

① Roger Dingman, "Atomic Diplomacy During the Korean War," in Sean M. Lynn – Jones et al., *Nuclear Diplomacy and Crisis Management*, Cambridge, Mass.：MIT Press, 1990, pp. 127, 139 – 40；William Stueck, *The Korean War：An International History*, Princeton, N. J.：Princeton University Press, 1995, p. 67.

② Robert S. Norris, William M. Arkin, and William Burr, "Where They Were," *Bulletin of the Atomic Scientists*, Vol. 55, No. 6, November/December 1999, p. 29.

③ Peter Hayes et al., *American Lake, Nuclear Peril in the Pacific*, New York：Penguin Books, 1986, p. 76.

④ Robert S. Norris, William M. Arkin, and William Burr, "Where They Were," *Bulletin of the Atomic Scientists*, Vol. 55, No. 6, November/December 1999, pp. 27 – 28.

⑤ See Albert Wohlstetter, "Nuclear Sharing：NATO and the N？1 Country," *Foreign Affairs*, Vol. 39, No. 3, 1961, pp. 355 – 87；Thomas C. Schelling, *Arms and Influence*, New Haven：Yale University Press, 1966, pp. 109 – 116；Robert Jervis, *The Illogic of American Nuclear Strategy*, Ithaca, NY：Cornell University Press, 1984, pp. 88 – 92；Graham Allison and Philip Zelikow, *Essence of Decision：Explaining the Cuban Missile Crisis. 2nd ed*, New York：Longman, 1999.

冷战初期，东西方常规军事力量对比差距悬殊的背景下，为了迟滞苏联阵营的"钢铁洪流"快速向西推进，艾森豪威尔政府主张用核武器来弥补常规力量上的缺陷。从其前沿部署的核武器类型来看，也主要是防空导弹、中短程导弹以及核大炮等射程较为有限的防御性武器。美国还在前线埋设了大量的核地雷（又称原子爆破装置），主要是用于破坏敌方的坑道、桥梁等重大设施或迟滞敌军的进攻，为己方重新部署防线或战略撤退赢得时间。

其次，前沿部署的核武器可以确保美军在遭受攻击后，美国的战略核力量会自动卷入对苏联的战斗中。[①] 20 世纪 50 年代中后期，当苏联首先获得了洲际导弹的优势时，北约各国对美国的延伸威慑表现出极大的担忧。艾森豪威尔政府随即提出了中程导弹加北约基地等于洲际导弹的理论，试图通过在欧洲广泛部署中程导弹来安抚盟友，提升其延伸威慑的可信度。而当美苏两国的战略核力量逐渐趋向对等时，双方前沿部署的战术核武器更是成为影响战略稳定的关键因素。例如，20 世纪 70 年代末期，苏联先进的 SS－20 导弹无论在当量、射程、精度、机动性和突防能力等各方面都压制了北约当时部署的战术核武器，从而迫使美国的战略核武器在危机状态下需提早介入，造成美国在冲突升级过程中的不利局面。北约各国担心美国可能不愿意动用战略核力量来履行保卫欧洲的责任。经过激烈的磋商，北约外长和防长会议最终采纳了"双重决议"的方案，即一方面与苏联围绕限制 SS－20 导弹的部署进行谈判，另一方面如果谈判破裂，则升级北约的战术核武器，部署潘兴 II 型导弹和陆基巡航导弹与苏联抗衡，重塑欧洲的均势稳定。[②] 这一经典案例清晰地反映了核武器的前沿部署扮演着自动链接核大国战略核力量的角色，这与海外驻军所起到的绊网作用十分相似。

① Thomas C. Schelling, *Arms and Influence*, New Haven: Yale University Press, 1966, pp. 111－16; Jeffrey Record, *U. S. Nuclear Weapons in Europe: Issues and Alternatives*, Washington, DC: Brookings Institution Press, 1974, p. 68; Lawrence Freedman, *The Evolution of Nuclear Strategy*, New York: Palgrave Macmillan, 2003, p. 353.

② Manfred Wörner, "Alastair Buchan Memorial Lecture," London, Nov. 23, 1988, http://www. nato. int/docu/speech/1988/s881123a_e. htm.

再次，前沿部署的核武器更有可能在战争中被使用，从而能让盟友更为放心。由于美国和欧洲在地理上天然的割裂，在美苏相互确保摧毁的情况下，远在美国本土的核武器可能因为"要么自杀要么投降"的核威慑悖论而不会被使用。但从理论上说，前沿部署的战术核武器在"分级威慑"（limited deterrence）的指导原则下并不会让战争立刻升级到战略层面。[①] 北约盟友进一步指出，相比在大西洋上部署潜射导弹，在欧洲部署陆基导弹的威慑力要强大许多。因为对于被保护的盟友来说陆基导弹是看得见、摸得着的。这种"可见性"（visibility）将美国和西欧的安全联系到一起，而潜射导弹无法确保这种紧密的关联性。[②] 而且潜射核力量的生存性要比部署在欧洲地面上的轰炸机和其他战术核武器高得多，进而减小了触发绊网的概率。与此相反，由于前沿部署的核武器一般不太灵活且生存能力较差，在敌人进攻时容易出现要么使用要么被敌人掠夺或破坏的尴尬境地。因此，前线指挥官往往在紧急事态下拥有发射这些核武器的事先授权。[③] 由此看来，前沿部署的战术核武器往往更容易被使用，从而导致对手获胜的几率减小而所需付出的代价急剧上升。

最后，核武器的前沿部署不仅意味着盟友的安全系数得到大幅提升，而且能够体现出核大国对待延伸威慑的认真态度。因为如果核大国没有坚定的决心，是不会愿意付出巨大的代价来部署这些核武器的。[④] 除了

---

① Barry O'Neill, "The Intermediate Nuclear Force Missiles: An Analysis of Coupling and Reassurance," *International Interactions*, Vol. 15, No. 3/4, 1990, pp. 345 – 63.

② Alois Mertes, "Abschreckung sichtbar machen," Die Zeit, 19 June 1981, p. 7, in David S. Yost, "Assurance and US Extended Deterrence in NATO," *International Affairs*, Vol. 85, No. 4, 2009, p. 764.

③ Scott D. Sagan, "The Origins of Military Doctrine and Command and Control Systems," In Peter R. Lavoy, Scott D. Sagan and James J. Wirtz, *Planning the Unthinkable: How New Powers Will Use Nuclear, Biological, and Chemical Weapons*, Ithaca, NY: Cornell University Press, 2000, p. 38; Paul J. Bracken, *The Command and Control of Nuclear Forces*, New Haven, CT: Yale University Press, 1983.

④ James D. Fearon, "Signaling Foreign Policy Interests: Tying Hands versus Sinking Costs," *Journal of Conflict Resolution*, Vol. 41, No. 1, 1997, pp. 68 – 90; Elchanan Ben – Porath and Eddie Dekel, "Signaling Future Actions and the Potential for Sacrifice," *Journal of Economic Theory*, Vol. 57, No. 1, 1992, pp. 36 – 51; James D Morrow, "Alliances, Credibility, and Peacetime Costs," *Journal of Conflict Resolution*, Vol. 38, No. 2, 1994, pp. 270 – 97; James D. Morrow, "Alliances: Why Write Them Down?" *Annual Review of Political Science*, Vol. 3, 2000, pp. 63 – 83.

核武器本身的制造、维护和拆解的成本之外，还需要配备运输和储藏核弹头的相关设施，提供配套的核运载工具及其相应的基地，建立包括预警雷达和防空系统等在内的立体防御设施，再加上指挥控制系统、核安保措施以及后勤支持等，还都需要专业的军事人员进行操作。① 而正是因为前沿部署的成本如此之高，美国在欧洲部署的战术核武器才拥有较高的可信度。在这一传统的指导下，即便北约在冷战后已经削减了超过97%的战术核武器，也依然将美国的核重力炸弹（又称核航弹）作为前沿部署的战术核武器保留至今，而没有选择完全依赖于美国本土的战略核武器或是巡弋在大西洋上的核潜艇。这些核重力炸弹的维护和升级已经是一笔不小的开支，而用于投掷这些核重力炸弹的双重能力战机（DCA）的更新换代以及飞行员的培训更是价格不菲。②

尽管核武器的前沿部署能够有效提升延伸威慑的可信度，但美国在具体实践过程中表现出了高度的选择性。其主要原因则是出于对核安全问题的顾虑。前沿部署核武器容易引发核武器意外发射、失窃、遭受破坏、核材料泄露等核安全问题，并增加美国自身遭受核攻击的风险。正如上文所述，前沿部署使得战术核武器的脆弱性问题更加突出。早期的战术核武器都直接放置在地面上，由于缺乏有效的掩护，其生存能力较差。核火炮系统则需要重型卡车牵引并运送炮弹，难以迅速转移。因此，前沿部署的战术核武器不仅容易成为活靶子，而且还很有可能落入敌手。此外，接受前沿部署的盟国也可能对这些核武器的安全带来负面影响。冷战初期，美国原子能委员会在视察了欧洲前沿部署核武器的基地后指出，美国在对这些核武器的安保问题上存在重大失误，几乎失去了对这

---

① See Stephen I. Schwartz, ed. , *Atomic Audit: The Costs and Consequences of U. S. Nuclear Weapons since 1940*, Washington DC: Brookings Institution Press, 1998.

② Rachel Oswald, *U. S. Tactical Nuclear Arms Mission Could Shift Among NATO Jets*, NTI, March 26, 2014, http: //www. nti. org/gsn/article/aircraft - could - be - given - nato - tactical - nuclear - arms - mission/.

些核武器的控制。① 由于美国派驻到盟国负责看管这些核武器的军事人员极其有限，只需要"几把扳手"或者"三发子弹"就能夺取发射核武器的钥匙。② 而这些核武器往往处于高度戒备状态，可以随时发射。搭载有美国核武器的欧洲国家空军在必要的情况下也完全可以紧急起飞。这些都增加了前沿部署的核武器未经授权发射的风险。而这类核安全问题并不局限于北约内部。美国曾在中国台湾地区部署"飞马"导弹并存放核重力炸弹。从 1958 年开始，美国陆续向台湾地区部署 F - 100 和 F - 4 战斗机用于配合核重力炸弹形成威慑力量。而作为中美建交的重要条件，尼克松政府承诺撤出所有部署在台湾地区的核武器。就在尼克松访华后，美国国防部长莱尔德（Melvin Laird）立即要求减少在台湾地区部署的核武器并给剩下的核武器都装上安全控制系统（解除核弹头安全装置许可制，PALs），生怕台湾当局会疯狂抢夺核武器。③ 1974 年，国防部长史莱辛格（James Schlesinger）要求美国在撤出 F - 4 战机前先撤走全部核重力炸弹，避免留给台湾当局擅自抢夺的机会。④ 除了敌人和盟友都可能对前沿部署的核武器带来负面安全影响之外，前沿部署还将增加核事故以及核恐怖主义的风险。⑤ 尽管许多国家都能够制造核武器，

---

① Cover Letter to Summary Report on Inspection Trip to NATO Nuclear Facilities, Letter, February 15, 1961, DNSA: US Nuclear History, NH01128; Attitudes of External Affairs Under - Secretary Norman Robertson toward Problems of Control of Nuclear Weapons, Memorandum, July 29, 1959, DNSA: US Nuclear History, NH01178.

② John Steinbruner, *The Cybernetic Theory of Decision: New Dimensions of Political Analysis*, Princeton: Princeton Unviersity Press, 2002, pp. 182 - 183; Marc Trachtenberg, *A Constructed Peace: The Making of the European Settlement, 1945 - 1963*, Princeton: Princeton University Press, 1999, pp. 193 - 194, 209; Robert S. Norris, William M. Arkin, and William Burr, "Where They Were," *Bulletin of the Atomic Scientists*, Vol. 55, No. 6, November/December 1999, p. 30.

③ General Haig to the President's Files, August 10, 1971, National Archives, Nixon Presidential Materials, President's Office File, box 85.

④ Memorandum of Conversation, "Call by Ambassador Unger," April 12, 1974, National Archives, RG 84, Top Secret Foreign Service Post Files, Embassy Taipei, 1959 - 1977, Box 1, file "DEF 15 - 9 - Reductions - ROC - 1974".

⑤ Scott Sagan, "The Perils of Proliferation: Organization Theory, Deterrence Theory, and the Spread of Nuclear Weapons," *International Security*, Vol. 18, No. 4, 1994, pp. 66 - 107. See also Scott Sagan, *Moving Targets: Nuclear Strategy and National Security*, Princeton: Princeton University Press, 1989.

但美国认为只有大国拥有充分的资金、技术和强大的军事、官僚组织系统来确保对核武器的指挥控制、情报通信以及核保安措施。[①] 这是因为即便是美国这样的超级大国，也在管理核武器的过程中出现过诸多骇人听闻的事故或者意外。[②] 而弱小的国家往往对核武器的管理十分松懈。例如，巴基斯坦就在这一问题上一直让美国担忧。[③] 在苏联解体时，相比让解体后的成员国分享大量的核武器，许多美国官员宁可为了让核武器得到有效监管而支持让苏联维持统一。[④]

综上所述，美国可以通过承诺机制来确保延伸威慑的可信度。其中，以本国的国际声望为代价对盟友进行公开口头承诺或签署同盟协议是最为基础的承诺机制。然而，由于缺乏强制核大国履行承诺的有效手段，盟友往往对于口头或书面承诺的约束力表示怀疑。因此，美国需要向盟友提供一定的担保，采取更加高成本的承诺机制。例如，通过前沿部署核武器，不仅能够强化盟友的安全，而且可以连接起美国的战略核武库。此外，前沿部署核武器的"可见性""进攻性"以及所需花费的大量成本都足以向盟友证明美国对待延伸威慑的认真态度，从而提升盟友的信心。不过，考虑到核安全问题，美国也必须在前沿部署核武器时有所选择，从而在不同的盟友之间形成了不尽相同的承诺机制。

二、分享机制与可信度的确保

尽管核武器的前沿部署有助于提升盟友对延伸威慑的信心，但同时

---

① Peter D. Feaver, "Command and Control in Emerging Nuclear Nations," *International Security*, Vol. 17, No. 3, 1992, pp. 160 – 187.

② See Scott Sagan, *The Limits of Safety: Organizations, Accidents, and Nuclear Safety*, Princeton: Princeton University Press, 1993; Eric Schlosser, *Command and Control: Nuclear Weapons, the Damascus Accident, and the Illusion of Safety*, New York: Penguin, 2013.

③ Paul K. Kerr and Mary Beth Nikitin, "Pakistan's Nuclear Weapons: Proliferation and Security Issues," Congressional Research Service, March 19, 2013, p. 1, https://www.fas.org/sgp/crs/nuke/RL34248.pdf.

④ George H. W. Bush and Brent Scowcroft, *A World Transformed*, New York: Knopf, 1998, pp. 543 – 544.

又带来了另一个难题，即这些前沿部署的核武器究竟应该由谁来决定以及如何决定其部署和实际使用的问题。[1] 由此所引发的围绕核武器控制权的矛盾是冷战时期美国与诸多盟友之间博弈的焦点。所谓核武器的控制权问题主要可以分为对核武器本身的控制（硬控制）以及对涉及核武器相关决策的有效参与（软控制）这两大类。[2] 在硬控制方面，又可以细分为积极控制、消极控制和缺乏有效控制这三种情况。所谓积极控制即盟友对于核武器的部署及其使用拥有充分的决断权。为了保障这种权利，在历史上曾出现过多种机制建设方案。例如，著名的北约"多边核力量"计划、"大西洋核力量"（ANF）以及"亚洲多边核力量"等。

其中，艾森豪威尔政府设计的"多边核力量"方案从理论上能够最大限度地确保北约盟友对核武器的积极控制。当时，西欧各国最初要求建立以陆地流动导弹车辆为基础的北约中程导弹部队（MRBM）。尽管核弹头由美国提供，但北约将成立一个专门机构负责有关核武器的决策，使得北约成员能够分享对核武器的支配权。[3] 艾森豪威尔政府随后提出修改方案，将陆基流动导弹改为海基潜射的"北极星"导弹，并由各国混编军事人员共同操作潜艇。[4] 这支核力量将由欧洲盟军司令部控制，并在北约内部将建立一个包括美、英、法、德等国家代表组成的领导小组，负责具体的核战争事宜。如果该方案获得成功，那么北约各国将对核武器拥有充分的控制权。然而，肯尼迪政府上台后大幅修改了"多边核力量"计划，不仅将这支核力量归属到大西洋盟军司令部管辖，而且强调美国在核决策问题上具有否决权。[5] 这也使得各方在核武器控制权问题上的矛盾升级，最终导致"多边核力量"计划流产。虽然以"多边

---

① Paul Buteux, *The Politics of Nuclear Consultation in NATO 1965 – 1980*, Cambridge：Cambridge University Press, 1983, p. 8.

② See also Marco Carnovale, *The Control of NATO Nuclear Forces in Europe*, Boulder：Westview Press 1993, pp. 213 – 239, 259 – 267.

③ 朱明权主编：《20 世纪 60 年代国际关系》，上海：上海人民出版社 2001 年版，第 340 – 341 页。

④ Catherine McArdle Kelleher, *Germany & the Politics of Nuclear Weapons*, New York：Columbia University Press, 1975, p. 142.

⑤ Steve Weber, *Multilateralism in NATO：Shaping the Postwar Balance of Power, 1945 – 1961*, California：University of California at Berkeley, 1991, p. 78.

核力量"计划为代表的积极控制方案能够最大限度地提升盟友对于延伸威慑的信心，但从经验事实上来看，这种设计仅限于理论层面，尚未有成功实践的案例。有观点指出"多边核力量"计划只是美国为了保住自身核垄断地位而试图控制西欧国家核扩散态势的一种手段，其本质是虚伪的，失败是必然的。[①] 不过应该看到，力图确保盟友实现积极控制的是艾森豪威尔政府最初提出的计划版本。而肯尼迪政府对其做出大幅修改之后才体现出相对"虚伪"的一面。在深入分析延伸威慑的确保机制时，两者不应混为一谈。

尽管积极控制未能实现，美国及其北约盟友从冷战至今还是长期维持了一种确保消极控制的延伸威慑机制。所谓消极控制，即盟友对于核武器的部署和使用没有决定权，但有否决权。20 世纪 50 年代后半期，随着美国在欧洲盟友的领土上广泛部署核武器，艾森豪威尔政府也鼓励盟友在核武器的使用计划和决策中发挥积极作用。为此，美国建立了合作项目机制（POCs），由总统通过一系列行政命令或政府双边协议的方式授权美国国防部向欧洲盟友提供核武器相关的知识和技能培训。[②] 在此基础上，美国于 1957 年正式提出"双重钥匙"（dual - keys）制度并先后同英国、法国、联邦德国、意大利等 9 个国家签订了相关协议。所谓"双重钥匙"即由接受美国核武器前沿部署的盟国军事人员和美国派驻在该的军官分别保管一把启动核导弹的发射钥匙。只有两把钥匙同时开启才能发射核武器。这种看似传统的物理控制方式反而为艾森豪威尔政府向北约盟友分享核武器奠定了制度性基础。尽管核弹头仍然由美国人控制，但在未经欧洲盟友同意的情况下，美国也无法使用这些核武器。通过"双重钥匙"制度，美国向欧洲盟友让渡了部分控制权。此

---

① 朱明权主编：《20 世纪 60 年代国际关系》，上海：上海人民出版社 2001 年版，第 326 页；资中筠主编：《战后美国外交史（下）》，北京：世界知识出版社 1994 年版，第 416 - 417 页；王绳祖主编：《国际关系史：第九卷（1960 - 1969）》，北京：世界知识出版社 1995 年版，第 170 页。

② Robert S. Norris, William M. Arkin, and William Burr, "Where They Were," *Bulletin of the Atomic Scientists*, Vol. 55, No. 6, November/December 1999, p. 30.

外，艾森豪威尔还有意放松了对前沿部署在欧洲的核武器的监管。[①] 一方面，当时接受美国核武器的欧洲国家都建立了"快速反应警戒部队"（QRA）。这些核武器都处于随时准备发射的戒备状态。而美军派驻到当地负责看管核武器的军事人员十分有限，不能排除在紧急事态下盟军获取甚至夺取核武器发射钥匙的可能性；另一方面，美国早在1955年就掌握了解除核弹头安全装置许可制（PALs）技术，可以防止核武器意外发射。但艾森豪威尔政府并没有采纳这一技术，而是直到肯尼迪上台后才为前沿部署的核武器加上安全措施。因此，以"双重钥匙"为基础的核分享不仅使盟友能够确保对核武器拥有消极控制权，而且还有可能在极端情况下获得对核武器充分的控制权。美国国务院曾在《60年代的北约》这一文件中，对艾森豪威尔政府的核分享政策予以高度评价，认为其确保了美国延伸威慑的可靠，巩固了西方联盟的团结。[②] 冷战结束后，美国虽然撤出了绝大部分部署在欧洲的核武器，但北约仍然保留了以空军投掷战术核武器的方式来维持美国延伸威慑的机制。欧洲盟友向美国提供部分空军基地用于存放核重力炸弹，并由欧洲人驾驶双重能力战机负责发射这些核武器。为了有效维持这一延伸威慑模式的运作，北约需要专门维护和升级双重能力战机并培养相关军事人员。但恰恰是通过这种责任分摊的方式使得欧洲盟友在北约核战略问题上始终拥有充分的话语权。[③] 就像冷战时期的"双重钥匙"制度那样，在没有欧洲国家空军的支持下，这些核武器发挥不了任何作用。

　　除了积极和消极控制之外，还有一种盟友缺乏有效控制的模式。简单来说，即美国虽然在盟友的领土上前沿部署了核武器，但盟友并未能掌握这些核武器的相关情报或实际接触到这些核武器，因此也就谈不上对前沿部署的核武器拥有否决权或决断权。历史上，美国在韩国部署的

　　[①]　"Discussion of Recommendations for Sharing Information on Nuclear Weapons with the Allies and of US Intentions for Limited War in Europe," Report, June 17, 1958, DNSA: Nuclear Non – Proliferation, NP00434.

　　[②]　"NATO in the 1960's," Report, NSC6017, November 8, 1960, DNSA: US Nuclear History, NH00955.

　　[③]　David S. Yost, "Assurance and US Extended Deterrence in NATO," *International Affairs*, Vol. 85, No. 4, 2009, pp. 769 – 770.

核武器就形成了这样一种盟友缺乏有效控制的模式。尽管美国从 20 世纪50 年代末就在韩国部署了五花八门且规模庞大的战术核武器，但并未向韩国方面透露核武器的具体储藏位置、数量、相关性能、使用方法及其战略战术原则。在核战争场景下，韩军也并不承担包括运输、投送、发射以及指挥在内的实战角色。与力图确保盟友对前沿部署的核武器拥有积极控制或消极控制的措施相比，这种缺乏有效控制的前沿部署模式意味着核大国在继续部署还是撤出核武器，使用还是不使用核武器等关键问题上依然可以我行我素。这样反而会刺激盟友去怀疑核大国延伸威慑的可信度。这也是韩国后来谋求独立核武装的重要原因之一。

与积极控制、消极控制和缺乏有效控制这三种硬控制概念相对应的则是软控制。所谓软控制一般是由核磋商机制来实现的，其主要内容包括：核大国与盟友之间共享核情报；双方就各自对于当前威胁的认知交换意见，并形成对于外部威胁的共同评估；通过磋商，盟友对于安全问题的担忧以及相关诉求能够得到满足或引起核大国的重视。[①] 在形成整个同盟的核战略的过程中，无核盟友的意见往往能够通过核磋商机制得到反映。[②] 当核大国与盟友在围绕核武器的硬控制方面出现比较大的分歧时，完全可以通过建立核磋商机制的方式对核武器的相关决策进行协调，从而提升延伸威慑的可信度。历史上，北约自 1966 年设立核计划小组（NPG），用于处理敏感而复杂的核问题。作为一个常设机构，核计划小组具有很强的政治意义。[③] 当时，北约内部面临着巨大的困境。一方面，"多边核力量"的流产对于联邦德国等希望进一步获得核武器控制权的国家来说是沉重的打击。因此，核计划小组就面临着如何重塑盟友

---

① Andreas Lutsch, "Merely 'Docile Self – Deception'? German Experiences with Nuclear Consultation in NATO," *Journal of Strategic Studies*, Vol. 39, No. 4, 2016, p. 540.

② David S. Yost, "Assurance and US Extended Deterrence in NATO," *International Affairs*, Vol. 85, No. 4, 2009, p. 758.

③ See Christoph Bluth, *The Two Germanies and Military Security in Europe*, London: Palgrave Macmillan 2002, pp. 70 – 79; Ivo H. Daalder, *The Nature and Practice of Flexible Response. NATO Strategy and Theater Nuclear Forces since 1967*, New York: Columbia University Press 1991, chapters 2 and 3; Kristan Stoddart, *Losing an Empire and Finding a Role: Britain, the USA, NATO and Nuclear Weapons, 1964 – 70*, London: Palgrave Macmillan 2012, chapter 7; Daniel Charles, *Nuclear Planning in NATO: Pitfalls of First Use*, Cambridge: Ballinger Press, 1987.

对美国核保护的信心的问题。① 另一方面，北约刚刚接受"灵活反应战略"，但在具体如何控制冲突升级等核心问题上并没有达成共识。美国认为，核计划小组应该在"灵活反应战略"的基础上为核武器的使用原则、突发核战争的应急机制以及军备控制和发展等一系列问题提供广泛的政策指导意见。② 但北约盟友显然不能让美国单方面制定这些政策指导意见。③ 所以，核计划小组必须及时协调各国在核战略和战术层面的分歧，通过平衡各方的观点，最终在共识基础上达成对北约今后核武器使用的指导性意见。这一过程是艰难的，因为像美国和联邦德国在地缘政治利益上存在结构性的差异，从而导致其战略目标和偏好手段完全不同。但这一机制又是必要的，否则美国的延伸威慑就会失信于人，最终导致更大范围的核扩散甚至同盟的瓦解。

从结果来看，北约核计划小组取得了突出的成就。当时北约各国普遍认为，如果不是因为核计划小组的出现，必然会迫使联邦德国发展核武器。④ 此外，各国在反复磋商后围绕使用欧洲战区核武器（TNW）的一般性政策指导意见（GPG）以及选择性部署计划（SEPs）达成一致。⑤ 在关于核武器的使用原则问题上，各方同意将核武器主要用于传递政治

---

① Hal Brands, "Non-proliferation and the Dynamics of the Middle Cold War: the Superpowers, the MLF, and the NPT," *Cold War History*, Vol. 7, No. 3, 2007, pp. 389 – 423. See also David J. Gill, *Britain and the Bomb. Nuclear Diplomacy*, *1964 – 1970*, Stanford: Stanford University Press 2014, chapters 4 and 5.

② Memorandum, response to NSAM 345, 6 May 1966, Hoover Institution Archives, Stanford CA, Seymour Weiss Papers, Box 8, April – May 1966.

③ Telex Cleveland, 25 Sepember 1968, National Archives and Records Administration (NARA), RG 59, Central Files – Subject Numerical Files (CF – SN), 1967 – 1969, Box 1598, DEF 12 NATO (8/1/68).

④ David S. Yost, "Assurance and US Extended Deterrence in NATO," *International Affairs*, Vol. 85, No. 4, 2009, p. 766; Andreas Lutsch, "Merely 'Docile Self – Deception'? German Experiences with Nuclear Consultation in NATO," *Journal of Strategic Studies*, Vol. 39, No. 4, 2016, pp. 535 – 558.

⑤ R. L. Rinne, ed., *The History of NATO TNF Policy*: *The Role of Studies*, *Analysis and Exercises. ConferenceProceedings. Vol. 1*: *Introduction and Summary*, Livermore: Sandia National Laboratories, 1994, pp. 48 – 52; J. Michael Legge, "Theater Nuclear Weapons and the NATO Strategy of Flexible Response," Rand, 2007, p. 25, https://www.rand.org/content/dam/rand/pubs/reports/2007/R2964.pdf.

信号，威慑苏联的入侵而并非直接将其投入战斗。此外，通过核磋商安排（nuclear consultation arrangement），美国同意在选择性地使用（selectively release）部署在联邦德国领土上的核武器之前应获得波恩政府的认可。[①] 最后，核计划小组还负责对欧洲战区核武器的现代化升级和具体部署问题进行讨论，并鼓励所有北约成员国参与决策过程。在 20 世纪 70 年代末，为了应对苏联的 SS－20 导弹，北约核计划小组决定成立高级小组（HLG）负责评估北约的战区导弹是否需要进一步升级。高级小组随即建议升级中程核力量作为应对。1979 年 12 月，北约通过了"双重决议"的方案。这为《中导条约》的最终签订奠定了基础，维护了欧洲的均势稳定。[②] 北约核计划小组使得无核武器国家能够确信美国具有保卫成员国安全、抵御外部威胁的能力，同时可以监视并影响美国关于北约的核决策。核磋商机制鼓励无核武器成员国积极参与北约的核战略制定，并设立了许多分析研讨会，在共同参与的基础上制订出统一的核计划。[③] 一致性核计划的提出本身可以起到对敌人的震慑作用，而参与核磋商还能够为盟友之间互相学习核战略、推动共识的达成、巩固联盟的团结提供契机。通过长期与核问题专家以及军事战略学家打交道，无核盟友也借此培养了一批富有经验的政治和军事人才，能够在核问题以及联盟战略协调方面更好地为本国争取利益。

总体上，核大国可以通过向盟友分享核武器控制权的方式来确保延伸威慑的可信度。对于盟友来说，在核武器的硬控制方面所获得的控制权自然是越大越好。因此，积极控制是最为理想的状态，而消极控制则是次优选择。如果出现盟友缺乏有效控制的情况，则很有可能挫伤延伸威慑的可信度。此外，当核大国与盟友在硬控制问题上出现矛盾时，建立软控制机制也能有效提升延伸威慑的可信度。不过，对于核大国来说，

---

① Benjamin Read, Executive Secretary, U. S. Department of State, to the Secretary, "Your Luncheon Meeting with the President Today," 23 April 1968, with State Department and Joint Chiefs of Staff memoranda attached, Top Secret, National Archives, RG 59, Executive Secretariat Agenda for the Secretary's Luncheon Meetings with the President, box 3.

② Secretary General, Manfred Wörner, Alastair Buchan Memorial Lecture, London, Nov. 23, 1988, http://www. nato. int/docu/speech/1988/s881123a_e. htm.

③ Ibid.

无论是向盟友分享硬控制权还是软控制权，都会带来一定程度的受牵连问题。受牵连原本就是经典的同盟困境问题，而在盟友获得对核武器的控制权之后，这一问题陡然升级。基辛格曾明确指出，美国反对欧洲国家发展核力量的根本原因就是为了避免被牵连到一场核战争之中。[①] 在1962 年一份关于"第 N 个国家的问题"的绝密报告中，美国十分担心由于盟友的核武器没有受到集中控制，结果有意或者无意间催生了核大战的巨大威胁。[②] 当时，美国战略学界普遍认为，美苏之间的核威慑力量对比实际上并不在于核武器数量的多少，而在于如何展示决心和讨价还价的本领。[③] 因此，必须对核力量进行集中指挥和控制，避免出现任何不在计划之内的发射。[④] 在这种情况下，向盟友分享核武器控制权的方案受到了严厉的批评，因为在危急时刻各方会围绕是否愿意承担核战争的风险而相互推诿扯皮。[⑤] 美国显然不希望因为一支不受自己控制的核力量而被卷入与苏联的核大战当中。就连英国人也明确表示，如果联邦德国借此获得了对核武器的控制权，那英国将十分害怕被卷入因为欧洲大陆国家的不成熟（prematurely）而引发的核战争之中。[⑥] 除了担忧遭受牵连之外，肯尼迪总统还明确指出，如果美国的盟友都掌握了核武器，那么盟友的离心倾向可能就会加重，美国也就失去了调节同盟关系的有

---

① ［美］亨利·基辛格：《北大西洋公约组织中的核难题》，载［美］戴维·阿布夏尔、理查德·艾伦主编：《国家安全——今后十年的政治、军事与经济战略》，柯任远译，北京：世界知识出版社 1965 年版，第 342 – 343 页。

② "Report on Strategic Developments over the Next Decade for the Interagency Panel," October 12, 1962, John F. Kennedy Presidential Library (JFKL), National Security Files, box 376, no. 27, p. 52.

③ Thomas Schelling, "Nuclear Strategy in the Berlin Crisis," 5 July 1961 memo in Steve Weber, "Shaping the Postwar Balance of Power: Multilateralism in NATO," *International Organization*, Vol. 46, No. 3, 1992, p. 672.

④ Ibid.

⑤ Albert Wohlstetter, "Nuclear Sharing: NATO and the N + 1 Country," *Foreign Affairs*, Vol. 39, No. 3, 1961, pp. 355 – 387.

⑥ Control of Initiation of Nuclear Warfare in NATO, Memorandum of Conversation, February 1, 1960, DNSA: US Nuclear History, NH00948; First Round US – UK Talks on Nuclear Strategic Weapons in NATO, Memorandum of Conversation, March 11, 1960, DNSA: US Nuclear History, NH00950; Second Round US – UK Talks on Nuclear and Strategic Weapons, Memorandum of Conversation, March 18, DNSA: US Nuclear History, NH00951.

力杠杆。[①] 原本弱小的国家往往在拥有了核武器之后会变得更加大胆，进而采取冒险行动，很有可能威胁到美国的利益。[②] 而即便是盟友发生核扩散，也会导致美国的外交和军事优势相对下降，从而难以对有核国家推行威逼策略或施加压力。[③] 所以，无论盟友通过何种方式分享对核武器的控制权，其获得的控制权越多意味着美国受牵连的可能性越大，管理盟友的难度越高。为了平衡好有效管理盟友的需要以及盟友对延伸威慑可信度的诉求，美国与不同盟友之间围绕核武器的控制权问题达成了不同的机制建设方案。

三、可信度及其确保机制曲线

上述核大国的承诺机制以及关于核武器控制权的分享机制都是延伸威慑可信度的确保机制。延伸威慑战略通过一个或多个确保机制的组合而发挥作用，但这些确保机制在提升延伸威慑可信度的效果上显然有所区别。相比单纯的政策宣示，前沿部署核武器具有更强的示范性作用。而围绕前沿部署核武器的积极控制、消极控制以及缺乏有效控制的模式在维护延伸威慑可信度的问题上呈现出依次递减的效果。最后，具备相关磋商机制要比没有磋商机制更有助于维护延伸威慑的可信度。然而，对于核大国来说，能够有效提升延伸威慑可信度的确保机制往往需要付出较大的成本或承担相应的风险。其中主要包括受到盟友牵连的风险以

---

① Marc Trachtenberg, *A Constructed Peace: The Making of the European Settlement, 1945 – 1963*, Princeton: Princeton University Press, 1999, p. 321.

② Mark S. Bell, "Beyond Emboldenment: How Acquiring Nuclear Weapons Can Change Foreign Policy," *International Security*, Vol. 40, No. 1, 2015, pp. 87 – 119; S. Paul Kapur, "India and Pakistan's Unstable Peace: Why Nuclear South Asia Is Not Like Cold War Europe," *International Security*, Vol. 30, No. 2, 2005, pp. 127 – 152; Michael Horowitz, "The Spread of Nuclear Weapons and International Conflict: Does Experience Matter?" *Journal of Conflict Resolution*, Vol. 53, No. 2, April 2009, pp. 234 – 257.

③ Michael Horowitz, *The Diffusion of Military Power: Causes and Consequences for International Politics*, Princeton: Princeton University Press, 2010, p. 106.

及核安全问题。由此可以对延伸威慑确保机制的利弊分析做出如下总结
（如表 3 - 1 所示）：

表 3 - 1 延伸威慑确保机制的利弊分析

可信度	被牵连及核安全问题风险高	被牵连及核安全问题风险中	被牵连及核安全问题风险低
被抛弃风险低（可信度高）	积极控制模式（例如最初版本的"多边核力量"计划）	附带磋商机制的消极控制模式（例如 1967 年以来的北约模式）	N/A
被抛弃风险中（可信度中）	消极控制模式（例如"双重钥匙"制度）	核大国拥有否决权的消极控制模式（例如肯尼迪时期的核分享）	磋商机制（例如冷战后的东亚模式）
被抛弃风险高（可信度低）	N/A	盟友缺乏有效控制的模式（例如冷战时期的美韩模式）	公开口头承诺或书面协议（例如冷战初期的美日模式）

　　首先，对于盟友来说，如果相关确保机制意味着盟友在危机中被抛
弃的可能性很高，则会降低延伸威慑的可信度。相反，如果被抛弃的可
能性很低，则会使延伸威慑更加可信。对于核大国来说，盟友被抛弃的
可能性高低与自身受到牵连的风险一般呈反比，这也是经典同盟困境所
要着重强调的。而在延伸威慑的主题下，核大国还面临前沿部署核武器
所带来的核安全问题的风险。该风险同样与盟友被抛弃的可能性呈反比，
与核大国受牵连的风险成正比。其次，不同的确保机制自然对核大国及
其盟友带来不同的影响。在表 3 - 1 的最后一行中，公开口头承诺或书面
协议是最为基础的确保机制，也不涉及核武器的前沿部署问题，因此对
于核大国来说受牵连和核安全的风险最低，而盟友被抛弃的风险最高，
其对应的延伸威慑可信度也最低。盟友缺乏有效控制的模式则是在口头
或书面承诺的基础上增加了核武器的前沿部署作为担保。然而，由于盟
友对于前沿部署的核武器没有任何的控制权，也无从获得核情报，反而
对核大国会在何时何地部署或撤出核武器，又会在何种条件下介入表现

出更加强烈的担忧和怀疑。因此，这种模式非但没有提升盟友的信心，反而可能刺激盟友采取冒险行动甚至设法获取前沿部署的核武器，进而导致核大国面临的风险增加。

相比之下，表3-1的第二行所显示的确保机制都能一定程度上缓解盟友对被抛弃的担忧，从而提升延伸威慑的可信度。其中，消极控制意味着在前沿部署的基础上盟友获得了对核武器一定程度上的控制权，相对减少了被抛弃的风险，从而使延伸威慑更加可信。不过一旦发生危机事态，由于盟友已经获得了部分对核武器的控制权，核大国完全失去对核武器的控制的风险急剧上升，因此被牵连以及核安全的问题十分严峻。为了改善这一情况，核大国往往更倾向于自己掌握否决权的消极控制模式。实际上就是对核安全进行加固，通过一系列技术或法律手段避免出现未经授权的发射行为。此外，还有一种做法就是取消核武器的前沿部署，以磋商机制取而代之。这时核安全问题和受牵连的风险都被降至最小，但为了确保延伸威慑的可信度，核大国必须在核情报、核作战计划以及相关决策方面与盟友进行密切的交流和分享，使其获得柔性的控制权。

最后，表3-1的第一行是能够最大限度地满足盟友对于延伸威慑可信度要求的确保机制。其中，积极控制模式在前沿部署核武器的基础上使盟友获得了对核武器充分的控制权，实际上间接对盟友进行了核武装，因而最大程度地降低了盟友被抛弃的风险。但这同时意味着核大国对于前沿部署的核武器彻底失去集中控制的可能性。在遇到战争或危机事态时，很难判断核大国及其盟友能否协调一致，共同决策。因此，积极控制的模式对于核大国来说往往是难以接受的。相比之下，附带磋商机制的消极控制方案是较为折中的选择。一方面，消极控制模式意味着核大国可以在使用核武器的否决权以及核安全问题上采取进一步的措施，减少风险。另一方面，尽管盟友没能对核武器本身获得充分的硬控制权，但磋商机制在这里能够起到很好的补偿作用。与单纯的磋商机制相比，此时盟友的领土上有核大国前沿部署的核武器作为担保，而且盟友还对核武器的运载工具或指挥与控制系统本身拥有一定的控制权，因而对延伸威慑有着比较充足的信心。

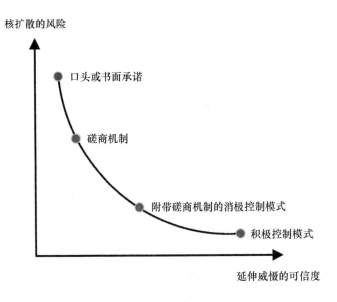

图 3 – 1　延伸威慑的可信度及其确保机制曲线

在对延伸威慑的确保机制进行利弊分析之后，可以总结出延伸威慑的可信度及其确保机制曲线（如图 3 – 1 所示）。其中横纵坐标轴分别表示延伸威慑的可信度及盟友采取独立核武装的可能性（核扩散的风险）。由于延伸威慑的可信度越高，盟友中出现核扩散的概率越小，因此以反比例曲线表示两者之间的关系。曲线上的任意一点表示某种确保机制下延伸威慑的可信度及其对应的核扩散风险。曲线上的点来回移动能够表示核大国与盟友之间围绕确保机制建设进行博弈的过程。例如在"多边核力量"的方案中，延伸威慑的可信度较高而盟友独立发展核武器的可能性减小，因此该点位于曲线的右下方。相应的，由于北约模式中核大国收回了积极控制权并代之以消极控制权和磋商机制，导致延伸威慑的可信度略微下降。因此，该点向左移动。而在冷战后的东亚模式中，由于仅有磋商机制而没有前沿部署和消极控制机制，延伸威慑的可信度进一步降低，导致该点继续向左移动。直到核大国仅仅依靠口头或书面协议做出保障时，延伸威慑的可信度很低而核扩散的风险较高。此时，该点位于曲线的左上方。延伸威慑的可信度及其确保机制曲线能够对延伸威慑究竟在何种条件下才能起到防扩散效果的问题做出回答。

此外，本书在研究设计之初控制了可能影响国家核扩散的其他干扰变量，包括所选取的案例国家都受到严重的外部安全威胁且具备充分的核武器研制能力。在现实情况中，拥有核能力的国家一般不会突然退化成为不具备核能力的国家。但在不同的历史条件及地缘政治环境下，国家对于外部威胁的感知可能出现变化。根据经典的核扩散模型，当生存威胁越严重时，国家越倾向于发展核武器。在可信度曲线中，则可以通过移动曲线来反映盟友对于外部安全威胁的不同认知（如图 3 - 2 所示）。假定国家 α 位于曲线上的一点 C，代表 α 国与其核大国建立了某种可信度为 A、可能出现核扩散概率为 B 的延伸威慑确保机制，将现有曲线向上平移后得到 C′，可信度为 A 的延伸威慑机制对应的核扩散概率为 B′，表明 α 国在同等机制条件下发生核扩散的概率进一步增大。因此，可信度曲线向上移动意味着盟友感受到更强烈的外部安全威胁，而曲线向下移动则表示安全环境得到改善。通过曲线的移动可以进一步对核大国及其盟友围绕延伸威慑机制建设的动态博弈进行全面解释。例如，当外部安全威胁提升时，如果要降低 α 国核扩散的风险水平至原来的 B，那么就必须在曲线的右下方找到新的一点 C″，对应更高的延伸威慑可信度水平 A′。α 国在曲线上从 C′ 向下移动至 C″ 的过程即延伸威慑的确保机制进一步强化的过程。

在后文的比较案例分析过程中，延伸威慑的可信度及其确保机制曲线能够对美德、美意、美日这三组延伸威慑关系进行深入分析，并回答三国盟友在都接受了美国延伸威慑保护的情况下仍然在核扩散问题上采取不同行为的原因。对于同样具备发展核武器能力且面临严重的外部安全威胁的三国盟友来说，美国的延伸威慑有效替代了德意两国的独立核武装，起到了防扩散的作用。而日本却采取了"核避险"的政策，说明延伸威慑的防扩散效果存在一定的局限性。而通过延伸威慑的可信度及其确保机制模型就不难发现，由于美国和三国盟友对于风险利弊的偏好不同，从而在延伸威慑的确保机制建设过程中展开了激烈的博弈。确保机制的差异使得美国延伸威慑的可信度时高时低，出现波动，进而导致

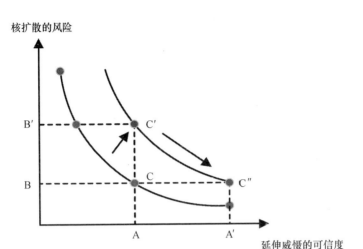

图 3 - 2 引入安全威胁变量情况下的动态可信度曲线

不尽相同的核扩散行为。

简单来说，艾森豪威尔政府先是在冷战初期推行"大规模报复战略"，并在欧洲部署了大量的战术核武器。随后又推动了以"双重钥匙"为基础的"北约核储备计划"以及"北约核分享计划"，赋予了联邦德国和意大利对于核武器的消极控制权。而当苏联的威胁与日俱增时，德意两国又试图获得更多的核武器控制权。于是，最初版本的"多边核力量"计划力图实现积极控制的模式。整个核威慑力量的建立都由成员国按照相应比例完成。相关决策程序也建立在成员国民主协商的基础之上，任何一国不具有单独使用核力量的权利。在这一模式下，无论是联邦德国还是意大利都不用担心被美国抛弃，因为实际上他们已经拥有了一部分核武器。然而，一旦德意任何一方与苏联阵营爆发冲突，美国将无法摆脱被卷入的厄运，而且极易引发核战争。因此，肯尼迪在这一问题上迅速采取了收缩姿态，强调美国对核武器的集中控制权。虽然"多边核力量"计划最终没有取得成功，但美国保留了前沿部署的核武器并提出"核计划小组"作为补充机制，在核武器的操作、后勤支持、战略制定、重大决策以及整体的政治军事协调方面与盟友进行充分沟通，采取平等协商的原则。通过这一系列机制建设，德意两国可以在一定程度上染指核武器，提升在同盟中的相对地位，并向美国榨取更多的政治和经济利益。其中包括在核政策问题上获得更大的话语权，以及在运载工具的维护和军事人员的培训方面获得更多的预算等。显然，这种高水平的确保机制使得美国与盟友之间的延伸威慑富有弹性。

相比之下，美国对日本的延伸威慑在确保机制上存在明显的不足。冷战初期，美国对日本的延伸威慑在很长一段时间内仅仅依赖于口头承诺以及条约中暗含的意思，甚至在许多场合无法公开讨论这一问题，更不要说将核武器前沿部署到日本本土了。这并不是因为美国不愿意强化相关机制的建设，而是日本国内独特的政治环境以及大规模的反核运动使得公开核保护几乎难以实现。因此，日本逐渐确立了"核避险"的战略取向，即当美国的核保护不可靠时，日本拥有迅速将民用核技术转化为核武器的能力。所幸美国在关键技术领域最大限度地满足了日本的需要，从而建立了某种特殊的延伸威慑确保机制，避免了日本直接采取独立核武装的政策。

除了解释历史之外，延伸威慑的可信度及其确保机制模型还能预示冷战后美国延伸威慑战略的调整方向及其带来的挑战。随着美国从朝鲜半岛撤出全部的战术核武器，美国对日韩两国的延伸威慑也基本依靠口头承诺的方式加以维系。尽管冷战时期，美日和美韩之间签署的军事同盟协定都仍然有效，但这些条约中并没有白纸黑字地规定美国必须用核武器来保障盟友的安全。也就是说，日本和韩国享有美国的安全保护是不言自明的，但实际上又没有任何条款规定美国必须以核保护的方式来遵守这项义务。尤其在国际安全局势发生变化之后，美国的延伸威慑战略出现核常融合的趋势。美国既可以使用核武器保卫盟友，又可以使用导弹防御等常规手段，两者之间的界限则越来越模糊。而在地区安全态势日益严峻的背景下，日本和韩国纷纷要求美国不断重申对盟友的延伸威慑保护。此外，新时期美国对于核政策的调整幅度较大。小布什政府不仅退出了《反导条约》，而且积极研发新型核力量并强调进攻性的核战略。奥巴马政府则发出"无核世界"的倡议，甚至试图采取不首先使用核武器的政策，结果对延伸威慑的可信度造成了冲击。为了及时安抚盟友的焦虑情绪，美日和美韩同盟在近几年纷纷建立了有关延伸威慑的对话机制，把过去的口头或书面承诺以制度化的磋商方式加以巩固。此外，随着朝核危机愈演愈烈，美韩双方甚至有考虑重新部署核武器这一选项。① 日本方面也多次呼吁，美国与东亚盟友之间的延伸威慑应当参照北约模式，从而在前沿部署核武器的问题上赋予东亚盟友更高的参与度和更大的控制权。② 总体上，冷战后美国在东亚地区的延伸威慑及其确保机制正不断强化，盟友对于可信度的要求越来越高。

相反，冷战后北约开始围绕是否还需要保留美国前沿部署的战术核武器展开辩论。部分盟友在对待延伸威慑的问题上出现了精简确保机制的倾向。早在 20 世纪 90 年代，包括德国在内的一些西欧和北约国家就质疑接受美国部署战术核武器的行为是否与《不扩散核武器条约》相抵触。随之而来的是要求美国撤走战术核武器的呼声越发高涨。毕竟和冷战时期不同，北约的外部安全威胁已经大幅减小。导弹防御系统的大规模部署也在一定程度上替代了核保护的作用，而撤走或是裁减美国前沿部署的核武器又有利于防扩散和美俄核裁军进程。此外，欧洲一体化的深入推进使得部分北约国家认为欧洲自身的核威慑力量已经足够而不再需要借助美国的保护。英国和法国在冷战后积极合作并试图为欧洲提供延伸威慑。法国更是转变其多年来坚持核力量不能与他国分享的观点，并于 2009 年重返北约。因此，冷战后北约核战略调整的重要议题之一就是精简延伸威慑。不过，要彻底取消前沿部署还面临许多阻力，除了地区冲突、大规模杀伤性武器的扩散等问题之外，北约的新成员国都普遍反对精简延伸威慑。尤其在乌克兰危机爆发后，延伸威慑在北约安全战

---

① Amy F. Woolf and Emma Chanlett - Avery, Redeploying U. S. Nuclear Weapons to South Korea: Background and Implications in Brief, Congressional Research Service, September 14, 2017, https: // fas. org/sgp/crs/nuke/R44950. pdf; Anna Fifield, South Korea's Defense Minister Suggests Bringing Back Tactical U. S. Nuclear Weapons, The Washington Post, September 4, 2017, https: // www. washingtonpost. com/world/south - koreas - defense - minister - raises - the - idea - of - bringing - back - tactical - us - nuclear - weapons/2017/09/04/7a468314 - 9155 - 11e7 - b9bc - b2f7903bab0d_ story. html? utm_term = . 7ce881e2d670.

② Michael J. Green and Katsuhisa Furukawa, 'Japan: New Nuclear Realism', in Muthiah Alagappa, ed. , The Long Shadow: Nuclear Weapons and Security in 21st Century Asia, Stanford: Stanford University Press, 2008, p. 360.

略中的地位进一步得到巩固。

除了围绕确保机制建设进行的调整之外，美国还赋予了核武器反击包括生化武器在内的大规模杀伤性武器、恐怖袭击以及应对其他各种极端情况的作用。与此同时，美国积极将以导弹防御为代表的先进常规武器与核威慑相互融合，共同组成新时期的延伸威慑战略。由于核保护与常规保护之间的界限模糊，对手无法准确判断可能遭受报复的程度，也无法确保发动的攻击能够穿透导弹防御，因而不敢轻举妄动。① 另一方面，尽管美国必须安抚盟友对于可能被抛弃的担忧，但同样不希望自己被牵连到一场严重的冲突当中。尤其在近年来美国实力相对下降的背景下，对于安全保护的具体内容进行模糊化处理其实是给予美国自身灵活反应的空间。从理论上说，延伸威慑核常融合的发展趋势为解决延伸威慑与防扩散问题之间的矛盾提供了新思路。在核保护与常规保护相互交织的情况下，通过大幅提升常规保护的比例来进一步削减核保护的必要性，同时辅以消极安全承诺和无核武器区的建立，或许可以让延伸威慑真正促进全球防扩散和核裁军进程。然而，在实际政策执行过程中，美国不仅过分强化导弹防御系统，而且同时致力于"核重建"。结果不仅没有降低核武器在安全战略中的作用，反而削弱了大国间的战略稳定，极有可能引发新一轮的军备竞赛。

因此，当美国从冷战以来坚持把延伸威慑战略作为一种重要的防扩散工具加以推进时，其对全球防扩散进程以及大国战略稳定所产生的影响是极其复杂的。本书通过引入延伸威慑的可信度及其确保机制这一组关键变量，有效解释了为何美国的延伸威慑战略对不同盟友所起到的防扩散效果不同。尽管所有的盟友表面上都获得了来自美国的安全承诺，但这些承诺背后的确保机制有的比较充分，有的则存在缺陷。为了更好地管控盟友的核扩散行为，提升延伸威慑的可信度，则必须强化相关确保机制的建设。从这个意义上说，美国推行延伸威慑战略一定程度上防

---

① Michael Johnson and Terrence K. Kelly, *Tailored Deterrence: Strategic Context to Guide Joint Force 2020*, National Defense University, July 1, 2014, http://ndupress.ndu.edu/Media/News/News-Article-View/Article/577524/jfq-74-tailored-deterrence-strategic-context-to-guide-joint-force-2020/.

止了更加广泛的核扩散或是核军备竞赛。然而，美国及其盟友强化延伸威慑的努力又不可避免地对地区安全和大国战略稳定产生消极影响。无论是美国升级核武库，强调核武器的可用性，还是前沿部署导弹防御系统或是战术核武器，都将加剧地区不稳定因素，打破大国间的攻防平衡态势，引发在水平方向和垂直方向上的新一轮核扩散。后文将结合冷战时期的美德、美意、美日三组案例比较以及冷战后美国延伸威慑战略在东西方的发展态势，对延伸威慑的可信度及其确保机制的影响做进一步阐述。

第四章 美德核分享与核关系再平衡

在冷战中，联邦德国面临来自苏联的巨大威胁，同时自身军事力量薄弱。东西方对峙的格局迫使波恩政府只能采取一边倒政策，依赖于美国的保护。直到勃兰特上台时，联邦德国的安全环境才略有改善。而在此之前，历届波恩政府的首要目标都是确保本国的生存。[①] 作为冷战期间东西方冲突的中心地带，波恩政府经常面临苏联在柏林问题和德国统一问题上的武力恫吓。与此同时，苏联核力量的不断升级以及美苏逐渐接近核均势促使联邦德国领导人担心美国能否切实履行其延伸威慑的承诺。[②] 于是，波恩政府坚持要求美国驻军并分享前沿部署的核武器。阿登纳政府甚至一度提出，如果没有美国部署的核武器，德国人的部队只能任凭苏联人屠戮。[③] 而对美国来说，联邦德国无疑具有特殊的地缘政治意义。美国不仅鼓励联邦德国重新武装并加入西方阵营，而且在"大规模报复战略"的指导下积极向联邦德国分享核武器。尽管由于美国撤军、苏联核力量提升以及柏林危机等事件使得美德关系出现矛盾，但艾森豪威尔政府通过建立"双重钥匙"制度、"北约核储备计划"并提出"多边核力量"的方案，最终赢得了联邦德国的信任。然而，肯尼迪政府上台后在核分享的问题上回缩并要求盟友在常规力量建设上承担更多的责任。包括联邦德国在内的北约盟友都强烈质疑美国的真实意图。肯

---

① Ronald J. Granieri, *The Ambivalent Alliance: Konrad Adenauer, the CDU/CSU, and the West, 1949 – 1966*, New York: Berghahn, 2004, p. 96.

② Carl G. Anthon, "Adenauer's Ostpolitik, 1955 – 1963," *World Affairs*, Vol. 139, No. 2, 1976, p. 120.

③ Hans – Peter Schwarz, *Konrad Adenauer: A German Politician and Statesman in a Period of War, Revolution, and Reconstruction*, Vol. 2: *The Statesman, 1952 – 1967*, Providence: Berghahn, 1997, p. 481; Pertti Ahonen, "Franz – Josef Strauss and the German Nuclear Question, 1956 – 1962," *Journal of Strategic Studies*, Vol. 18, No. 2, 1995, p. 28.

尼迪政府随后提出的修改版"多边核力量"计划也在各国的反对声中流产。为了挽回联邦德国对延伸威慑的信心，美国随即提出北约核计划小组作为一种补偿机制。该机制充分满足了联邦德国平等参与核决策的需要，确保了延伸威慑的可信度，从而维护了美德核关系的长期稳定。

一、艾森豪威尔的积极分享政策

冷战初期，联邦德国由于其战败国的地位，不要说染指核武器，就连重新武装都成问题。因此在讨论美德核关系之前，有必要对美国如何推动联邦德国重新武装及其背后的战略考虑进行分析。联邦德国所具有的地缘政治价值对于美国来说至关重要。从地理上看，德国位于欧洲的中心，又恰好处在东西方阵营之间。二战后，德国力量衰竭使得美苏之间出现了真空地带。美国亟须一个防御纵深来阻止苏联对西欧的扩张，因此保卫联邦德国也就显得格外重要。[①] 朝鲜战争爆发后，以美国为首的西方阵营日益感受到来自苏联的威胁，尤其担心德国问题成为欧洲的朝鲜半岛。然而，在具体采取何种手段保卫联邦德国的问题上，美国却面临难题。杜鲁门时期，由于原子弹还只是数量较少且较为昂贵的武器，也没有实现小型化，因此在实际战术运用过程中并没有占据决定性的地位。北约最初推行的是周边遏制战略，试图通过二战时期大规模地面作战的方针来遏制苏联的扩张。但当时东西方的常规力量对比大致是6：1，差距悬殊。[②] 因此，北约决定从1952年起在两年内扩军至96个师以及相应的海空常规作战力量。[③] 但对正处于战后复兴时期的西欧来说，这一目标的要求实在是太高了。在此期间，美英等西方主要国家都认识到，

① ［英］德里克·厄尔温：《第二次世界大战后的西欧政治》，章定昭译，北京：中国对外翻译出版公司1985年版，49－50页。

② 朱明权主编：《20世纪60年代国际关系》，上海：上海人民出版社2001年版，第323页。

③ 许海云：《北约简史》，北京：中国人民大学出版社2005年版，第75页。

联邦德国的重新武装能够极大地弥补北约在常规力量方面的不足。[①] 联邦德国总理阿登纳也积极推行倒向美国的政策，为确保自身安全、准备国家统一以及消除战败国的阴影创造有利的外部环境。[②] 然而，由于对联邦德国重新武装的顾虑，法国人最终在1954年否决了欧洲防务集团条约。所幸美国方面赶紧从中斡旋，使得《巴黎协定》于1955年生效。联邦德国由此实现了重新武装并成为北约同盟中平等的一员。

美国积极重新武装联邦德国是其"双重遏制"战略的结果，即一方面鼓励联邦德国融入西欧一体化进程，强化北约和西欧联盟遏制苏联的实力；另一方面又以北约和西欧联盟的双重结构对其进行约束，进而打消英国、法国和其他盟友的顾虑。[③] 与此同时，积极推动欧洲联合也是美国战后大战略的重要方针之一。[④] 让·莫内曾评价道，美国对欧洲一体化的支持是历史上大国首次不以分而治之作为其基本的战略目标，而是要长期建立一个稳定的共同体。[⑤] 艾森豪威尔也明确表示，欧洲的分裂状态对经济复兴造成了极大的负面影响，而以联邦的形式进行统一，既能确保安全，又能创造新的繁荣。[⑥] 当然，这种自由主义思想的背后也有着十分现实的考量，即美国的资源是有限的，而欧洲一体化是将美

[①] ［美］戴维·霍罗威茨：《美国冷战时期的外交政策——从雅尔塔到越南》，上海市"五·七"干校六连翻译组译，上海：上海人民出版社1974年版，第233－234页。

[②] ［西德］康拉德·阿登纳：《阿登纳回忆录（1953—1955）》，上海外国语学院德法语系德语组等译，上海：上海人民出版社1975年版，第343页。

[③] Geir Lundestad, *Empire by Integration*：*The United States and European Integration*，*1945－1997*，Oxford：Oxford University Press，1998，p. 23.

[④] 早在二战结束后，美国就成立了负责欧洲联合的美国委员会（ACUE），为欧洲联合运动提供了大量的资金。1947年3月，美国国会通过了富布莱特提案，明确表达了对欧洲联合的支持。而在马歇尔计划的执行过程中也始终将欧洲一体化作为政策的核心。美国经济合作署于1949年就发表了关于欧洲一体化的构想，并对后来的舒曼计划大加赞赏。而当法德两国围绕煤钢联营谈判争执不下时，美国及时干预最终促成法德和解。冷战期间，美国鼓励甚至"策动"欧洲一体化的倾向十分显著。参见刘同舜、高文凡主编：《战后世界历史长编（第六册）》，上海：上海人民出版社1985年版，第190－197页；杨生茂主编：《美国外交政策史（1775—1989）》，北京：人民出版社1991年版，第455页；［法］阿尔弗雷德·格罗塞：《战后欧美关系》，刘其中、唐雪葆、付萌、于滨等译，上海：上海译文出版社，1986年，第137页。

[⑤] Geir Lundestad, *Empire by Integration*：*The United States and European Integration*，*1945－1997*，Oxford：Oxford University Press，1998，p. 3.

[⑥] ［法］让·莫内：《欧洲第一公民——让·莫内回忆录》，孙慧双译，成都：成都出版社1993年版，第416页。

国从长期的军事和经济负担中解放出来的最佳办法。①

　　与杜鲁门时期对苏联展开全面遏制有所不同，艾森豪威尔上台后注重根据遏制目标的轻重缓急投入相应的资源，减少美国所承受的巨大负担。作为一位典型的共和党人，艾森豪威尔主张平衡预算，尽量削减政府开支。1952 年 12 月，艾森豪威尔政府提出"大平衡"政策，力图在必要的最低限度的军事力量和最高限度的经济力量之间把握平衡。在他看来，只有控制好这种平衡，才能最终赢得冷战的胜利。② 美国国家安全委员会在随后出台的"国家安全基本政策"（NSC162/2）中正式提出了"新面貌"战略。当时，美国的判断是苏联的威胁并不是迫在眉睫的，苏联更倾向于在"边缘地区"进行争夺而造成紧张的态势。③ 美国不能为了对抗苏联而牺牲自己的经济、制度和基本的社会价值。④ 因此，艾森豪威尔政府提出了包含"大平衡"和"大规模报复"两部分内容的"新面貌"战略。其中，"大平衡"要求美国削减防务开支，在经济发展和军事安全之间找到平衡。于是，充分利用美国的核优势，强调大规模报复使得削减常规力量成为可能。此外，由于美国海外部署的军队规模过于庞大，必须进行重新调整。⑤ 因此，艾森豪威尔政府强调同欧洲盟友之间的信任关系，主张提升伙伴的实力并赋予其平等的地位，而不能将其视为二等公民。⑥ 在此基础上，美国鼓励欧洲人主动承担更多的防

　　① ［法］皮埃尔·热尔贝：《欧洲统一的历史与现实》，丁一凡、程小林、沈雁南译，北京：中国社会科学出版社 1989 年版，第 59 页；［美］约翰·加迪斯：《遏制战略：战后美国国家安全政策评析》，时殷弘、李庆四、樊吉社译，北京：世界知识出版社 2005 年版，第 60 页。

　　② Martin J. Medharst, *Eisenhower's War of Words*, *Rhetoric and Leadership*, East Lansing: Michigan State University Press, 1994, p. 58.

　　③ NSC162/2, Basic National Security Policy, October 30, 1953, FRUS, 1952 – 1954, Vol. 2, Washington DC: US Government Printing Office, 1984, p. 590.

　　④ NSC162/2, Basic National Security Policy, October 30, 1953, FRUS, 1952 – 1954, Vol. 2, Washington DC: US Government Printing Office, 1984, p. 581.

　　⑤ Culter minute (for Dulles), September 3, 1953, FRUS, 1952 – 1954, Vol. 2, p. 456; NSC meeting, October 7, 1953, FRUS, 1952 –1954, Vol. 2, p. 527.

　　⑥ Steve Weber, *Multilateralism in NATO: Shaping the Postwar Balance of Power, 1945 – 1961*, California: University of California at Berkeley, 1991, p. 41.

务责任，积极支持一体化进程，使其能够尽快成为多极均势稳定中的一极。①

然而，由于当时东西方常规军事力量的差距过大，西欧国家在常规力量建设方面进度迟缓，再加上朝鲜战争的刺激，迫使艾森豪威尔改变传统的大规模地面作战的策略，强调运用美国的核优势来弥补北约在常规部队方面的劣势。而所谓"大规模报复战略"既能遏制苏联的扩张和战争爆发，又能减轻美国在常规军备方面的投入，可谓一举两得。1954年10月，北约欧洲盟军司令部提出，将通过向欧洲盟友广泛部署战术核武器来威慑苏联可能发动的进攻。② 美国方面随即准备向北约盟友提供"诚实约翰"导弹、"斗牛士"火箭和"奈克"防空火箭等战术核武器。12月17日，北约正式通过了《北大西洋军事委员会第48号文件》（MC48），接受了美国方面提出的"大规模报复战略"。根据北约防务的实际情况，"大规模报复战略"将主要由"剑和盾"两部分构成。其中"剑"是指北约的核力量，用于向苏联阵营的战略要地发动核打击；"盾"则包括北约的常规部队，主要在前沿阵地充当"警铃"和"绊索"，阻滞敌人进攻并触发核打击，最后消灭残存的敌军。③ 对西欧国家来说，在短期内要建立起规模庞大的常规力量，不仅劳民伤财而且几乎不可能，相比之下依赖于美国强有力的核保护是更加明智的选择。再加上美军的前沿部署在战争状态下可以自动触发美国的核报复，因此"大规模报复战略"对北约盟国来说无疑是可靠的安全承诺。核武器也就成为北约安全保障的首选。不过，"大规模报复战略"同样带来了两个问题：其一，艾森豪威尔强调核威慑的目的是减轻美国对常规力量的投入，满足国内平衡财政预算的需要，并最终将美军撤出欧洲。然而，撤军必然引发盟友对于美国能否继续提供可靠延伸威慑的怀疑。其二，既然核威慑是北约各国确保安全的主要手段，那么常规力量的建设更加得不到

① ［美］约翰·加迪斯：《遏制战略：战后美国国家安全政策评析》，时殷弘、李庆四、樊吉社译，北京：世界知识出版社2005年版，第40、158页。
② Alfred Grosser, The Western Alliance: European - American Relations since 1945, New York: The Continuum Publishing Corporation, 1980, p. 166.
③ 陈佩尧：《北约战略与态势》，北京：中国社会科学出版社1989年版，第201页。

重视。① 对于无核盟友来说，这不仅意味着在同盟中的地位进一步下降，而且国家的生死存亡也完全在于美国的一念之间。② 很快，美国和联邦德国就因为这些问题而产生了矛盾。

1956 年，美国参谋长联席会议主席雷德福（Arthur Radford）提出计划，要求集中发展核武器，大规模削减常规部队并考虑从欧洲撤军，从而引发联邦德国对美国延伸威慑的担忧。③ 在此之前，华约接受民主德国无疑给联邦德国造成了巨大的压力。再加上赫鲁晓夫提出苏军和北约部队分别撤出东德和西德的方案，使得波恩政府深感不安。此外，由于苏伊士运河危机的影响，使得西欧盟友普遍质疑美国安全承诺的可信度。而北约在这一时期举行的一场名为"全权代理"（Carte Blanche）的军事演习，更是成为德国人心中挥之不去的阴影。由于演习假想核战争爆发，预计至少会造成 170 万德国人死亡和 350 万德国人重伤。④ 这次演习使联邦德国意识到，一旦东西方发生战争，无论其冲突规模如何，德国而不是美苏将会成为双方核打击的首要目标。因此，对于处在冷战对抗最前沿的联邦德国来说，渴望拥有核武器来保障自身安全成为十分自然的选择。只不过阿登纳政府当年为了打消欧洲盟友的疑虑，才承诺不在德国境内制造核生化（ABC）武器。⑤ 然而，随着外部安全威胁日益严峻，美国的延伸威慑也可能出现动摇，阿登纳决定要尽可能的获得美国在联邦德国部署核力量的相关情报，并积极参与到核计划的制订和决策过程中去，甚至首次表达了对于获得美国战术核武器的愿望。⑥

① 陈佩尧：《北约战略与态势》，北京：中国社会科学出版社 1989 年版，第 200 - 203 页。

② Marc Trachtenberg, *A Constructed Peace*, *The Making of the European Settlement 1945 – 1963*, Princeton：Princeton University Press, 1999, p. 176.

③ ［西德］康拉德·阿登纳：《阿登纳回忆录（1953—1955）》，上海外国语学院德法语系德语组等译，上海：上海人民出版社 1975 年版，第 226 - 227 页。

④ Robert E. Osgood, *NATO：The Entangling Alliance*, Chicago：The University of Chicago Press, 1962, p. 126.

⑤ US State Department, Documents on Germany：1944 - 1985, Washington DC：US Department of State, Office of Historian, Bureau of Public Affairs, 1985, pp. 419 - 424.

⑥ Wolfram F. Hanrieder, *Germany*, *America*, *Europe：Forty Years of Foreign Policy*, New Haven：Yale University Press, 1989, p. 42；Hans - Peter Schwarz, *Konrad Adenauer：A German Politician and Statesman in a Period of War*, *Revolution*, *and Reconstruction*, *Vol. 2：The Statesman*, *1952 - 1967*, Providence：Berghahn, 1997, p. 236.

为了安抚阿登纳政府因"雷德福计划"而出现的恐慌情绪，美国方面赶紧做出承诺不会大规模削减驻欧部队。艾森豪威尔本人也意识到，贸然撤军肯定会打击德国人的信心，进而破坏西方阵营的稳定。① 在1956年的国安委会议上，艾森豪威尔又多次坚持美国必须等到欧洲强大起来之后才能撤出的态度。② 而为了解决撤军这一难题，艾森豪威尔政府最终采用了五群制原子师（pentomic）的办法。1956年8月12日，艾森豪威尔与杜勒斯、雷德福等人在白宫召开会议。会上，艾森豪威尔宣布逐步削减海外驻军的规模，但通过装备战术核武器，使新编部队的战斗力保持不变。③ 于是，部署战术核武器成为了美国从欧洲撤出部分常规力量所给与的补偿。10月，关于将陆军师缩编成为五群制原子师的计划出炉。每个师包括5个战斗团，5个炮兵连和一个装备有"诚实约翰"导弹的炮兵连，部队人数则大约从1.7万人削减至1.3万人。④ 艾森豪威尔向联邦德国及其他欧洲盟友承诺，尽管新编师人数有所减少，但其战斗力不变，美国精简驻军并不会削弱对欧洲安全的承诺。⑤ 1957年，美国在欧洲保持了5个师的驻军规模，国家安全委员会和总统还建议国会额外拨款保证其战斗力得到加强。⑥

而在获得战术核武器方面，由于联邦德国不被允许自己制造核武器，

① Memorandum of Discussion at 165th Meeting of NSC, RFUS, 1952 – 1954, Vol. 2, p. 527; Memorandum of a Conference with the President, White House, Washington, May 14, 1956, FRUS, 1955 – 1957, Vol. 19, pp. 301 – 303. See also Andreas Wenger, *Living with Peril: Eisenhower, Kennedy, and Nuclear Weapons*, Lanham: Rowman & Littlefield Publishers Inc., 1997, pp. 85 – 86, 107.

② NSC 162/2, Basic National Security Policy, FRUS, 1952 – 1954, Vol. 2, p. 593; Memorandum of NSC meeting, March 22, 1956, FRUS, 1955 – 1957, Vol. 19, pp. 268 – 270.

③ Memorandum for the Record, August 13, 1956, FRUS, 1955 – 1957, Vol. 19, p. 94; Memorandum of Conversation, August 13, 1956, FRUS, 1955 – 1957, Vol. 19, p. 95.

④ White House mtg (with Taylor), October 11, 1956, FRUS, 1955 – 1957, Vol. 19, pp. 369 – 370.

⑤ Memorandum of Conversation, October 25, 1957, FRUS, 1955 – 1957, Vol. 4, pp. 182 – 183.

⑥ Memorandum of Conversation with the President, November 11, 1957, FRUS, 1955 – 1957, Vol. 19, p. 664; Memorandum of NSC meeting, November 14, 1957, FRUS, 1955 – 1957, Vol. 19, pp. 677 – 686.

因此美德通过北约—西欧联盟的框架分享核武器就成为了比较务实的选择。[①] 在 1956 年 12 月举行的北约理事会会议上，包括英、法和联邦德国在内的北约成员纷纷寻求分享美国的核武器。[②] 1957 年 1 月，联邦德国国防部长施特劳斯（Franz – Josef Strauss）公开表示，联邦德国最重要的目标是防止核战争，而核武器是防止核战争的必要手段。[③] 1957 年 3 月，阿登纳和施特劳斯同北约欧洲盟军总司令诺斯塔德（Lauris Norstad）围绕打造一支北约核力量的计划开展了深入交流。4 月，北约出台了《北大西洋军事委员会第 70 号文件》（MC70），要求从 1958 年起，在 5 年内共建立 30 个装备有战术核武器的师。其中，联邦德国的国防军也将根据建制单位装备相应规模的战术核武器。

美国方面尽可能积极响应联邦德国对于控制战术核武器的诉求，但艾森豪威尔政府的核分享政策在美国国内遭到国会和原子能委员会（JCAE）的阻击。由于"曼哈顿计划"成功以后美国长期奉行核垄断的政策，并通过《麦克马洪法》严禁泄露一切与核武器相关的情报。[④] 因此，即便是在盟友领土上部署的战术核武器，美国也绝不透露任何与核武器数量、位置、型号以及战斗属性相关的信息。而这种做法显然无法满足艾森豪威尔积极分享核武器以及北约盟友对于控制核武器的需要。[⑤] 为了强化确保机制的建设，提升盟友对于美国延伸威慑的信心，艾森豪

---

① ［西德］库尔特·比伦巴赫：《我的特殊使命》，潘琪昌、马灿荣译，上海：上海译文出版社 1988 年版，第 156 页。

② Catherine McArdle Kelleher, *Germany & the Politics of Nuclear Weapons*, New York：Columbia University Press, 1975, p. 125.

③ Catherine McArdle Kelleher, *Germany & the Politics of Nuclear Weapons*, New York：Columbia University Press, 1975, p. 76.

④ 美国很快提出"巴鲁克计划"，力图控制苏联的核武器发展。为了确保核垄断地位，就连为"曼哈顿计划"出过力的英国和加拿大都无法获得美国的核武器情报。根据 1946 年《麦克马洪法》设立的原子能联合委员会（JCAE）不仅反对向外国分享武器相关的情报，而且在相关技术转让的问题上具有一票否决权。See Stephen I. Schwartz ed. , *Atomic Audit：The Costs and Consequences of US Nuclear Weapons Since 1940*, Washington DC：Brookings Institution Press 1998, pp. 442 – 448；Gregg Herkin, *The Winning Weapon：The Atomic Bomb in the Cold War*, New York：Vintage Press, 1982, pp. 114 – 136.

⑤ Memorandum of Conference with the President, October 25, 1957, Memorandum of Conversation, October 26, 1957, DNSA：Nuclear Non – Proliferation, NP00345.

威尔力图打破国内法规的束缚。早在 1953 年年底,艾森豪威尔就通过国家安全委员会决议,先同英国共享核情报。① 1954 年 6 月 11 日,他又向原子能委员会提出放松相关法案限制的要求。② 8 月,新修订的法案允许美国与特定盟友交换关于核武器用途、型号等方面的情报。1955 年 7 月,艾森豪威尔建议对核武器进行广泛的海外部署从而更好地威慑苏联。与此同时,美国加紧修改国内立法,以便向北约分享更加先进的武器。③ 1956 年 3 月,美国开始向北约司令部提供有关前沿部署的核武器数量、安全保障措施以及战时投放手段等具体情报。④ 1956 年年末,美国国防部又建议同欧洲盟友围绕核武器的使用开展演练,以便在战争状态下盟友能够熟练地接手核战争事宜。⑤ 然而,美国原子能委员会仍然不同意艾森豪威尔进一步向包括联邦德国在内的欧洲盟友分享核武器的计划。

无奈之下,艾森豪威尔想出了一个折中的办法,即设立“双重钥匙”制度和“核储备计划”。这一办法最早在美英两国之间试点。在 1957 年 3 月的百慕大会议上,英国最终同意从美国那里进口 60 枚“雷神”中程导弹(IRBM)。在具体部署时采取“双重钥匙”的办法,即英国获得对运载工具的控制权而核弹头由美国保管,在紧急状态下再转交给英国。⑥ 在美英合作模式的基础上,艾森豪威尔明显加快了对北约其

---

① Gordon Arneson (Special Assistant to the Secretary of State for Atomic Energy Affairs) minute, 10 December 1953, FRUS, 1952 – 1954, Vol. 5, pp. 448 – 449; NSC151/2, December 4, 1953, FRUS, 1952 – 1954, Vol. 2, pp. 1256 – 1285.

② Possible Sharing of Atomic Information with the United Kingdom, Memorandum, June 11, 1954, DNSA: Nuclear Non – Proliferation, NP00160.

③ NSC5602/1, FRUS, 1955 – 1957, Vol. 19, p. 248.

④ Authorization for Providing Atomic Information to NATO, Letter, April 2, 1955, DNSA: Nuclear Non – Proliferation, NP00196; Sharing Nuclear Weapons Information with NATO Countries, Letter, April 10, 1956, DNSA: Nuclear Non – Proliferation, NP00252.

⑤ Program to Increase NATO Nuclear Capability and Secure Certain Base Rights (Includes Report to John Foster Dulles, Draft Memorandum to Charles Wilson and President Eisenhower, and Cover Memorandum), Report, November 7, 1956, DNSA: US Nuclear History, NH01053.

⑥ Intermediate – Range Ballistic Missiles to United Kingdom, Memorandum, October 5, 1956, DNSA: US Nuclear History, NH01051. See also Steve Weber, *Multilateralism in NATO: Shaping the Postwar Balance of Power, 1945 – 1961*, California: University of California at Berkeley, 1991, p. 50 – 51.

他盟友的核分享计划。① 1957 年 5 月，杜勒斯建议欧洲盟友引入更多的核运载工具来强化威慑力，并采取"双重钥匙"制度，即欧洲盟友负责掌管运载工具而美国负责监管核弹头，或者采取由美欧双方军官各自保管一把核武器发射钥匙的办法。此外，美国国务院还积极推动在北约国家中建立"北约核储备计划"（NATO Nuclear Stockpile Plan），即在平时由美国负责监管前沿部署的核弹头，但在紧急情况下转让给欧洲盟友，从而能够使盟友感受到美国对其安全承诺的坚定决心。② 这两种制度对于确保联邦德国的信心来说至关重要。在"双重钥匙"制度的保障下，未经联邦德国的同意，美国前沿部署的核武器是发挥不了作用的。而"北约核储备计划"更是明确将美国的战术核武器作为一种抵押物保留在联邦德国的领土上，这就使波恩政府至少拥有了对前沿部署核武器的消极控制权。

总体上，艾森豪威尔对于联邦德国的扶持既出于"大平衡"战略的现实考虑，又反映了其大西洋主义和自由主义的理想。当联邦德国由于美国撤军及其特殊的地缘政治环境而深感不安时，艾森豪威尔政府以五群制原子师和积极的核分享措施化解了危机，并为美德核关系奠定了良好的基础。尽管核分享意味着联邦德国对于核武器控制权的诉求将日益高涨，但艾森豪威尔的态度却十分乐观。在他看来，美国势必要给与联邦德国以及其他北约盟友一定的地位。只有当欧洲盟友拥有了对核武器一定的控制权，才会在整个防务问题上变得更加主动。③ 而如果欧洲人在核问题上没有发言权，那么美国延伸威慑的可信度将始终存疑。④ 再从当时美国大战略的角度出发，既然欧洲迟早要联合起来，并通过组建

① NATO Atomic Stockpile, Memorandum, September 3, 1957, DNSA：US Nuclear History, NH01059.

② NATO Atomic Stockpile, Memorandum, July 1, 1957, DNSA：US Nuclear History, NH01057；NATO Atomic Stockpile, Memorandum, September 3, 1957, DNSA：US Nuclear History, NH01059；NATO Atomic Stockpile, Memorandum, October 14, 1957, DNSA：US Nuclear History, NH01061.

③ Steve Weber, *Multilateralism in NATO：Shaping the Postwar Balance of Power, 1945 - 1961*, California：University of California at Berkeley, 1991, p. 42 - 43.

④ Draft Talking Paper for Meeting with Secretary McElroy on Strategic Concept, Memorandum, April 4, 1958, DNSA：US Nuclear History, NH00098.

起一支具有独立威慑力量的"欧洲军"而成为多极均势中的一极,那么让欧洲人拥有属于自己的核力量也将是必然的。正是在这种理念的指引下,艾森豪威尔政府不断推进与联邦德国之间的核分享,并逐步向更高层次的延伸威慑确保机制发展。

二、从核分享到"多边核力量"计划

然而好景不长,为了对美国构筑起有效的核威慑,苏联在迅速掌握原子弹和氢弹技术后又大力发展导弹技术。当时的苏联领导人赫鲁晓夫明确指出,为了威慑敌人的进攻,必须加强导弹的研发。[①] 很快,苏联于1957年8月和10月分别成功发射了洲际导弹和人造卫星。这意味着美国本土可能受到苏联的核打击,从而使得美苏战略力量的态势发生了根本性的转变。苏联的核武器已经可以直接威胁美国的"工业心脏"。[②] 而美国此时还没有洲际导弹,冷战初期的核优势也正在不断衰减。这对美国的自信心造成了打击。[③] 联邦德国方面第一时间觉察到了战略态势发生的巨大变化,并对美国在本土可能遭受核打击的情况下仍然愿意使用核武器保卫欧洲的决心产生严重怀疑。在阿登纳看来,美国的延伸威慑很可能不再牢靠,而且他更担心美国会干脆放弃欧洲的防务,回归到孤立主义状态。[④] 于是,法德两国在此前欧洲原子能协定的基础上又签署了军用核技术合作的协定,并随后启动了法德意三国核武器计划

---

① [苏]尼基塔·赫鲁晓夫:《最后的遗言——赫鲁晓夫回忆录续集》,上海国际问题研究所、上海市政协编译组译,北京:东方出版社1988年版,第83页。

② [美]亨利·基辛格:《大外交》,顾淑馨、林添贵译,海口:海南出版社1998年版,第521页。

③ [美]斯蒂芬·安布罗斯:《艾森豪威尔传(下卷)》,徐问铨等译,北京:中国社会科学出版社1989年版,第441页。

④ Telegram from the Ambassador in Germany to the Department of State, 19 November 1957, FRUS, 1955 – 1957, Vol. 4, pp. 186 – 187.

（FIG Agreements）。①

　　尽管这一合作在戴高乐东山再起之后很快就中断，但艾森豪威尔政府深刻认识到，如果美国不能及时采取措施确保其延伸威慑的可信度，那么北约盟友，尤其是联邦德国很可能独立发展核武器，甚至最终退出北约。② 为了最大限度地安抚盟友，缓解恐慌情绪，美国随即提出"中程导弹加海外基地等于洲际导弹"的新理论。1957 年 11 月，杜勒斯要求在欧洲盟国建立导弹基地，使得美国的战术核武器在地理上能够更靠近苏联和东欧各国，从而尽可能抵消美国在洲际导弹上的劣势。在 12 月的北约首脑会议期间，杜勒斯赶紧向阿登纳解释道，美国此前也受到苏联轰炸机所带来的战略威胁，所以此次洲际导弹试验并未造成双方战略态势的巨大改变。③ 与此同时，在美国的推动下"北约核储备计划"得到落实，欧洲战术核武器的核弹头将直接交由北约欧洲盟军司令部控制。此外，艾森豪威尔还试图进一步修改原子能法并扩大核分享的力度。④尽管新修订的法案仍然对交换核武器情报以及转让裂变材料做出了严格的限制，但艾森豪威尔政府依旧想法设法向联邦德国提供中程导弹。

　　不过，在实际部署导弹的问题上阿登纳却犹豫了。一方面，由于联邦议会即将举行选举，阿登纳不希望因为部署核武器的问题招致国内反

---

　　① 周琪、王国明主编：《战后西欧四大国外交（英、法、德、意）》，北京：中国人民公安大学出版社 1992 年版，第 302 页；Beatrice Heuser, *NATO*, *Britain*, *France and the FRG*, *Nuclear Strategies and Forces for Europe*, *1949 - 2000*, London：Macmillan Press, pp. 149 - 150.

　　② Memorandum of Conference with Secretary of Defense, Service Secretaries, Joint Chiefs, and Special Assistant for National Security Affairs, 17 June 1958, Eisenhower Presidential Library（EPL）, White House Office, Office of the Special Assistant for National Security Affairs, Special Assistant Series, Subject Subseries, Box 7.

　　③ Memorandum of Conversation with Chancellor Adenauer, Paris, 14 December 1957, EPL, Dulles Papers, General Correspondence and Memos, Box 1.

　　④ 1958 年 1 月，艾森豪威尔提出新的修正草案。具体条款包括：（1）允许向盟国转让核武器的非核部件，用于提升盟友的战备和训练效果并减少美军监管核武器所投入的人力；核能反应堆等核设施；允许转让敏感核材料及相关工厂；（2）允许转让包括核武器设计方案在内的可用于帮助盟友开展训练、制订军事计划的核情报；允许向英国进一步转让核武器制造方面的机密情报，用于改善其现有核武器；允许向盟友转让军用反应堆的相关情报。Analysis of Proposal to Amend the 1954 Atomic Energy Act and Provisions for Nuclear Sharing in 1954 Act, Memorandum May 8, 1958, DNSA：Nuclear Non - Proliferation, NP00416；Memorandum of NSC meeting, December 12, 1957, FRUS, 1955 - 1957, Vol. 4, pp. 214 - 217.

核力量的施压。① 另一方面，随着美苏战略核态势发生根本性转变，阿登纳必须考虑在本土部署美国核武器会不会有引火烧身的风险。美国当时提供的"雷神"或"朱庇特"导弹生存性较差，很容易成为苏联打击的目标。而一旦美国利用它们先发制人，则整个德国也将面临巨大的威胁。② 所以，相比直接部署导弹，阿登纳转而强调在关于北约的核力量控制和决策方面各国应该享有平等的地位。③ 为此，艾森豪威尔也做出了积极的回应。1958 年 2 月，欧洲盟军司令部提出了一个"三步走"计划，即首先在欧洲各国部署"雷神"和"朱庇特"导弹；随后北约将建立一个共同体（consortium），在美国的帮助下制造新一代的中程导弹（MRBM）；最后，再将共同体研发出来的导弹分别部署到欧洲各个国家，由共同体统一指挥，并由各国自行研发后续导弹。④ 该计划的最终目标是打造所谓的"欧洲核力量"。在这一背景下，联邦德国议会很快同意根据北约此前的《北大西洋军事委员会第 70 号文件》向联邦国防军装备相应的核武器。⑤ 此前配备有核武器的美军将继续驻扎在联邦德国境内，而新配备核武器的联邦国防军将进一步充实防御力量。12 月，艾森豪威尔政府根据"双重钥匙"制度为联邦德国空军配备战术核武器，并围绕"核储备计划"一事与联邦德国开展密切磋商。⑥ 1959 年 3 月，联邦国防军第一个特种营配备了"诚实约翰"导弹。⑦ 随后，美国和联邦

---

① Christoph Bluth, *Britain, Germany, and Western Nuclear Strategy*, Oxford: Oxford University Press, 1998, p. 64.

② US Policy on IRBMs for NATO, Memorandum, November 24, 1958, DNSA: US Nuclear History, NH01082.

③ ［西德］康拉德·阿登纳：《阿登纳回忆录（1955—1959）》，上海外国语学院德法语系德语组等译，上海：上海人民出版社 1973 年版，第 381 - 385 页。

④ US Policy on IRBMs for NATO, Memorandum, November 24, 1958, DNSA: US Nuclear History, NH01082. See also John D. Steinbruner, *The Cybernetic Theory of Decision: New Dimensions of Political Analysis*, Princeton: Princeton University Press, 2002, pp. 184.

⑤ Carl H. Amme, *NATO Strategy and Nuclear Defense*, Westport: Greenwood Press Inc., 1988, p. 21.

⑥ NATO Atomic Stockpile in Germany, Memorandum, December 24, 1958, DNSA: US Nuclear History, NH01086.

⑦ Transmission of Original Copy of a United States - German Agreement, Despatch, 1475, March 31, 1959, DNSA: US Nuclear History, NH01093.

德国又围绕关于防御性核武器的使用训练和核情报共享签署了合作协议。至此，联邦德国已经在北约的框架下获得了美国的战术核武器并拥有一定的控制权，从而缓解了因美苏核态势改变而造成的对美国延伸威慑的怀疑。

　　然而，由于美苏核力量对比发生根本性变化，艾森豪威尔政府对待苏联的态度有所缓和，并在德国问题的谈判过程中屡屡牺牲联邦德国的利益，从而导致美德之间的不信任危机再次爆发。在第二次柏林危机初期，美国提出将民主德国视为苏联"代理人"的理论，与联邦德国当时拒不承认民主德国的"哈尔斯坦主义"发生冲突。① 随后，由于担心苏联既不动武又不停止对柏林交通的干扰，杜勒斯提出了"双管炮"策略，试图采取冒险性的武力试探。1959 年年初，时任苏联部长会议副主席的米高扬访美。美国很快放弃了之前坚持的只能通过自由选举来实现德国统一的政策主张。② 到了 5 月的日内瓦外长会议上，美国主张临时维持现状，进一步对苏联做出让步。③ 9 月，美苏两国领导人举行戴维营会谈，美国希望体面的从柏林撤军，也不反对苏联同民主德国缔结和约，并将德国统一同整个地区的安全以及柏林危机的解决做脱钩处理。阿登纳当时严厉地批评了美国的政策，而且认为联邦德国正同时面临来自苏联和美国两个方向上的"危险"。④

　　为了修复同联邦德国之间的关系，同时避免北约内部的矛盾激化，艾森豪威尔政府试图再次扩大对北约盟友的核分享力度，并逐步向确保积极控制的"多边核力量"计划迈进。1959 年 3 月 25 日，诺斯塔德正式发表构建"第四核力量"的设想。⑤ 诺斯塔德建议，该核力量将建立

　　① William Burr, "Avoiding the Slippery Slope: The Eisenhower Administration and the Berlin Crisis, November 1958 – January 1959," *Diplomatic History*, Vol. 18, No. 2, 1994, pp. 177 – 205.
　　② ［西德］威廉·格雷韦：《西德外交风云纪实》，梅兆荣等译，北京：世界知识出版1984 年版，第 353 – 354 页。
　　③ ［西德］威廉·格雷韦：《西德外交风云纪实》，梅兆荣等译，北京：世界知识出版1984 年版，第 385 – 386 页。
　　④ ［苏］A. C. 阿尼金等编：《外交史第五卷（下）》，大连外国语学院俄语系翻译组译，北京：生活·读书·新知三联书店 1983 年版，第 630 页。
　　⑤ ［英］G. 巴勒克拉夫编著：《国际事务概览（1959—1960 年）》，曾稣黎译，上海：上海译文出版社 1986 年版，第 135 页。

在陆地导弹车的基础之上，美国负责保障核弹头的供应，而由北约成立一个专门机构负责决策，使得北约成员能够分享对核武器的支配权。无论是阿登纳还是国防部长施特劳斯都对这一建议大加赞赏。① 艾森豪威尔政府随即决定向英、法和联邦德国所组建的北约共同体分享新型导弹的设计图纸和制造工艺。这些导弹将由欧洲盟军司令部实际掌控，并采取"双重钥匙"制度进行前沿部署。② 与此前分享的短程战术核武器有所不同的是，如果北约拥有了新型中程导弹，那么就能够对苏联构成有效的核威慑，这表明艾森豪威尔是真正希望看到"第四核力量"最终获得成功的。然而，美国国会对此表示强烈不满，因为美国的支持意味着帮助其他国家发展核武器。而且由于生产的导弹会部署在联邦德国的基地内，从而导致英法等国担忧德国人借此独立掌握核武器。③

为了妥善解决这一困境，美国国务院出台报告认为：欧洲一体化符合美国的利益，但随着苏联核力量的提升，美国延伸威慑的可信度正在下降。欧洲国家一旦效仿法国发展核武器将会破坏同盟的稳定。因此，美国应当帮助欧洲盟友在多边基础上建立核力量，这将极大地缓解延伸威慑所面临的困境。④ 不过，原来的流动导弹车方案可能会增加各国对联邦德国独自掌握核力量的担忧。于是，美国国务院建议调整相关方案，由原来的欧洲盟友自行生产导弹改为从美国那里进口，组建形式也由陆基流动导弹改为海基潜射的方式，并由各国混编人员共同操作潜艇。⑤ 1960 年 8 月，艾森豪威尔肯定了这一报告所提出的建议。9 月，联邦德国和北约方面在接到新计划的消息后也对此表示高度肯定。10 月，艾森

---

① ［英］G. 巴勒克拉夫编著：《国际事务概览（1959—1960 年）》，曾鲦黎译，上海：上海译文出版社 1986 年版，第 160 – 163 页。

② Steve Weber, *Multilateralism in NATO: Shaping the Postwar Balance of Power, 1945 – 1961*, California: University of California at Berkeley, 1991, p. 55 – 56.

③ A Reappraisal of NATO MRBM Deployment, Memorandum, June 18, 1960, DNSA: Nuclear History, NH01113.

④ Steve Weber, *Multilateralism in NATO: Shaping the Postwar Balance of Power, 1945 – 1961*, California: University of California at Berkeley, 1991, p. 61 – 62.

⑤ Catherine McArdle Kelleher, *Germany & the Politics of Nuclear Weapons*, New York: Columbia University Press, 1975, p. 142.

豪威尔正式提出建立北约核力量的方案。[①] 诺斯塔德和美国驻北约大使伯吉斯（Warren Burgess）等人进一步指出，尽管美国仍然掌管着前沿部署的核弹头，但最终要将其移交给欧洲盟军司令部。这对维系同盟，确保延伸威慑的可信度至关重要。[②] 12 月，美国国务卿赫脱正式向北约各成员国介绍所谓"多边核力量"计划。其中，美国负责在 1963 年以前提供 5 艘核潜艇，各成员国则从美国进口"北极星"导弹，从而建立起由各国共同掌控的核力量。赫脱承诺这支核力量将由欧洲盟军司令部控制，并在北约内部建立一个包括美英法德等国家代表组成的领导小组，负责具体计划核战争事宜。

施特劳斯对此评价说，美国提出的方案将深化盟友间的信任，巩固同盟的团结，并推动北约继续向前发展。[③] 从联邦德国的角度来看，当时北约所面临的核问题已经十分尖锐。在美苏战略态势发生根本变化的情况下，核武器究竟在哪些情况下可以被使用是核心问题。如果苏联发动核打击，那毫无疑问北约应该发起核报复。但如果苏联只是常规进攻，北约是否也要用核打击进行报复？这一问题需要由所有的北约成员国共同回答，但显然这些国家很难达成一致。联邦德国处于东西方冲突的最前线，同时又部署了美国的核武器，其遭受苏联进攻甚至核打击的风险无疑是巨大的。因此，联邦德国谋求通过多边机制确保对北约核武器及其使用原则的积极控制，而不是完全依赖于大西洋另一边的美国来做出关键决策。而当北约真正成为一支独立的核力量时，联邦德国也就再也不用担心美国可能出现的孤立主义倾向。

联邦德国的诉求在艾森豪威尔那里得到了极大的满足。到了 1960 年年末，美国国务院向国安委提交了专门报告，对北约核分享政策进行了全面的分析和总结，并对未来的前景进行了展望。报告指出，有选择地

---

① Steve Weber, *Multilateralism in NATO: Shaping the Postwar Balance of Power, 1945 - 1961*, California: University of California at Berkeley, 1991, p. 63 - 64.

② Observations and Recommendations on Problems of Nuclear Sharing within the NATO Alliance, NP00686.

③ ［英］G. 巴勒克拉夫编著：《国际事务概览（1959 - 1960 年）》，曾稣黎译，上海：上海译文出版社 1986 年版，第 174 - 175 页。

支持盟友发展核能力对美国来说是有益的，而具体方法则是建立一支多边控制的核力量，从而有效缓解北约盟友在核问题上的担忧和焦虑。美国需要在核问题上给予欧洲盟友更加平等的地位。① 尽管"多边核力量"计划的推进仍然受到原子能法的限制，但在面临国会的巨大压力时，艾森豪威尔仍然坚持应当"正确的对待我们的盟友"。② 他曾深刻地指出，欧洲盟友身处冷战的最前线，但他们的生死却依赖于坐在后方的核大国，这使得他们无比希望掌控核决策，而"多边核力量"是预防个别盟友在紧急情况下临阵脱逃或是自行其是的最好办法。③ 而在离任前夕，艾森豪威尔甚至打算放弃美国在北约核力量中的一票否决权。④

总体上，艾森豪威尔的核分享政策取得了令人满意的效果，对于提升盟友的信心、强化美国延伸威慑的确保机制起到了巨大的作用。⑤ 当然，艾森豪威尔并非忽视核扩散问题的重要性。在关于北约核分享的总结文件中清楚地写道，防扩散政策的核心目标就是要避免包括盟友在内的其他国家发展核武器。⑥ 而艾森豪威尔所主张的是在北约的框架内推动盟友发展"多边核力量"。在多边框架下发展统一的核力量与欧洲各国单独发展核武器还是有显著区别的。如果允许各国单独发展核武器，那么美国对于欧洲各国核力量的影响力就更小，东西方之间的关系也会变得更紧张，美国被迫卷入核战争的风险也随之增加。相反，如果美国对这些国家的诉求进行引导，使其在多边框架的基础上进行，还能够推动欧洲一体化的进程，并最终发展成为多极均势的稳定局面，则有利于

---

① NATO in the 1960's, Report, NSC 6017, November 8, 1960, DNSA: US Nuclear History, NH00955.

② Legislation Needed to Transfer Atomic Weapons to Allies, Memorandum of Conversation, February 8, 1960, DNSA: US Nuclear History, NH01107.

③ ［美］斯蒂夫·韦伯：《构建战后均势北约中的多边主义》，载［美］约翰·鲁杰主编：《多边主义》，苏长和等译，杭州：浙江人民出版社2003年版，第297页。

④ Talks with the UK on Initiation of Nuclear Warfare in NATO and US Support for UK Strategic Forces, NH000949.

⑤ Observations and Recommendations on Problems of Nuclear Sharing within the NATO Alliance, NP00686; NATO in the 1960's, NH00955.

⑥ NATO in the 1960's, Report, NSC6017, November 8, 1960, DNSA: US Nuclear History, NH00955.

美国的安全。①

三、肯尼迪的核收缩与美德失信

在艾森豪威尔的努力下，到 1961 年，北约部队已经普遍装备了各种战术核武器。② 然而，肯尼迪政府上台后，美德核关系由于美国大战略的调整而受到巨大冲击。当时美国的核优势逐渐减小，而且在东西方对抗中处于不利地位，因此肯尼迪主张采取和平路线，避免刺激苏联引发大规模对抗。1961 年年初，前国务卿艾奇逊受命对当时的延伸威慑战略以及北约的军事状况做出全面评估。该工作组在报告中建议肯尼迪对打造北约核力量采取谨慎态度。此外，原子能委员会也早就对艾森豪威尔的积极核分享政策大为不满，因此不断向肯尼迪施压，要求其遵守原子能法的规制。2 月，原子能委员会在提交给肯尼迪的报告中强烈批评此前对海外核弹头监管的松懈态度以及军方刻意瞒报核分享的相关细节等问题。③ 如果再按照艾森豪威尔的思路发展下去，华盛顿遭受牵连的风险无疑是巨大的。肯尼迪政府随即出台相关文件，要求强化对前沿部署核弹头的监管。④ 其中就包括安装安全控制系统（PALs），用于防止在没有获得授权的情况下发射核武器。而阿登纳对于肯尼迪收缩核分享的做法十分不满，并直接前往美国进行交涉。由于当时美国正与苏联围绕禁止核试验条约进行谈判，肯尼迪不仅没有支持阿登纳，反而还暂停向联

---

　　① ［美］斯蒂夫·韦伯：《构建战后均势北约中的多边主义》，载［美］约翰·鲁杰主编：《多边主义》，苏长和等译，杭州：浙江人民出版社 2003 年版，第 297 页。

　　② 许海云：《北约简史》，北京：中国人民大学出版社 2005 年版，第 111 – 112 页。

　　③ Report to Ad Hoc Subcommittee on US Policies Regarding the Assignment of Nuclear Weapons to NATO Including Letter to President Kennedy and Appendices, Report, February 11, 1961, DNSA: US Nuclear History, NH01127; Operational and Political Problems with US Nuclear Weapons Assigned to NATO, Memorandum, February 1961, DNSA: US Nuclear History, NH01125.

　　④ Improving the Security of Nuclear Weapons in NATO Europe against Unauthorized Use, National Security Action Memorandum, NASM No. 36, April 6, 1961, DNSA: Nuclear Non – Proliferation, NP00762.

邦德国交付导弹。[①]

此外，肯尼迪正着手对整体的国家安全战略做出调整。1957 年美苏战略核态势发生转变后，美国"大规模报复战略"的可行性存疑。[②] 而在随后的十多年里，美苏战略均势正逐步确立。尤其在古巴导弹危机失利后，苏联进一步在导弹问题上追赶美国并很快在洲际导弹的数量上实现超越。[③] 此外，美国及其盟友也无法有效应对苏联在一系列危机中所采用的渐进、低烈度和步步蚕食的策略。例如，在柏林问题上，"大规模报复战略"显得十分僵化，美国必须不停地回答究竟是否值得牺牲本土安全去保卫欧洲免遭苏联进攻的问题。而为了使美国和北约摆脱既不想打核大战又难以应付小规模冲突的尴尬境地，当时的战略学界主张运用更加灵活可控的分级威慑（limited deterrence）来避免美苏之间爆发全面核战争。[④] 事实上，这类观点从艾森豪威尔执政的后半期开始就受到了广泛关注。[⑤] 其中，考夫曼（William Kaufman）根据在朝鲜和越南的冲突，最先提出美国威慑政策的可信度问题。[⑥] 基辛格紧接着指出，核武器的出现使得全面战争难以想象，因而必须采取多样性的军事手段。[⑦] 奥斯古德（Robert Osgood）则从目标、手段和地理范围这三个方面系统性地论述了所谓"有限战争"及其在核时代中的重要性。[⑧] 在此基础上，美国陆军前参谋长泰勒（Maxwell Taylor）很快提出"灵活反应的国家军

① Atomic Armament for NATO, Memorandum of Conversation, April 13, 1961, DNSA: US Nuclear History, NH01133.

② ［美］亨利·基辛格：《选择的必要——美国外交政策的前景》，国际关系研究所编译室译，北京：商务印书馆1972年版，第114页。

③ Stanford Arms Control Group, *International Arms Control: Issues and Agreements 2nd ed.*, Stanford: Stanford University Press, 1984, p. 220.

④ See Herman Kahn, *On Thermonuclear War*, Princeton: Princeton University Press, 1960; Peter Duignan, *NATO, Its Past, Present and Future*, Stanford: Hoover Institution Press, 2000, p. 49.

⑤ 参见刘磊：《从"大规模报复"到"有限战争"——艾森豪威尔时期美国有关核战略的争论》，《美国研究》2013年第2期，第93–108页。

⑥ William Kaufmann, ed., *Military Policy and National Security*, Princeton: Princeton University Press, 1956, pp. 21–22.

⑦ Henry Kissinger, *Nuclear Weapons and Foreign Policy*, New York: Harper and Row, 1957, p. 134.

⑧ See Robert E. Osgood, *Limited War*, Chicago: University of Chicago Press, 1957.

事计划",强调灵活运用军事力量而避免依赖单一的武器系统和战略战术思想。① 总体上,在大规模报复难以实现的情况下,有限战争或许是今后美苏冲突的常态。因此,有必要对一般性危机、常规冲突、有限核战争以及全面核大战等不同烈度的对抗形式进行分级,并更加精密的控制核武器的使用时机和范围,从而有利于在冲突升级或降级的过程中掌握主动。而随着美苏核均势的逐步形成,常规力量的建设反而将成为天平外的砝码。②

在这种新战略学说的影响下,肯尼迪政府提出了"灵活反应战略",积极建立多样化的军事力量并要求北约强化常规力量建设,准备打有限战争。在美国看来,在战争初期应该先投入常规力量,为控制冲突的规模和谈判争取时间,而良好的常规力量既能显示出斗争的决心,又能有效应对核报复门槛以下的小规模冲突。而当冲突发展到一定规模之后,再使用核威慑来阻止事态进一步升级。该战略强调"分级制止",即根据不同程度的威胁而采取不同的应对手段。③ 为此,美国要求对北约核力量进行集中控制并牢牢掌握否决权,从而确保完全掌握冲突升级的主动权。④然而,以联邦德国为代表的北约盟友对"灵活反应战略"提出强烈的批评。施特劳斯认为,无论战争的规模如何,美国的核武器都应当第一时间投入战斗从而避免战事持续扩大。如果在战争升级的过程中没有可靠的核报复进行应对,那么整个威慑战略都将失效。⑤尽管肯尼迪政府认为,可以通过首先投入常规部队的做法为避免冲突升级到核战争而争取谈判时间,但从联邦德国的角度来看,在所谓常规冲突和核战争

①　参见［美］马克斯威尔·泰勒:《音调不定的号角》,北京编译社译,北京:世界知识出版社1963年版。

②　Henry A. Kissinger, *The Necessity for Choice*: *Prospects of American Foreign Policy*, New York: Harper & Brothers, 1961, p. 107.

③　王仲夏、夏立平:《美国核力量与核战略》,北京:国防大学出版社1995年版,第105－106页。

④　Policy Directive regarding NATO and the Atlantic Nations, National Security Action Memorandum, NSAM 40, April 24, 1961, DNSA: Berlin Crisis, BC02034.

⑤　［西德］威廉·格雷韦:《西德外交风云纪实》,梅兆荣等译,北京:世界知识出版社1984年,第663－666页。

之间根本没有明确的界限。① 有限战争的概念只会削弱整体威慑的有效性。

除了肯尼迪政府收缩核分享以及提出"灵活反应战略"所带来的矛盾之外，柏林墙危机的爆发也让德国人无比失望。在西柏林被隔离之后，美国并没有采取任何经济制裁或是军事行动，而是主张和平谈判。② 随着危机的加剧，肯尼迪仍然要求避免军事对峙，并力图通过在柏林问题上的缓和态度来推动美苏之间的核裁军谈判。在接受苏联《消息报》采访时，肯尼迪甚至明确表示，美国不会允许联邦德国成为有核武器国家。③ 阿登纳则在与肯尼迪的会谈中明确拒绝了这一点。④ 美国在柏林危机和"多边核力量"问题上的消极态度导致美德关系再次出现严重裂痕。而当时几乎所有的北约盟友都普遍怀疑美国的核保护还是否可靠。因为无论是"灵活反应战略"，还是柏林危机中美国的表现都给人留下这样一种印象，即美国宁可事态不断恶化也不愿使用或威胁使用核武器。⑤ 导致这种可信度危机的原因是北约内部在核问题上所面临的国家利益冲突，即像联邦德国这样处在东西方对峙第一线的国家，不愿接受使任何冲突升级的风险。而处在大西洋另一侧的美国却掌握着一线国家生死存亡的命运。如果美国不能及时履行延伸威慑的承诺，那么这些盟友将面临巨大的灾难。

为了尽可能地安抚盟友，肯尼迪政府终于在 1962 年 4 月恢复向北约各国分享核武器，但强化了安全控制措施。⑥ 5 月，美国国防部长麦克纳

① Catherine McArdle Kelleher, *Germany & the Politics of Nuclear Weapons*, New York: Columbia University Press, 1975, p. 160.

② Memorandum of Action, September 5, 1961, FRUS, 1961–1963, Vol. 14, p. 393; Rusk-Gromyko meetings, September 28 and 30, 1961, FRUS, 1961–1963, Vol. 14, pp. 439–441.

③ 潘其昌：《走出夹缝——联邦德国外交风云》，北京：中国社会科学出版社 1990 年版，第 117 页。

④ Kennedy-Adenauer meetings, November 21–22, 1961, FRUS, 1961–1963, Vol. 14, pp. 616–618.

⑤ News Report on Failure of Herter-Norstad Plan to Make NATO a Fourth Nuclear Power, Cable, 312, March 23, 1962, DNSA: Nuclear Non-Proliferation, NP00860.

⑥ Nuclear Weapons for NATO Forces, National Security Action Memorandum, NSAM 143, April 10, 1962, DNSA: Presidential Directives, PD00823.

马拉向北约各国公开承诺，美国将按照原计划提供"北极星"导弹，但导弹的控制权只能掌握在美国总统手中。同时，他还要求北约盟友加强常规部队的建设。① 肯尼迪政府则在此基础上修改了最初的"多边核力量"方案。其主要变化在于要求北约国家确保常规力量建设，而这支"多边核力量"将改由大西洋司令部管辖，且美国拥有对核决策的一票否决权。② 欧洲盟友显然不愿屈从。英法两国由于此时已经拥有了核武器，因而对于美国只是在形式上分享却在实质上控制核武器的做法不以为然。联邦德国则提出两大问题：一方面，由于苏联在洲际导弹和中程导弹方面的实力与日俱增，如果肯尼迪政府不愿继续增加在欧洲前沿部署的核武器，那么北约的防御优势将很快消失殆尽。另一方面，联邦德国必须对北约的核决策拥有平等的参与权而不能由美国一家独大。③ 施特劳斯再次发出警告，如果美国不能提供可靠的延伸威慑，那么欧洲盟友都会效仿法国发展核武器。④ 到了 7 月，戴高乐为了拉拢联邦德国在北约和欧洲一体化问题上对抗英美，便向阿登纳许诺，愿意同德国人分享核武器以确保其安全。⑤ 肯尼迪为了避免法德核合作最终导致同盟分裂，被迫在"多边核力量"的问题上做出让步。

在 1962 年年末举行的北约理事会上，美国先是强调即便苏联没有发动大规模军事行动，美国也会防御性的使用核武器进行威慑。⑥ 随后，

① Robert S. McNamara, Flexible Response Speech, Presentation to NATO Ministerial Meeting, Athens, May 5, 1962, available at https: //robertsmcnamaracom. files. wordpress. com/2017/04/1962 - 05 - 05 - flexible - response - speech - to - nato. pdf.

② Steve Weber, *Multilateralism in NATO: Shaping the Postwar Balance of Power, 1945 - 1961*, California: University of California at Berkeley, 1991, p. 78.

③ Airgram Finletter, October 17, 1962, JFKL, John F. Kennedy Presidential Papers, National Security Files, Regional Security, Box 216A, MLF General 7/62 - 12/62; Rusk - Adenauer conversation, June 22, 1962, FRUS, 1961 - 1963, Vol. 13, pp. 419 - 422.

④ Memorandum of Conversation Rusk - Strauss, June 9, 1962, FRUS, 1961 - 1963, Vol. 13, doc. 140, p. 405.

⑤ Adenauer - de Gaulle, January 21, 1963, AAPD 1963, I, 113 in Roland Popp, Liviu Horovitz and Andreas Wenger, *Negotiating the Nuclear Non - Proliferation Treaty*, New York: Routledge, 2017, p. 40; See also Marc Trachtenberg, *A Constructed Peace: The Making of the European Settlement, 1945 - 1963*, Princeton: Princeton University Press, 1999, pp. 84, 373.

⑥ Speech by McNamara before the NAC, December 14, 1962, FRUS, 1961 - 1963, Vol. 13, doc. 120, p. 442.

美国又和英国签署了《拿骚协议》，同意英国在面临紧急情况时有权将北约框架下的"北极星"导弹撤出，从而作为自己独立的核威慑力量。① 1963 年年初，美国又派副国务卿鲍尔（George Ball）前去安抚联邦德国，并明确指出美德核合作才是唯一正确的途径。② 2—3 月，肯尼迪派出莫钱特使团出访西欧主要国家，游说"多边核力量"计划的可行性，并表示美国不会长期把控核武器。国务卿腊斯克后来又提醒波恩政府，法国的核武器根本无法有效保护联邦德国，其可信度更加值得怀疑。③ 阿登纳随后表示，联邦德国愿意加入改版后的"多边核力量"计划。5 月，北约各国召开会议，决定在多边框架下设立由多国部队组建的核司令部。其中，美国负责向该司令部提供潜艇，而英国和联邦德国等其他盟国则将提供战术轰炸机，专门用于发射核武器。这些运载工具仍归各国所有，由各国军队操纵，核弹头则由美国控制。④ 此外，会议决定将选择联邦德国的船坞建造北约海基核力量，且对"多边核力量"的利用份额将与该国的财政贡献保持一致。由于联邦德国同意承担 35% ~40% 的建设费用，预计能够指挥 10 艘装有"北极星"导弹的舰艇，从而使波恩方面备受鼓舞。10 月，美、英、意、西德等七国人员开始从政治和军事两方面准备具体落实"多边核力量"计划。与此同时，北约正在酝酿《北大西洋军事委员会第 100/1 号文件》（MC100/1），主张各成员国在战争开始之初就限制性的使用核武器，但必须对常规力量、战术和战略核力量进行分级使用，并强化自身的常规力量建设。⑤ 10 月 27 日，美国国务卿腊斯克明确表示，美国在联邦德国的驻军规模将长期保持稳定，同时还

---

① 陈乐明：《战后西欧国际关系（1945—1984）》，北京：中国社会科学出版社 1987 年版，第 211 - 212 页。

② NSC Excomm meeting, January 25, 1963, FRUS, 1961 - 1963, Vol. 13, pp. 487 - 491; NSC Excomm meeting, February 5, 1963, FRUS, 1961 - 1963, Vol. 13, pp. 173 - 179.

③ Rusk - Brentano meeting, March 22, 1963, FRUS, 1961 - 1963, Vol. 13, p. 191.

④ 王绳祖主编：《国际关系史：第九卷（1960—1969）》，北京：世界知识出版社 1995 年版，第 166 页。

⑤ Gregory W. Pedlow, "NATO Strategy Documents 1949 - 1969," http://www.nato.int/docu/stratdoc/eng/intro.pdf.

将进一步增加战术核武器的前沿部署。[①]

　　然而，约翰逊总统上台后却在"多边核力量"的问题上显得有些摇摆不定。一方面，美国担心北约"多边核力量"会过分的刺激苏联；[②]另一方面，英国工党上台后，出于对联邦德国获得核武器的防范而强烈抵制这一计划。[③] 此外，美国原子能委员会和多名国会议员也坚持要对"多边核力量"计划进行再审查。[④] 到了1964年年末，在中国成功举行核试验的背景下，约翰逊政府出台了更加严格的防扩散政策。国家安全事务助理邦迪（McGeorge Bundy）顺势建议美国放弃建立"多边核力量"。[⑤] 在12月的北约理事会会议上，英法等国与联邦德国在"多边核力量"的问题上出现严重对立，美国则采取冷眼旁观的态度。[⑥] 到了1965年，美国已经明确将防扩散政策摆到优先位置，并做好了牺牲"多边核力量"计划的准备。[⑦]"多边核力量"计划最终流产有着各方面的因素。苏联首先不能接受联邦德国获得核武装，因此以《不扩散核武器条约》谈判为筹码向美国施压。英国尤其在工党上台后，同样不能接受德国人染指核武器。而法国更是始终强烈抵制"多边核力量"这一方案。戴高乐从不相信美国的延伸威慑承诺，而"多边核力量"计划只是美国试图吞并法国核力量的手段。再从历史和地缘政治的角度出发，法国也不能容忍德国人通过这一机制染指核武器。

---

　　① National Security Action Memo 270, October 29, 1963, FRUS, 1961 – 1963, Vol. 13, pp. 624 – 626.

　　② MLF Conversation, August 30, 1963, FRUS, 1961 – 1963, Vol. 13, pp. 606 – 607; Lyndon B. Johnson meeting, April 10, 1964, Lyndon B. Johnson Presidential Papers, NSF, Subject File, Multilateral Force, box 23, Lyndon B. Johnson Library (LBJL).

　　③ Richard Neustadt's memo, July 6, 1964, LBJ Presidential Papers, NSF, Subject File, Multilateral Force, box 23, LBJL.

　　④ Catherine McArdle Kelleher, *Germany & the Politics of Nuclear Weapons*, New York: Columbia University Press, 1975, p. 253.

　　⑤ Bundy to Rusk, Ball, and McNamara, November 25, 1964, LBJ Presidential Papers, NSF, Files of McGeorge Bundy, box 5, LBJL.

　　⑥ McGhee to Johnson, January 16, 1965, LBJ Presidential Papers, NSF, Country File, box 194, LBJL.

　　⑦ 王绳祖主编：《国际关系史：第九卷（1960—1969）》，北京：世界知识出版社1995年版，第179页。

作为"多边核力量"计划的发起国，同时也是联邦德国在这一问题上最重要的盟友，美国的态度十分关键。由于上述原因，美国显然不愿意牺牲与苏联在防扩散问题上的共同利益，也不希望因为同联邦德国在核问题上建立某种特殊关系而与英法彻底闹翻。而美国更深层次的担忧恐怕反映在自肯尼迪上台以来，美国国内，尤其是国会、五角大楼以及战略学界对"多边核力量"计划的强烈批判当中。谢林曾在柏林危机期间递交的一份报告中强调，美苏之间要比拼的并不是核武器数量的多少，而是如何展示决心、控制风险和发挥讨价还价的本领。[①] 这意味着美国必须对欧洲的战术核武器进行严格的集中控制，并在讨价还价的过程中对选择性的使用核武器深思熟虑，从而在恰当的时间，从恰当的地点，将恰当的武器射向恰当的目标。任何不在计划范围之内的核武器发射情况都将成为一种淹没战略信号的噪声，必须极力避免。[②] 谢林的观点得到了国防部的推崇，也反映了当时战略学界的普遍看法。[③] 与此同时，沃尔斯泰特（Albert Wohlstetter）也对"多边核力量"方案提出了尖锐的批评。在他看来，所谓的联合控制计划根本不可能发挥作用。因为所有成员国必须在是否参加核战争的问题上协调一致且将决定是否参战的权力授予本国在北约的代表，而这将引发巨大的政治难题。[④] 总体上，"多边核力量"计划面临技术控制层面和政治决策方面的双重困境。而美国显然不希望因为一支不完全受到自己控制的核力量的存在而卷入与苏联的核大战当中。尤其在美国放弃了"大规模报复战略"，转而强调对冲突升级拥有更加精密的控制时，"多边核力量"的存在本身就对美国的国家安全构成了威胁。英国人此前也表达了类似的观点，即有"十五个手指头"放在核按钮上的复杂控制模式使得"多边核力量"根本不具备

---

① Thomas Schelling, "Nuclear Strategy in the Berlin Crisis," 5 July 1961 memo in Steve Weber, "Shaping the Postwar Balance of Power: Multilateralism in NATO," *International Organization*, Vol. 46, No. 3, 1992, p. 672.

② Ibid.

③ Catherine McArdle Kelleher, *Germany & the Politics of Nuclear Weapons*, New York: Columbia University Press, 1975, p. 182.

④ Albert Wohlstetter, "Nuclear Sharing: NATO and the N + 1 Country," *Foreign Affairs*, Vol. 39, No. 3, 1961, pp. 355 – 387.

威慑力。① 在与美国协调立场的过程中，双方都认为，一旦由于欧洲大陆国家的不成熟（prematurely）而引发核战争，那对英美来说都将是巨大的灾难。②

在肯尼迪执政时期，美德关系经历了比较大的波折，美国延伸威慑的可信度呈现下降态势。从力量对比的角度来看，当时美国已经不具备多少核优势，而苏联的核导威胁与日俱增。再从政治意志的角度分析，肯尼迪不仅收缩核分享，而且还推行"灵活反应战略"，鼓励联邦德国和苏联打有限战争。在柏林墙危机期间，美国也坚持和平路线，一再对苏联克制忍让。这让包括联邦德国在内的大部分北约盟友都严重怀疑美国延伸威慑的可信度。为了安抚盟友，肯尼迪抛出了修改版的"多边核力量"计划。然而，这与艾森豪威尔力图打造一支独立的北约核力量的方案相比已经被掺入了大量的水分。英法两国更是认为肯尼迪试图以这种空头支票来骗取对本国独立核力量的控制权。无奈之下，肯尼迪通过拿骚会议对英国做出妥协，并对联邦德国做出重大许诺。而当美德开始积极推进"多边核力量"计划时，又遭到来自英国、法国和苏联的抵制。最终，出于防扩散和大战略调整的需要，美国国内要求对核武器进行严格控制的声音逐渐占据上风，"多边核力量"计划最终流产。

四、"核计划小组"与核关系再平衡

尽管"多边核力量"计划失败，但联邦德国并没有放弃在多边基础

---

① ［英］G. 巴勒克拉夫编著：《国际事务概览（1959－1960年）》，曾稣黎译，上海：译文出版社1986年版，第160页。

② Control of Initiation of Nuclear Warfare in NATO, Memorandum of Conversation, February 1, 1960, DNSA：US Nuclear History, NH00948；Talks with the UK on Initiation of Nuclear Warfare in NATO and US Support ofr UK Strategic Forces, Briefing Paper, March 7, 1960, DNSA：US Nuclear History, NH000949；First Round US－UK Talks on Nuclear Strategic Weapons in NATO, Memorandum of Conversation, March 11, 1960, DNSA：US Nuclear History, NH00950；Second Round US－UK Talks on Nuclear and Strategic Weapons, Memorandum of Conversation, March 18, DNSA：US Nuclear History, NH00951.

上建立一支集体核力量的努力。在艾哈德政府看来，随着美苏逐渐实现核均势，苏联人更有可能对联邦德国进行核讹诈。当美苏围绕《不扩散核武器条约》进行谈判时，艾哈德强烈要求美国不能以牺牲北约的整体安全为代价，否则联邦德国绝对不可能接受。① 在随后提交的条约草案中，美国也确实保留了在北约框架下建立某种集体核力量的选项，这让艾哈德政府颇为满意。然而，苏联对此坚决反对使得美国别无选择。于是，联邦德国又提出了一个将英国的"大西洋核力量"（ANF）与"潘兴"导弹相结合的新计划。② 尽管约翰逊政府表示愿意尝试，但英国人断然拒绝了这一提议。③ 在1966年1月与基辛格的会谈中，艾哈德仍然对"硬分享"（hardware solution）的方案念念不忘。④ 到了3月，艾哈德政府决定放手一搏，制订了一个德国裁军计划，即联邦德国将与除民主德国之外的所有华约国家签署双边协议，放弃使用武力，互派观察员，控制裂变材料出口并设立非歧视性的地区性防扩散机制等。结果，不仅所有华约国家都拒绝了这一提议，就连北约盟友也认为这种方案没有多大意义。⑤ 随后，艾哈德政府很快由于国内经济发展问题和在大西洋外交政策上的失利而下台。此外，由于遭遇经济危机，联邦德国还拖欠了驻德美军的军费。麦克纳马拉扬言要撤军的做法进一步挫伤了德国人的信心。⑥ 约翰逊政府很快意识到，如何有效安抚波恩方面，避免北约因

① Andreas Lutsch, "Merely 'Docile Self - Deception'? German Experiences with Nuclear Consultation in NATO," Journal of Strategic Studies, Vol. 39, No. 4, 2016, pp. 535 - 558.

② German proposal for a "Common Nuclear Force (CNF)", undated Memo, "The Nuclear Question," JBJL, Papers of Francis M. Bator, Subject File, Box 30, Non - Proliferation, August 3, 1965 - July 29, 1966.

③ Letter Johnson to Wilson, December 23, 1965, FRUS, 1964 -1968, XIII, 296.

④ Kissinger - Erhard conversation, January 28, 1966, Personal Papers of Francis M. Bator, Subject File, box 28, LBJL; Bator to Johnson, "A Nuclear Role for Germany: What Do the Germans Want?" April 4, 1966, Personal Papers of Francis M. Bator, Subject File, box 28, LBJL.

⑤ Alfred C. Mierzejewski, Ludwig Erhard: A Biography, Chapel Hill: University of North Carolina Press, 2004, pp. 203 - 204.

⑥ Erhard to Johnson, July 5, 1966, LBJ Presidential Papers, NSF, NSC Histories, Trilateral Negotiations, box 50, LBJL.

为打造"多边核力量"的失败而出现分裂和进一步的核扩散是当务之急。①

由于"硬分享"的老路已经走不通，建立柔性的核磋商机制成为美国努力的方向。在具体的形式设计上，早在1956年北约理事会就决定组成一个专门委员会（又称"三智者"委员会），负责研究和规划北约的政治磋商机制。②该委员会很快建议北约各国围绕核问题开展多边框架下的磋商。这种磋商机制对于巩固同盟团结尤为重要。它能够尽可能保证在共同的利益之上做出决策，同时避免产生在其他成员不知情的情况下单独行事所带来的风险。③由于当时北约各国对于核分享的着眼点都放在对核武器本身的控制之上，核磋商机制的建设并没有被提上议事日程。到了1965年5月，麦克纳马拉提议建立一个多边工作组负责北约核问题的磋商，其目的在于让盟友能够广泛参与制订核武器的使用计划，并确保如果要使用核武器的话，必须遵守各国共同制定的原则。④1966年10至11月，美英德进行三边对话。约翰逊政府充分表示了对盟友安全利益的关切，强调苏联的核武库十分强大，必然会对西欧国家进行武力恫吓。因此，美国必须与英德携手，提振北约盟友的信心。⑤12月15日，北约核防务委员会及其下属机构北约核计划小组（NPG）正式宣告成立。⑥其中，核计划小组主席由北约秘书长担任，而美国、英国、联邦德国和意大利则作为常任成员国。其他涉及到核问题的北约盟友则轮流作为非常任成员国参与会议。核计划小组没有固定的会议地点，一般

① Ball to Johnson, September 21, 1966, LBJ Presidential Papers, NSF, NSC Histories, Trilateral Negotiations, box 50, LBJL; Memo Bator, April 4, 1966, LBJL, NSF, Country File, Box 186, Germany, Memos Vol. X, 1/66 – 8/66.

② 许海云：《北约简史》，北京：中国人民大学出版社2005年版，第65–69页。

③ Marco Carnovale, *The Control of NATO Nuclear Forces in Europe*, Boulder：Westview Press, 1993, pp. 58–59.

④ Brussels, NATO Archives, IS–C–R（65）26–E, summary record of a meeting of the Council, 31 May 1965.

⑤ John McCloy, "Conclusions and Recommendations of the Trilateral Commission," November 21, 1966, LBJ Presidential Papers, NSF, NSC Histories, Trilateral Negotiations, box 50, LBJL.

⑥ Position Paper, Part 1, Permanent Nuclear Planning Arrangements, December 1966 meeting, DDRS 1978/425 A. See also Marco Carnovale, *The Control of NATO Nuclear Forces in Europe*, Boulder：Westview Press, 1993, pp. 259–267.

与负责审议和制订军事计划的北约防务委员会共同召开会议，且参会人数受到限制。一般只有小组主席、常任和非常任成员国的防长和驻北约大使，以及两位盟军最高司令官参加。会议的主要目的是商讨北约核力量使用的战略、战术原则及相关军事计划。而一旦北约需要动用核力量，则必须按照核计划小组所制定的各项方针进行。

波恩政府凭借其常任成员国的席位对北约的核武器使用原则和相关决策施加了较大的影响。其中就包括以联邦德国和英国提出的共同方案为基础，制定在欧洲战场上的核武器使用原则，并把相关原则纳入北约在欧洲战场上的作战计划之中。1967 年，核计划小组首次部长级会议在华盛顿召开。当时，北约已经接受了"灵活反应战略"。但这一战略在北约究竟应该如何控制冲突升级这一关键问题上仍然显得模棱两可。① 其核心问题在于美国和联邦德国在是否应当首先使用核武器的原则上存在分歧。在联邦德国看来，必须通过威胁将首先使用核武器，才能有效劝阻苏联方面不要轻举妄动，从而确保北约的安全。② 而无论首先使用什么样的核武器都是具有战略意义的，因为一旦发生核战争都会将美国的战略核力量卷入进来，从而给对手造成更大的威慑效果。③ 但美国仍然坚持分级威慑的原则，对冲突升级进行严格控制，以防威慑失效。④ 如何协调美德几乎对立的战略思维是核计划小组遇到的第一个难题。此外，核计划小组还需要设计出究竟应当如何有选择性的首先使用核武器的方案，并对具体在何时、何地、何种情况下以及投入多少核武器作战进行讨论。

在关于北约是否应当首先使用核武器的问题上，波恩政府强调，在西欧打一场有限核战争的想法是完全错误的。一旦发生核战争就不可能只局

① Francis J. Gavin, "The Myth of Flexible Response: United States Strategy in Europe during the 1960s," *International History Review*, Vol. 23, No. 4, 2001, pp. 847 – 875.

② Comments from Wessel on the "Draft NATO Strategy", 16 February 1967, NATO Archives, IMSM – 0002 – 67 – SD1, http://archives.nato.int/recommendations – of – the – ims – concerning – the – comments – of – the – military – representatives – and – the – major – nato – commanders – on – nato – strategy.

③ Christoph Bluth, "Reconciling the Irreconcilable: Alliance Politics and the Paradox of Extended Deterrence in the 1960s," *Cold War History*, Vol. 1, No. 2, 2001, pp. 73 – 102.

④ Memorandum Hillenbrand, May 8, 1969, Gerald R. Ford Library (GRFL), Melvin R. Laird Papers, Box C13, NATO, 1969 – 1973.

限在西欧的范围内。① 英国在这一问题上支持联邦德国的立场，但补充强调首先使用应该选择战术核武器而非直接投入战略核武器。② 两国共同认为，北约明确有选择的、防御性的首先使用核武器原则将会给苏联传递出一个正确的信号，即要么停止侵略行动，要么立刻引发冲突升级。③ 于是，核计划小组在讨论关于首先使用的问题时假设了各种战争场景，包括分别在地面作战、防空以及海上反潜的过程中使用。同时讨论首先使用、后期使用、不使用以及威慑性使用、选择性使用和大规模使用等多种情况。其中，联邦德国负责研究制定关于战斗在中欧打响时北约使用核武器的相关原则草案。④ 1968 年在波恩举行的核计划小组会议上，联邦德国提出应尽量避免把战场集中在德国。⑤ 而一旦选择性的首先使用没有达到效果，第二阶段的核打击必须包括苏联本土。当然，第二阶段的打击主要还是起威慑作用，即有选择的提高战争风险，迫使苏联选择要么停止进攻，要么付出本土遭受核打击的代价。⑥ 然而，美国方面仍然希望尽可能拖延使用核武器的时机，尤其是战略核武器，从而给冲突双方留出缓和的时间和机会。⑦ 会上，英国国防大臣希利（Denis Healey）批评了美国代表关于让北约考虑用战术核武器进行大规模核战争的建议。⑧ 最后，美国同意由英德两国负责对北约防御性的首先使用核武器原则及相关军事计划提交一份草案。英德随后在草案中提出：任何首先使用都构成对战争性质的改变；为了尽量减小对领土可能造成的破坏，任何核武器部署都必须依据战场使用

---

① Akten zur Auswärtigen Politik der Bundesrepublik Deutschland (AAPD), 1967, doc. 329, memorandum Ruete, 25 September 1967, 1303.

② Healey's remarks: TNA, FCO 41/204, memorandum Andrews, 2 May 1967, NATO NPG, 6/7 April 1967, record of first meeting.

③ Christoph Bluth, *The Two Germanies and Military Security in Europe*, London: Palgrave Macmillan 2002, pp. 70 – 76.

④ Telex Cleveland, June 21, 1968, NARA, RG 59, CF – SN 1967 –69, Box 1598, DEF 12 NATO (6/1/68).

⑤ Ibid.

⑥ Memorandum Sloss, October 16, 1968, NARA, RG 59, CF – SN 1967 –69, Box 1596, DEF 12 NATO (January 1, 1967).

⑦ Ibid.

⑧ Telex Lodge, October 12, 1968, NARA, RG 59, CF – SN 1967 –69, Box 1598, DEF 12 NATO (10/1/68).

情况进行选择；首先使用核武器的目的是政治性的，即威慑苏联要么停止进攻，要么付出冲突升级的代价；如果首先使用失效，那么必须有第二阶段的升级使用，覆盖更广泛区域（不包括苏联在内的华约国家）的核打击。但同样其目的是政治性的，即如果苏联不撤退则将面临更严重的报复。①

1969 年在伦敦举行的核计划小组会议上，英德两国提交了共同制定的草案并向美国施压。希利表示，欧洲盟友并不希望看到美苏爆发核大战，但欧洲人需要美国对其延伸威慑的可信度做出确保。如果这一点得不到保证，那么有些国家或许会像法国人一样自行研发核武器并退出北约。② 波恩政府表示赞同，并指出北约防御性的首先使用核武器原则将成为衡量美国延伸威慑可信度的核心。③ 然而，美国国防部长莱尔德（Melvyn Laird）对英德提出的方案仍然表示不满。在他看来这一方案所包含的冲突升级的选择实在太少，而且相比威慑华约国家的领土，用核武器直接打击交战中的敌方部队其实更能够体现出北约的决心。为此，他建议在首先使用和第二阶段使用时都加入在战场上大范围使用核武器的选择。④ 于是，美德又围绕是否应当在战场上大范围使用核武器一事展开激烈讨论。在英国的调停下，美德终于达成妥协，首先出台一个临时性的使用原则，部分分歧留待之后再解决。⑤

至此，在核计划小组的紧密协调下，北约基本确立了这一时期防御性使用核武器的指导原则（PPGs）。该指导原则的出台具有政治上和军事上的双重价值。一方面，它是核计划小组团结合作的产物。它的最终通过意味着无核盟友确实在关键的核问题上拥有了一定的话语权和影响力。另一

---

① TNA, FCO 41/433, Anglo/German Paper on Tentative Political Guidelines for the Possible Initial Use of Nuclear Weapons by NATO, attachment to: memorandum Cooper, 21 March, 1969.

② TNA, FCO 66/113, Memorandum MacDonald, 30 May 1969, NATO NPG, record of fifth meeting held in London, 29 – 30 May, 1969.

③ Ibid.

④ Memorandum Nutter, May 23, 1969, GRFL, Melvin R. Laird Papers, Box C13, NATO 1969 – 1973.

⑤ Draft Memorandum Laird for Nixon, attached to: Memorandum Nutter, October 24, 1969, GRFL, Melvin R. Laird Papers, Box C14, NATO, 1969 – 1973.

方面，当时北约虽然接受了"灵活反应战略"，但具体遇到冲突升级时究竟应该如何应对，谁都没有把握。这份使用原则的出现至少让各国对于控制冲突升级有了信心，同时还起到宣示美国保卫北约的决心，从而威慑苏联的作用。对于联邦德国来说，该原则的出台无疑提升了美国延伸威慑的可信度。而核计划小组这一磋商机制本身更是意义重大。首先，通过这一长效机制，联邦德国对于美国的核战略计划及其背后的核思维有了更加全面和深刻的理解。其次，美国的延伸威慑也通过相关原则和规则的制定进一步得到确保，从而减少了联邦德国被抛弃的风险。再次，联邦德国作为北约核计划小组的常任成员国，在关于北约核武器的部署、目标选择、危机管理、核武器使用原则以及作战计划等诸多问题上拥有了更大的话语权，从而能够提出有利于自己的核战略原则，甚至最终改变整个北约的核政策。总体上，在建立"多边核力量"的努力失败后，核计划小组的出现起到了十分必要且有效的补充作用。联邦德国平等参与并影响北约核决策的需求得到了满足，美国延伸威慑的可信度也得到了确保，美德核关系又重新恢复了平衡。

五、小结

尽管是不折不扣的核门槛国家，联邦德国在冷战的大部分时间里，除了与法国有过短暂的核合作之外，基本没有出现过谋求独立核武装的行为，也没有采取"核避险"战略。不过，美德核关系在 20 世纪 50—60 年代这段时间里还是出现了一些波折，具体表现为美德核合作从早期的核分享逐步扩展到"多边核力量"计划并最终失败，随后又通过核计划小组实现再平衡的过程（如图 4-1 所示）。从可信度曲线来看，美德早期核分享位于 C 点。当苏联的威胁显著增加时，可信度曲线向上移动。在核分享机制不变的情况下得到 C′，意味着联邦德国出现核扩散的风险增加。为了相应提升延伸威慑的可信度，美德试图建立积极控制的核分享模式，遂从 C′向 C″移动，但未获得成功。最终再由 C″返回到 C‴，在消极控制和核磋商机制的基础上建立起相对折中的可信度确保机制。

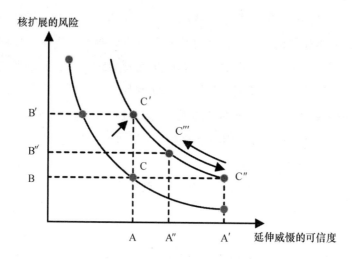

图 4-1　冷战时期美国与联邦德国的延伸威慑确保机制及其可信度曲线

　　作为一名典型的共和党人和大西洋主义者,艾森豪威尔总统一方面利用"大规模报复战略"实现其"大平衡"的战略目标,另一方面又向往欧洲联合后多极均势稳定的世界格局。因此,艾森豪威尔积极向北约盟友分享核武器。在"双重钥匙"制度和"北约核储备计划"的基础上,联邦德国也很快拥有了对这些核武器的消极控制权。而当苏联成功发射洲际导弹之后,联邦德国对于核武器控制权的诉求日益高涨。艾森豪威尔深刻认识到,一旦盟友对美国的延伸威慑失去信心将最终导致整个同盟的瓦解。因此,艾森豪威尔支持将北约打造成"第四支核力量"的设想,并很快提出了"多边核力量"计划,试图确保盟友对核武器的积极控制权。然而,艾森豪威尔的理想主义在肯尼迪时期遭遇重大挑战,美德之间关于延伸威慑的确保机制建设也出现大幅回缩。一方面是出于对核安全问题的担忧,另一方面是为了严格控制冲突升级,避免遭受牵连,肯尼迪上台后很快提出"灵活反应战略"并强化对核武器的集中控制。而在联邦德国看来,在美苏核力量逐步趋于均势的情况下,美国主张让欧洲人先打有限战争的办法无非就是试图推卸责任。美国可能在常规战争进行到一定烈度之后再投入核武器，但具体激烈到什么程度又是未知数，甚至不能排除美国放弃使用核武器的情况。这就使其延伸威慑的可信度急剧下降。尽管肯尼迪政府后来试图通过新版本的"多边核力量"计划修复与联邦德国的关系，但最终由于英国、法国、苏联以及美国国内的强烈抵制而失败。好在美国又及时抛出核计划小组这一补偿机制，重新确保了联邦德国对于美国延伸威慑的信心。尽管无法直接通过核计划小组控制核武器本身，但这一磋商机制为联邦德国积极参与北约核事务及其相关决策提供了平台。同时也提升了美国核战略的透明度，化解了美德在"灵活反应战略"以及北约核武器使用问题上的分歧。尽管"多边核力量"计划无法实现，但联邦德国一方面拥有美国前沿部署的核武器作为抵押，另一方面可以通过核计划小组对使用核武器的相关决策施加影响，从而实现对核武器的柔性控制。这极大地缓解了联邦德国对于在核问题上可能被美国抛弃的担忧，确保了美国的延伸威慑长期可靠。

第五章 美意核分享与核关系的稳定

经典核扩散理论认为，安全因素是影响国家核扩散行为的关键变量，外部威胁越大，发生核扩散的可能性越高。[1] 与此同时，包括资金、技术、核材料等供给侧因素也是影响国家是否采取独立核武装的重要考量。[2] 然而，这些理论对于意大利的核不扩散政策的解释力较为有限。冷战时期，作为北约在南方的战略屏障和通往地中海的要塞，意大利显然面临严峻的地缘政治挑战。在"马歇尔计划"的帮助下，意大利的经济也很快复苏并拥有相当先进的核技术。从20世纪50年代末，意大利民用核能的发展势头强劲。在拉蒂纳（Latina）的核电站每年可以产出40~50千克的武器级钚，同时还有一座小型的后处理设施（EUREX I）可以从乏燃料中提取钚。到20世纪70年代，意大利已经拥有了较大规模的后处理设施（EUREX II），足够用于满足提取武器级钚的军事需求。据估计，意大利如果启动核武器项目，则每年可以制造大约10枚核弹头。[3] 但令人不解的是，意大利寻求独立核武装的念头一闪而过，并很快签署了《不扩散核武器条约》，也没有采取所谓的"核避险"战略。而近年来，西方学者根据意大利外交、国防部最新解密的档案以及前

---

[1] Scott Sagan, "Why Do States Build Nuclear Weapons?: Three Models in Search of a Bomb," *International Security*, Vo. 21, No. 3, 1996, pp. 54 – 86; John Mearsheimer, "Back to the Future: Instability in Europe after the Cold War", *International Security*, Vol. 15, No. 1, 1990, pp. 5 – 56.

[2] Robert L. Brown and Jeffrey M. Kaplow, "Talking Peace, Making Weapons: IAEA Technical Cooperation and Nuclear Proliferation", *Journal of Conflict Resolution*, Vol. 58, No. 3, 2014, pp. 402 – 28; Matthew Fuhrmann, "Spreading Temptation: Proliferation and Peaceful Nuclear Cooperation Agreements", *International Security*, Vol. 34, No. 1, 2009, pp. 7 – 41; Matthew Kroenig, "Importing the Bomb: Sensitive Nuclear Assistance and Nuclear Proliferation", *Journal of Conflict Resolution*, Vol. 53, No. 2, 2009, pp. 161 – 80.

[3] See Steven Jerrold Baker, "Technology and Politics: The Italian Nuclear Program and Political Integration in Western Europe", Ph. D. Dissertation, UCLA, 1973, pp. 191 – 193.

总理朱利奥·安德烈奥蒂（Giulio Andreotti）披露的许多私人档案，重新梳理了意大利早期的核政策以及美意核合作中的诸多重要历史细节。①这些历史研究为解释意大利的核政策并进一步完善防扩散理论奠定了基础。

通过对冷战史的梳理可以发现，美国对意大利的延伸威慑战略及其充分的确保机制建设是维持意大利核不扩散的关键所在。与联邦德国类似，美意核合作经历了从积极核分享到"多边核力量"计划再到核计划小组的转变过程。在艾森豪威尔政府时期，意大利通过大规模部署美国的战术核武器，并先后建立南欧特遣队、"双重钥匙"制度以及"北约核储备计划"等手段，从而间接获得了核武器。为了进一步扩大对核武器的控制权，美意围绕基于水面舰艇的联合舰队方案以及"多边核力量"计划展开合作。但由于肯尼迪政府收缩了核分享的政策，再加上西欧盟友的抵制，相关计划落空，美意核合作也转入低谷。为了安抚盟友，美国又及时抛出核磋商机制作为补偿手段，设立了北约核计划小组并安排意大利作为小组常任成员国。意大利通过核计划小组积极参与北约核武器使用原则的制定并对相关决策产生重要影响。正是这种柔性控制机制确保了美意核关系的长期稳定，也成为了意大利核不扩散政策的压舱石。

一、意大利早期对核武装的追求

冷战初期，意大利不仅面临内外交困的窘境，而且由于不被西方国家信任而时刻面临被抛弃的风险。在地缘政治上，意大利扼守水陆交通

---

① See Elisabetta Bini and Igor Londero eds. , *Nuclear Italy – An International History of Italian Nuclear Policies during the Cold War*, Trieste：Edizioni Università di Trieste, 2017; Leopoldo Nuti, "Extended Deterrence and National Ambitions：Italy's Nuclear Policy, 1955 – 1962," *Journal of Strategic Studies*, Vol. 39, No. 4, pp. 559 – 579.

的要道，是西欧国家侧翼的重要屏障，因而面临来自苏联阵营较大的压力。[1] 在国内，意大利共产党势力强大且拥有武装力量，对意大利保守派政府构成威胁。尽管意大利试图倒向西方阵营一边以获得经济援助和安全保障，但由于意大利在地里上不是传统的北大西洋国家，而且在二战时期，意大利先作为轴心国集团成员随后又对德国反戈一击的做法使得大部分西欧国家都不愿意接纳其作为盟友。[2] 出于地缘政治的考虑，美国十分重视意大利所具有的西欧国家和地中海国家的双重身份。因此，美国极力主张将意大利纳入《布鲁塞尔条约》并作为北约的创始成员国，强化其防御能力。[3] 但西欧各国仍然以地理因素以及意大利国内的共产主义势力可能导致同盟分裂为由拒绝接受。[4] 为此，美国积极施展外交手腕，法国也出于保护自己在北非阿尔及利亚的利益为意大利担保，这才最终让意大利勉强加入西方阵营。随后，在麦卡锡主义的影响下，美国从政治、经济和军事等多个层面严防意大利落入共产主义阵营。[5] 在朝鲜战争的刺激下，美国为防止苏联阵营在欧洲扩张，便积极为意大利在军事限制方面松绑。尽管苏联反对，但对意和约中的军事限制很快被解除，意大利开始重整军备。[6]

随着军事限制得到解禁，意大利开始积极探讨是否要发展核武器的问题。第二次世界大战的阴影以及原子技术革命对意大利国内的精英产生了深刻影响。意大利军方认为，核武器对于确保国家的安全以及提升国际地位具有不可替代的作用。如果意大利不拥有核武器，那将无法保

---

① Position of the United States With Respect to Italy in the Light of the Possibility of Communist Participation in the Government by Legal Means, NSC1/3, March 8, 1948, DNSA: PD00004.

② The Secretary of State to the Embassy in Italy, March 11, 1948, FRUS, 1948, Vol. 3, pp. 45 -46.

③ Memorandum of Conversation, by the Secretary of State, May 6, 1948, FRUS, 1948, Vol. 3, pp. 797 -798; The Position of the United States with Respect to Support for Western Union and Other Related Free Countries, NSC9, April 13, 1948, FRUS, 1948, Vol. 3, pp. 85 -87.

④ Report of the International Working Group to the Ambassadors Committee, December 24, 1948, Annex C: Italy, in FRUS, 1948, Vol. 3, pp. 339 -342.

⑤ Background Guidance for the Foreign Military Assistance Coordinating Committee (FMACC) - Current Situation in Italy, April 17, 1950, DDRS, CK3100049854.

⑥ 汪婧：《美国杜鲁门政府对意大利的政策研究》，北京：社会科学文献出版社 2015 年版，第 117 页。

障国家的生存，也将注定被新的世界格局所抛弃。① 随着艾森豪威尔政府提出"大规模报复战略"，意大利方面敏锐地觉察到核武器将成为北约防务的核心。② 此外，1953 年北约准备向联邦德国部署核武器也对意大利政府造成了刺激。既然负有更大的二战罪责的德国人都已经快速实现了重新武装，而且还能部署美国的核武器，那么早已在和平条约问题上得到西方国家谅解的意大利更是理所当然的应该拥有核武器。因此，意大利保守派政治家认为，有必要通过获得核武器来洗刷本国在政治上的"污名"并弥补在军事力量上的不足，从而打破内外交困的局面。③于是，意大利先后成立了多部门交叉的特别委员会（COMABC）和核能军事应用中心（CAMEN），专门负责对军用核技术进行研究，包括研发原子弹以及核动力推进系统等。

然而，意大利的科学家和进步人士对于军用核技术十分反感。由于二战的原因，包括费米（Enrico Fermi）、埃米利奥·塞格雷（Emilio Segrè）、佛朗哥·拉塞蒂（Franco Dino Rasetti）、布鲁诺·庞蒂科夫（Bruno Pontecorvo）等在内的大量优秀科学家流亡海外。费米的学生爱德华多·阿马尔迪（Edoardo Amaldi）是当时为数不多留在意大利的优秀科学家之一。但为了避免法西斯分子掌握核武器技术，阿马尔迪放弃了核技术研究，并随后加入"帕格沃什"（Pugwash）国际反核运动当中。对于意大利军方试图研发核武器的计划，阿马尔迪以及绝大部分科学家也都强烈反对。④ 于是，意大利政府在体制上设立了与军方单位相互隔离的国家核研究中心（CNRN）及国家核物理研究所（NINP），专门负责

---

① Leopoldo Nuti, "Italy's nuclear choices," UNISCI discussion papers, No. 25, 2011, p. 170, https：//revistas. ucm. es/index. php/UNIS/article/download/UNIS1111130167A/26876.

② See Robert A. Wampler, "NATO Strategic Planning and Nuclear Weapons 1950 – 1957," Nuclear History Program Occasional Paper 6, Center for International Security Studies, University of Maryland, 1990.

③ Cesare Merlini, "A Concise History of Nuclear Italy," *The International Spectator*, Vol. 33, No. 3, 1988, pp. 135 – 151.

④ Letters from E. Amaldi to M. A. Rollier, 8 March 1950, M. A. Rollier to E. Amaldi, 13 March 1950, and M. A. Rollier to I. M. Lombardo, 13 March 1950, in CERN Archives 6/2, Study of CERN History – 1945 – 1952, f. 3 in Leopoldo Nuti, "Me too, please：Italy and the Politics of Nuclear Weapons, 1945 – 1975," *Diplomacy & Statecraft*, Vol. 4, No. 1, 1993, p. 117.

民用核技术开发。由于缺乏国内一流科学家的配合，意大利军方难以在核武器研发方面迅速取得巨大的成绩。

无奈之下，意大利开始考虑通过接受美国部署的战术核武器作为其掌握核力量的垫脚石。1955 年前后，意大利借着由《奥地利国家条约》所引发的争议向美国和北约不停地"诉苦"。意大利外交部长盖塔罗·马蒂诺（Gaetano Martino）明确表示，奥地利中立化意味着奥地利与苏东阵营的密切交往将加剧共产主义势力的渗透行动，而盟军撤出后意大利在北约的南翼防线上也将独木难支，安全形势将更加严峻。[1] 意大利国防部长保罗·埃米利奥·塔维亚尼（Paolo Emilio Taviani）也强调，在如何应对苏联通过巴尔干进攻意大利北部的问题上，北约并没有做好充分的准备。[2] 塔维亚尼随后向麦克阿瑟建议，当务之急是在威尼斯附近设立一个新的北约司令部，下辖北约三个师驻扎在意大利东北部以及安科纳的海军基地，与美国第六舰队相连接，从而强化南翼防线。[3] 北约方面对此积极响应，并将从奥地利撤出的美军部署到意大利境内。与此同时，美国开始向意大利境内部署"诚实约翰"和"下士"导弹等战术核武器，并随即成立了南欧特遣队（SETAF）。[4] 尽管南欧特遣队隶属于北约欧洲盟军司令部，但实际上直接听从意大利军方的指挥。因此，意大利通过这支部队不断获取美国部署的各种新型核武器，从而在一定程度上实现了染指核武器的目标，确保了自身的安全。

不过，由于当时美国原子能委员会和《麦克马洪法》的严格限制，意大利除了形式上获得了美国部署的核武器之外，对核武器的实际控制

---

① Telegram from the United States Delegation at the North Atlantic Council meeting to the Department of State, May 10, 1955, FRUS, 1995 – 1957, Vol. IV, Western European Security and Integration, pp. 10 – 14.

② Simon W. Duke and Wolfgang Krieger, *U. S. Military Forces in Europe – The Early Years 1945 – 1970*, Boulder: Westview Press, 1993, p. 263.

③ The Ambassador in Italy (Reinhardt) to the Department of State, June 25, 1962, JFKL, NSF, Countries: Italy, box 120, folder Italy General 6/6/62 – 6/30/62.

④ Entry of 6 July 1955, in Archivio dell'Ufficio Storico dello Stato Maggiore dell'Esercito Italiano (Archive of the Historical Office of the General Staff of the Italian Army, AUSSME), Diario Storico Stato Maggiore Difesa (DS SMD) in Simon W. Duke and Wolfgang Krieger, *U. S. Military Forces in Europe – The Early Years 1945 – 1970*, Boulder: Westview Press, 1993, p. 264.

仍然十分有限。而在苏伊士运河危机后，西方阵营普遍怀疑来自华盛顿的安全承诺究竟是否可靠。意大利国防部长塔维亚尼要求美国解除对北约国家获取核武器和导弹技术的限制，因为这种限制不仅削弱了北约的威慑力量而且还有可能危及同盟的稳定。[1] 意大利驻美大使布罗西奥（Manlio Brosio）也对美国国务院开展积极游说，呼吁艾森豪威尔政府分享更多的战术核武器。[2] 除此之外，意大利还开始考虑"两条腿走路"的办法，即通过欧洲一体化的路径获得核武器。[3] 在欧洲各国讨论是否要对欧洲原子能共同体（EURATOM）的核技术研究设置非军事目的的条款时，意大利与法国统一战线，极力主张欧洲各国不能作茧自缚，必须结合国际局势的变化相机行事。[4] 考虑到冷战的走向、北约的安全以及美国的保护在今后都可能存在变数，意大利倾向于保留发展核武器的权利从而维护自身利益。[5] 在1956年5月召开的欧洲煤钢共同体会议上，意大利外交部长盖塔罗·马蒂诺（Gaetano Martino）公开表示，考虑到全面裁军仍然是十分遥远的理想，各国都不应轻易放弃拥核自保的权利。[6]

此外，随着核武器在北约国家防务中占据核心地位，为了确保核保护切实可靠，各国都密切关注美国前沿部署核武器的控制权问题。如果美国牢牢控制着核弹头和运载工具，那么北约无法将这些核武器广泛分配给所有成员国。前沿部署的核武器如果无法与北约的部队相互融合形

---

① Paolo Emilio Taviani, *Difesa Della Pace* (*Defense of Peace*), Roma, 1958, pp. 344 – 346.

② Umberto Gentiloni Silveri ed., *Manlio Brosio, Diari Di Washington* (*Diaries of Washington*) *1955 – 1961.*, Bologna: Il Mulino, 2008, p. 173.

③ Leopoldo Nuti and Cyril Buffet, The F – I – G Story Revisited, in Dividing the Atom: Essays on the History of Nuclear Proliferation in Europe, eds., Storia delle Relazioni Internazionali (History of International Relations), 13/1, 1998, pp. 69 – 100.

④ Fouques – Duparc to Pineau, 2 Feb. 1956, in Documents Diplomatiques Françaises (DDF) 1956, Tome I (1er Janvier – 30 Juin), Paris: Imprimerie National, 1988, doc. 75, pp. 157 – 159.

⑤ Gunnar Skogmar, *The United States and the Nuclear Dimension of European Integration*, New York: Palgrave Macmillan, 2004, pp. 220 – 221.

⑥ Project de Procés – verbal de la conference des Ministres des Affaires Etrangères des ètats membres de la CECA (Draft Minutes of the Conference of Foreign Ministers of the European Atomic Energy Community Member States), 29 – 30 May, 1956, in Documents Diplomatiques Francaises, Paris: Imprimerie Nationale, 1988, 1956, vol. 1, 916 – 930.

成战斗力，那也将削弱北约整体的威慑力。而同盟中有核国家与无核国家之间的差异也不利于北约整体的稳定和团结。① 这些问题在苏联成功发射人造卫星和洲际导弹之后变得更加尖锐。由于苏联已经可以直接威胁美国本土，美苏之间的核力量对比发生根本性变化，美国的延伸威慑是否仍然可靠就出现了巨大的疑问。这也进一步刺激意大利政府选择通过欧洲合作的路径来获取核力量。1957 年 11 月，法国、意大利和联邦德国决定成立三国核技术合作委员会并正式签署相关合作协议（FIG Agreements）。② 根据协议规定，由法国负责制造核武器，联邦德国和意大利则在财政和技术上给予支持，但由于意大利的出资比例最小，因而只能获得 10% 的核武器。③

在冷战初期，意大利不仅内外交困而且面临可能被西方盟友抛弃的风险。为此，意大利保守派政府和军方企图通过获得核武器来确保自身安全并提升国际影响力。在具体的实践过程中，意大利先是通过南欧特遣队积极部署美国的战术核武器，以期在短时间内迅速染指核武器。而当美意核分享进展迟缓时，意大利又转向欧洲合作的路径，试图通过欧洲原子能共同体和法、德、意三国合作获得核武器。不过，这种实用主义的取向使得意大利在对待法、德、意三国合作时有些三心二意。由于意大利当时在政治、经济和安全等各方面都依赖美国的支持，罗马政府在三国合作的谈判过程中不断向美国传递消息，力求避免三国合作对美意关系造成冲击。④ 美国方面对此做出的判断是，意大利并不真的希望

---

① "SHAPE History," NATO, 1958, p. 9, http：//www. nato. int/cps/en/natolive/91523. htm.

② Protocol entre le Ministre de la Defense Nationale et des Forces Armées de la République Française (Protocol between the Minister of National Defense and the Armed Forces of the French Republic); Le Ministre de la Defense de la République Fédérale Allemande (The Minister of Defense of the Federal Republic of Germany); Le Ministre de la Défense de la République Italienne (The Minister of Defense of the Italian Republic), 25 Novembre 1957, DDF, 1957, Tome II (1er Juillet – 31 Decembre), Paris: Imprimerie National, 1988, doc. 380.

③ Beatrice Heuser, *NATO*, *Britain*, *France and the FRG*, *Nuclear Strategies and Forces for Europe*, *1949 – 2000*, London: Macmillan Press, 1999, pp. 149 – 150.

④ Egidio Ortona, *Anni d'America：2 (Years of America Volume II)*, Bologna: II Mulino, 1986, p. 269 – 270.

在三国合作的框架下制造出核武器，因而出资比例最小。① 实际上，意大利更多地是把三国合作当作一种施压的手段，要求美国更加积极的分享核情报以及对核武器的控制权。② 而三国合作在戴高乐重返政坛后也很快被搁置。

二、美意核分享的强化及其成效

随着核武器成为北约防务的核心以及来自苏联的威胁进一步扩大，艾森豪威尔政府深刻认识到欧洲盟友对于分享美国核武器控制权的诉求，因而开始建立更加全面的核分享机制。③ 除了在国内加紧修改原子能法案之外，艾森豪威尔政府很快提出在欧洲广泛部署中程导弹的计划，并建立"北约核储备计划"。为了规避美国原子能法的相关限制，在欧洲部署的核武器将采用"双重钥匙"制度。1957 年 3 月，美国在向英国出售"雷神"导弹时引入了"双重钥匙"制度。④ 在此基础上，艾森豪威尔政府加速推进对其他欧洲盟友的核分享，并赋予盟友对于核武器一定程度的控制权。⑤ 在应对苏联的洲际导弹威胁方面，美国提出了"中程导弹加海外基地等于洲际导弹"的理论，并迅速在欧洲广泛部署中程导弹。美国还同欧洲盟友签订了"核储备计划"，以确保在紧急状态下欧

---

① London (Whitney) to the Secretary of State, January 29, 1958, National Archives Washington (NAW), RG59, 740.65/01 - 2958.

② Leopoldo Nuti and Cyril Buffet, The F - I - G Story Revisited, in Dividing the Atom: Essays on the History of Nuclear Proliferation in Europe, eds., Storia delle Relazioni Internazionali (History of International Relations), 13/1, 1998, pp. 69 - 100.

③ John D. Steinbruner, *The Cybernetic Theory of Decision: New Dimensions of Political Analysis*, Princeton: Princeton University Press, 1974, p. 175.

④ Intermediate - Range Ballistic Missile Deployments in United Kingdom, Includes Letter from Winthrop Brown to Burke Elbrick, Memorandum of Conversation, July 16, 1956, DNSA: US Nuclear History, NH01049; Intermediate - Range Ballistic Missiles to United Kingdom, Memorandum, October 5, 1956, DNSA: US Nuclear History, NH01051.

⑤ NATO Atomic Stockpile, Memorandum, September 3, 1957, DNSA: US Nuclear History, NH01059.

洲盟友能够获得对于核弹头的控制权。① 这些措施大幅提升了北约各国对于美国延伸威慑的信心，从而使得美国与盟友的核分享能够较为顺畅地进行下去。

对于艾森豪威尔大跨步的核分享计划，意大利显得尤为满意。1958年年初，意大利议会原则上同意美国在意大利部署中程导弹，并开始同北约欧洲盟军司令部商讨具体的部署方案。② 由于意大利随后将举行大选，即将卸任的国防部长塔维亚尼同北约欧洲盟军司令诺斯塔德率先围绕相关核武器系统的技术细节进行了磋商。③ 不久，刚刚走马上任的意大利总理范范尼（Amintore Fanfani）前往华盛顿，要求美国尽快部署中程导弹。但根据美国方面的军事计划，美军绝大部分的作战力量都将从南欧特遣队中撤出，只保留对核弹头的监管部队。④ 这一点又引发了意大利方面的担忧。因为当时苏联的威胁正进一步上升，而意大利军队尚未完成全面转型，相关核武器系统的技术细节仍在确认当中，难以独立承担导弹作战任务。意大利政府也十分担心美军全部撤出后美国会放弃对欧洲盟友的安全承诺。于是，包括意大利总统乔瓦尼·格隆基（Giovanni Gronchi）和总理范范尼在内的国家领导人都要求美国不要撤军。⑤ 最终，美国只撤出了2000人的部队，保留了4000人负责操作"下士"导弹，而把"诚实约翰"导弹全权交由意大利军队负责。⑥

1958年9月，意大利最高国防委员会（SDC）通过了美国在意大利部署中程导弹的方案。意大利军方认为，尽管部署美国的中程导弹可能给意大利带来一些负面的影响。例如，需要付出一定的经济成本以及可

---

① NATO Atomic Stockpile, Memorandum, October 14, 1957, DNSA: US Nuclear History, NH01061.

② Paris (Thurston) to the Secretary of State, February 11, 1958, NAW, RG 59, 740. 65/02 - 1158, box 3165.

③ Ray Thurston to John D. Jernegan, July 15, 1958, DDRS, 1991 - 0849.

④ Report by the Joint Strategic Plans Committee to the JCS on Proposal to the Italian Government regarding indigenization of the Southern European Task Force (JCS 1808/48), October 4, 1957, DDRS, 1981, 64C.

⑤ The Ambassador in Rome to the Secretary of State (#498), NAW, RG 59, 765. 5612/8 -956.

⑥ Leopoldo Nuti, "Me too, Please: Italy and the Politics of Nuclear Weapons, 1945 - 1975", *Diplomacy & Statecraft*, Vol. 4, No. 1, March 1993, p. 125.

能恶化意大利与潜在敌人之间的关系。然而，部署这些导弹不仅可以为意大利军队提供更加有效的核威慑力量，而且可以让意大利在北约的核决策过程中拥有更大的话语权。① 意大利总理范范尼和国防部长安东尼奥·塞尼（Antonio Segni）补充强调，意大利要对美国部署的战术核武器拥有控制权，而且在使用这些武器之前必须征求意大利政府的意见。② 1959 年初，美意双方围绕在意大利进一步部署"朱庇特"导弹的问题达成一致。该导弹部队由北约欧洲盟军司令部负责管辖，在和平时期及战争状态下都受其统一指挥。但导弹基地实际上掌握在意大利空军手中并采用"双重钥匙"发射机制。北约如果需要发射这些导弹必须得到美国和意大利的共同确认。③ 随后，意大利第三导弹部队正式并入南欧特遣队。不过，在实际部署导弹之前，意大利又借机要求美国方面承担更多的导弹基地运维开支。经过谈判，双方最终达成妥协并于 1960 年正式部署"朱庇特"导弹。④ 到了 1962 年，美国借着用新型"中士"导弹替换"下士"导弹的机会试图从意大利全面撤军以节省开支。但当时美国驻意大利大使弗雷德里克·赖因哈特（G. Frederick Reinhardt）报告说，意大利方面怀疑美国再次撤军是要放弃对意大利的安全承诺，这会对意大利的国家安全以及核不扩散政策造成非常不利的影响。⑤ 无奈之下，美国仍然保留了一个"中士"导弹营的兵力直到 70 年代才撤出，而其他大部分的战术核武器都已经直接交由意大利导弹部队负责。

在成功部署了"朱庇特"导弹并获得了对核武器的消极控制权后，意大利开始谋求对核武器进一步的控制权。由于美国当时在洲际导弹方面处于相对落后的地位，意大利担心一旦美国掌握了洲际导弹技术，那

① Minutes of the Meeting of the Supreme Defense Council, 25 September 1958, in Archivio Storico della presidenza della Repubblica (Historical Archive of the Presidency of the Republic, ASPR), Carte del Consiglio Supremo di Difesa (Cards of the Supreme Defense Council).

② Ibid.

③ Memorandum for McGeorge Bundy, the White House, Subject: Jupiters in Italy and Turkey, October 22, 1962, JFKL, NSF, box 226, NATO – Weapons Cables – Turkey.

④ Memo to Ambassador Zellerbach on subjects of Military Interest in relations with Italy, November 12, 1958, NAW, RG 59, 765. 5612/11 – 1258, box 3622.

⑤ The Ambassador in Rome (Reinhardt) to the Secretary of State (No. 3342, section one of two), June 25, 1962, in JFKL, NSF, box 120, folder Italy General, 6/6/62 – 6/30/62.

么意大利的中程导弹基地或将失去其战略价值。因此，有必要尽快推动实现某种核分享的积极控制模式，通过建立共同的指挥机构，分享核情报，并实行共同决策的方式，从而确保意大利在关键时刻不会被盟友抛弃。意大利的关切得到了北约的响应。当时，北约欧洲盟军司令部提出了"三步走"计划，即美国向欧洲盟友部署"雷神"和"朱庇特"导弹只是作为建立"第四支核力量"的第一步。随后，各国将成立一个欧洲共同体（consortium），根据美国的技术方案研发新型中程导弹。最终，共同体将自行研发后续导弹并分别部署到欧洲各国，由共同体负责统一指挥，从而确保成员国在核问题上都拥有充分的决策权。① 意大利最高国防委员会对这一计划进行了深入探讨。委员会一般每年召开一到两次会议，但在1960年10月至12月期间，为了讨论北约"多边核力量"建设的问题一共召开了4次会议。在关于美国延伸威慑可信度问题的总结性报告中，委员会明确指出：北约各国承担着不同的责任与风险。由于受到苏联核进攻的巨大威胁，对于那些自己不拥有核力量但前沿部署了美国核武器的国家来说，更有必要在北约核武器的使用原则以及最终决策方面扩大影响力。② 而在多边框架下建设核力量将赋予意大利对核武器的积极控制权。一旦相关机制得到确立，意大利就再也不必担心美国国内可能出现的孤立主义倾向了。

在具体的建设方案上，艾森豪威尔政府时期的北约"多边核力量"计划先后出现了基于陆地流动导弹和基于海上的"北极星"导弹的两种方案。相比"朱庇特"导弹，"北极星"导弹是更加先进且生存能力更强的新型导弹。意大利军方认为，"北极星"导弹的出现很有可能改变北约今后的核战略发展方向，使得地中海和北海的海基威慑力量的重要

---

① John Steinbruner, *The Cybernetic Theory of Decision*, *New Dimensions of Political Analysis*, Princeton: Princeton: Princeton University Press, 1974, pp. 183 – 185.
② Minutes of the Meeting of 25 November 1960, in ASPR, Verbali delle sedute del Consiglio Supremo di Difesa (Minutes of the sessions of the Supreme Defense Council).

性进一步凸显。① 这样一来，意大利扼守地中海的独特地缘优势就能得到很好的发挥。因此，在 1960 年末，美国正式提出基于"北极星"导弹的"多边核力量"计划后，意大利表示积极支持。而为了配合这一方案，意大利军方又立即制订了一个 3 年发展计划，要求打造一支新型的海上力量，包括 12～15 艘舰艇，每艘舰艇配备 5～6 枚"北极星"导弹。② 然而，由于相关费用高昂，意大利军方最终选择先对"加里波第"号（Giuseppe Garibaldi）巡洋舰进行现代化升级，为其安装了 4 个"北极星"导弹定制的发射架，并前往美国进行仿真导弹试射。美意双方由此在基于水面舰艇的核分享方面密切配合，取得了一定的成绩。

总体上，美意双方对于核分享以及南欧特遣队的合作模式都显得非常满意，并力图最终打造一支海上的"多边核力量"。从 20 世纪 50 年代中期至 60 年代初，艾森豪威尔政府在意大利广泛部署了"诚实约翰"导弹、"中士—下士"导弹、"朱庇特"导弹、"奈克—大力神"防空导弹以及其他各类战术核武器。在艾森豪威尔的努力下，美意之间确立起以"双重钥匙"和"核储备计划"为基础的核分享机制。在此期间，美国方面曾一度担心部署核武器是否会给意大利保守派政府造成压力。因为意大利国内的左翼力量往往借机扩大中立主义或反核运动的宣传，从而对保守派执政造成不利影响。③ 不过，美意双方高层领导人之间很快建立起了某种默契。意大利总理范范尼曾对艾森豪威尔说，在部署"朱庇特"导弹时直接按照此前例行军事计划调整的流程操作即可，无须过分声张惊动议会。④ 而意大利方面积极配合的背后，则主要有三方面的考虑：首先，艾森豪威尔政府积极的核分享计划满足了意大利在短期内

① Memo dello SMM per lo SMD, December 1959, "Futuro sistema d'armi per ACE", in Archivio Storico Marina Militare (Military Navy Historical Archive, ASMM), PO B 242, F 6 in Leopoldo Nuti, "Extended Deterrence and National Ambitions: Italy's Nuclear Policy, 1955 – 1962", *Journal of Strategic Studies*, Vol. 39, No. 4, 2016, p. 568.

② Leopoldo Nuti, "Me too, Please: Italy and the Politics of Nuclear Weapons, 1945 – 1975", *Diplomacy & Statecraft*, Vol. 4, No. 1, March 1993, p. 125.

③ Foreign Service Despatch 499 from Rome to the Department of State, September 12, 1955, NAW, RG 59, 740. 5 NATO Affairs/US Europe Defense.

④ State (Dulles) to Paris, tel. 413, July 30, 1958, NAW, RG 59, 711. 56365/7 – 3058, b. 2906.

成功染指核武器的目标。通过接受美国部署的中程导弹并建立"双重钥匙"制度和"核储备计划",意大利已经获得了对核武器的消极控制权。而根据北约欧洲盟军司令部提出的"三步走"计划,欧洲各国将在接受美国部署中程导弹的基础上建立一个共同体,从而最终实现自行研发导弹并共同控制核力量的目标。这让意大利十分期待以这样一种渐进的方式加入核大国集团之中。其次,意大利深刻认识到部署"朱庇特"导弹和建立基于"北极星"导弹的海上"多边核力量"能够为自己带来额外的战略利益。① 由于美国当时仍然推行"中程导弹加海外基地等于洲际导弹"的策略,而意大利的地缘优势也使其成为当时欧洲盟友中能够有效打击苏联腹地的国家。因此,意大利充分运用美国尚未获得洲际导弹的这一机会窗口,通过部署中程导弹,既确保自身安全,又能够协调对美关系,从而发挥政治和军事上的双重价值。而在"北极星"导弹的问题上,意大利同样利用自己扼守地中海的特点,积极推动本国海军现代化,以求在地中海的核力量舰队当中起到引领作用。最后,意大利保守派政府长期面临国内共产党武装起义和苏联阵营大规模入侵的双重压力并没有改变。在这种情况下,美国的军事存在能够有效起到对内对外双重威慑的作用。② 当艾森豪威尔推行"大规模报复战略"后,美国的军事存在又与核分享巧妙地结合在了一起。

三、美意围绕"多边核力量"的合作

然而,肯尼迪政府上台后迅速收紧了核分享政策并以"灵活反应战

---

① Riunione ristretta con il Segretario di Stato – Problemi NATO ed armi e segreti atomici (Restricted meeting with the Secretary of State – NATO problems and and atomic secrets and weapons), September 1959, in ACS, UCD, b. 4, f. discussione alla Camera dei Deputati (discussion at the Chamber of Deputies) in Leopoldo Nuti, "Extended Deterrence and National Ambitions: Italy's Nuclear Policy, 1955 – 1962", *Journal of Strategic Studies*, Vol. 39, No. 4, p. 567.

② Simon W. Duke and Wolfgang Krieger, *U. S. Military Forces in Europe – The Early Years 1945 – 1970*, Boulder: Westview Press, 1993, p. 272.

略"替代了此前的"大规模报复战略",美意核合作遂转入低谷。① 意大利军方此前已经把战略重心放到了核作战上,因此难以理解美国为何突然开始强调常规力量的建设和运用。② 由于无法准确把握肯尼迪政府如此大幅度战略调整背后的真实动机,意大利和其他欧洲盟友都开始怀疑美国是否要借机放弃保卫欧洲的安全承诺。1961 年,美意两国领导人举行双边会谈。总理范范尼直截了当地指出,所谓的"灵活反应战略"就是让意大利的常规部队自行抵挡苏联的进攻,而美国对于苏联的入侵行为是否采取核报复打击将是未知数。在意大利人看来,肯尼迪政府正准备让欧洲盟友充当"炮灰"。③

随着柏林墙危机的爆发,肯尼迪决定推迟"多边核力量"计划的执行。这使得意大利人进一步怀疑美国延伸威慑的可信度。范范尼起初对肯尼迪为了避免刺激苏联而推迟"多边核力量"计划的做法表示理解,但很快又明确表示意大利并不是默许美国可以直接取消基于积极控制的核分享计划。④ 1962 年 3 月,意大利政府向到访的肯尼迪军事顾问泰勒(Maxwell Taylor)将军表示,意大利愿意配合北约常规力量的建设,但无论北约最终采取何种战略,战术核武器仍然是意大利抵御苏联进攻的关键。⑤ 然而,美国方面并没有给出令人满意的答复。5 月,美国国防部长麦克纳马拉再次强调,将对所有的核武器进行集中控制,并批评欧洲盟友试图建立的小规模核力量不仅无法起到威慑的效果,而且还将加剧核安全的风险。⑥ 而此前一向支持北约"多边核力量"计划的北约欧洲

---

① Ainsworth (Rome) to Secretary of State, January 17, 1963, JFKL, Papers of Arthur M. Schlesinger, Jr, Subject File: Italy, 1/14/63 - 1/31/63, box WH 12a (39).

② Memo of Conversation (The President, Ambassador Manlio Brosio, Mr. McBride), April 11, 1961, JFKL, NSF, box 120, Italy - General, 1/20/61 - 4/30/61.

③ Memorandum of Conversation, June 12, 1961, FRUS, 1961 - 1963, Vol. 13, doc. 284.

④ Rusk to USRO Paris, 28 July, 1961; Bowles to USRO Paris, September 27, 1961, DDRS, 1991, 916; Rusk to Finletter, March 9, 1962, DDRS, 1991, 886.

⑤ Reinhardt (Rome) to the State Department, March 31, 1962, DDRS, 1989, 2742.

⑥ Robert S. McNamara, Flexible Response Speech, Presentation to NATO Ministerial Meeting, Athens, May 5, 1962, available at https://robertsmcnamaracom. files. wordpress. com/2017/04/1962 - 05 - 05 - flexible - response - speech - to - nato. pdf.

盟军总司令诺斯塔德将军也因为与肯尼迪意见不一,最终被迫退休。①
这些都让意大利政府感到十分不安。

与 20 世纪 50 年代末的情况相比,此时此刻的"多边核力量"计划
对于意大利来说更加至关重要。由于肯尼迪上台后迅速强化了美国对于
前沿部署核武器的安全措施,使得意大利已经难以在紧急状态下使用美
国前沿部署的核武器。这意味着意大利此前所拥有的对前沿部署核武器
的消极控制权正不断被削弱。此外,美国已经拥有了洲际导弹,并很快
提出了"相互确保摧毁"的概念。意大利的导弹基地及其部署的中程导
弹不仅对美国的吸引力显著下降,而且也日益成为苏联的眼中钉、肉中
刺。很快,美苏之间爆发了古巴导弹危机事件。而冲突的结果导致意大
利被迫撤销"朱庇特"导弹的部署。这对于美意之间关于延伸威慑的确
保机制来说无疑是沉重的一击。为了安抚意大利人焦躁的情绪,美国驻
北约大使芬勒特(Thomas Knight Finletter)等人建议,美国可以借助美
意双方在海基核力量方面的进展对意大利人做出补偿。根据芬勒特的计
划,北约南欧司令部将正式组建一支基于水面舰艇的"多边核力量"部
队,由意大利、土耳其、希腊、美国等北约成员国共同参与。该计划得
到了后来担任国家安全事务助理的罗斯托(Walt W. Rostow)以及其他国
家安全委员会官员的高度认可。② 意大利方面对此也充满期待。国防部
长朱利奥·安德烈奥蒂随即向美国五角大楼提出为意大利海军提供核动
力推进系统的正式要求。③

然而,美意关于建立海上"多边核力量"的计划最终由于美国国防
部和原子能委员会的抵制而不了了之。④ 与积极推进核分享的艾森豪威

---

① American Embassy, Paris (Stoessel) to Department of State, General Norstad's Farewell Visit to Rome, October 5, 1962, DDRS, 1989, 2746.

② Giorgio Giorgerini e Augusto Nani, Incrociatori italiani (Italian cruisers), Rome: Ufficio Storico della Marina Militare (Historical Office of the Navy), 1964, p. 680.

③ Letter from American Embassy Rome (Gannett) to the Department of State (Conroy), December 20, 1962, NARA, National Archives College Park (NACP), RG 59, Lot file 67 D 516, NATO Affairs 1959 – 1966, box 9, Italy (May 1964 – 1965).

④ John Steinbruner, The Cybernetic Theory of Decision, New Dimensions of Political Analysis, Princeton: Princeton: Princeton University Press, 1974, pp. 233 – 234.

尔政府相比，肯尼迪政府的做法显然激起了包括意大利在内的欧洲盟友的普遍不满。为了维系同盟的稳定和团结，避免各国效仿法国走上独立核武装的道路，肯尼迪政府提出了修改版的"多边核力量"计划，由多国组成"北极星"导弹潜艇部队。与此前美意计划打造一支以意大利为主要参与方的联合水面舰艇部队不同，这支多国混编的潜艇部队还试图将英国、法国和联邦德国等欧洲传统大国纳入其中。为此，意大利总理范范尼曾讥讽美国人或许会把意大利人安排到厨子的岗位上。① 但即便如此，到了正式围绕这一计划进行谈判时，意大利却表现的异常活跃，并且不止一次要求美国尽快落实多国潜艇部队的具体建设方案。② 当时，由于欧洲其他盟友的态度比较迟疑，肯尼迪政府派莫钱特使团前往各国进行游说。而意大利政府的积极态度与其他国家形成了鲜明对比。尽管由于即将举行选举，意大利政府并没有做出最终表态，但意大利外交部仍然强调，即便其他国家不愿意接受，意大利也要单独加入"多边核力量"计划。③

在肯尼迪政府看来，修改版的"多边核力量"计划已经重新激起了意大利对于美国的安全承诺和北约防务的信心。只要意大利国内大选的结果不是左翼力量获胜，那么随后上台的新政府一定会加入这支多国潜艇部队。考虑到联邦德国也在积极推动，还有土耳其和希腊等国家的支持，这已经足以说服英国等摇摆不定的国家也完全加入"多边核力量"计划之中。于是，1963 年 10 月，各国在巴黎成立了"多边核力量"计划工作小组。意大利作为小组成员在"多边核力量"建设的政治和军事细节问题上与各国密切磋商，协调立场。此后，意大利又参加了多国海军混编联合演习，而该演习也是"多边核力量"正式组建的关键演练环节。意大利外交部副秘书长罗伯托·杜齐（Roberto Ducci）向美国驻意

① Ainsworth（Rome）to Secretary of State, 17 Jan. 1963, JFKL, Papers of Arthur M. Schlesinger Jr, Subject File：Italy, 1/14/63 –1/31/63, box WH 12a（39）.

② Briefing Item：Initial West European Assessment of US Multilateral Force Proposal, March 7, 1963, JFKL, NSF, box 217, MLF general – Merchant 3/9/63 –3/28/63.

③ Rome Embassy to Secretary of State, March 4, 1963, JFKL, NSF, box 217, MLF Cables, 3/1/ 63 –3/10/63.

大利大使赖因哈特明确表示，能够确保意大利安全的办法只有两种，即要么建立"多边核力量"，要么像英法那样谋求核武器。① "多边核力量"计划是美意核分享合作的自然延伸，对于持续保障意大利的国家安全和平等参与北约核决策的权利来说有着非同寻常的意义。②

　　然而，势态的发展并不尽如人意。1963 年年末，意大利在大选后迎来了中左翼占主导的新政府。当时，左翼力量强烈反对意大利加入"多边核力量"计划。意大利社会党坚持要求紧跟英国工党的意见。最终，意大利政府没能全力支持建立"多边核力量"。而"多边核力量"计划后来的发展已经在上一章节中具体谈到。美国方面，约翰逊政府上台后，为了避免刺激苏联并且维持对核武器的集中控制，因而对于"多边核力量"计划持比较消极的态度。③ 英国和法国一方面担心联邦德国将借此成为有核武器国家，另一方面也不愿意本国的核力量受到任何牵制或是不利影响，因此强烈抵制。④ 再加上苏联的反对，"多边核力量"计划最终宣告破产。这对意大利国内的保守派来说显然又是一次沉重的打击。考虑到美国已经在"多边核力量"的问题上两次失信于人，美意核关系几乎跌至谷底。

四、"核计划小组"与核关系的稳定

　　为了扭转这一局面，重塑欧洲盟友对美国延伸威慑的信心，美国国防部长麦克纳马拉于 1965 设立了特别委员会，力图在北约框架下通过建

---

① Tel. 2219 from Embassy Rome (Reinhardt) to Secretary of State, February 18, 1964, NARA, RG, 59, Lot file assistant secretary for the MLF, b. 7, European clause.

② Memorandum of Conversation (Fenoaltea – Smith), October 23, 1964, and Memorandum of Conversation (Fenoaltea, Petrignani, Rusk, Spiers, Smith), October 24, 1964, NARA, NACP, RG 59, Lot file 67 D 516, NATO Affairs 1959 – 1966, Box 9, Italy (May 1964 – 1965).

③ Francis J. Gavin, "Blasts from the Past: Proliferation Lessons from the 1960s", *International Security*, Vol. 29, No. 3, 2004/2005, pp. 100 – 135.

④ Hal Brands, "Non – Proliferation and the Dynamics of the Middle Cold War: The Superpowers, the MLF, and the NPT," *Cold War History*, Vol. 7, No. 3, August 2007, pp. 405 – 406.

立核磋商机制赋予盟友广泛参与核决策的权利,从而弥补因"多边核力量"计划失败而造成的损失。意大利起初对于核磋商机制表现的比较谨慎,因为没有人知道这一机制意味着什么,也不清楚该机制到底能够在北约的安全事务中扮演什么样的角色。[①] 而当各国发现这一磋商机制将成为北约的常设机制后,意大利又连同其他盟友一起向美国要求设立更多的代表席位。[②] 1965 年 11 月 25 日,来自美、英、意、西德等成员国的国防部长在会上决定将核磋商机制正式命名为北约核计划小组。该小组使得北约各国在核武器的使用原则及其相关决策上能够保持充分的沟通和协商,从而有利于北约内部的团结和稳定。

然而,意大利起初对于核计划小组能否真正替代多边框架下的核力量建设仍然感到怀疑。[③] 尤其在美国笼络和安抚联邦德国的过程中,美英德成立了三国核心小组,进而对北约核计划小组的磋商内容和议事规则进行把控。意大利因自己被排除在重大决策之外而感到屈辱。[④] 于是,意大利又采取了"两条腿走路"的办法。一方面,意大利积极呼吁在核计划小组中采取"4 + N"的常任成员国席位模式,避免美英德三国核心小组最终垄断整个核磋商机制;[⑤] 另一方面,意大利总理阿尔多·莫罗(Aldo Moro) 又老调重弹,试图通过坚持"多边核力量"计划与核不扩散机制互不抵触的原则向美国施压。由于当时十八国裁军大会没有把"多边核力量"这种形式视作核扩散行为,因此,尽管已经不适时宜,莫罗政府仍然呼吁建立"多边核力量"与推动防扩散进程并行不悖。[⑥]

---

① Paul Buteux, *The Politics of Nuclear Consultation in NATO, 1965 - 1980*, Cambridge: Cambridge University Press, 1983, p. 42.

② David N. Schwartz, *NATO's Nuclear Dilemmas*, Washington DC: Brookings Institution Press, 1983, p. 182.

③ Paul Buteux, *The Politics of Nuclear Consultation in NATO, 1965 - 1980*, Cambridge: Cambridge University Press, p. 50.

④ Memorandum of Conversation (Fenoaltea, the Under Secretary), December 30, 1965, NARA, NACP, RG 59, Lot file 67 D 516, NATO Affairs 1959 - 1966, Box 9, Italy (May 1964 - 1965).

⑤ Position Paper, Part 1, Permanent Nuclear Planning Arrangements, December 1966 meeting, DDRS, 1978, 425 A.

⑥ Vojtech Mastny ed., *Disarmament and Nuclear Tests, 1964 - 1969*, New York: Facts on File, 1970, p. 76.

要维持好防扩散与"多边核力量"之间的平衡并不容易，但在意大利看来，这是国家安全以及同盟稳定等多重目标的共同结果。1965 年 7 月 29 日，意大利外长范范尼向十八国裁军会议提议，暂时冻结无核国家的核能力，直到有核国家之间签订更加广泛的军控协议。意大利还向美苏施压，要求防扩散机制必须建立在核大国深度核裁军的基础之上。① 在随后提交的一份正式草案中，意大利主张无核国家在一定时期内单方面做出放弃拥有核武器的承诺，从而给予有核国家缔结核裁军条约所必要的时间。② 但这种无核承诺显然没有将"多边核力量"的形式考虑在内，同时在措辞上也故意留下了许多灵活操作的空间。尤其当其他无核缔约国获得核武器时，之前做出承诺的无核国可以收回不发展核武器的承诺，而新的防扩散条约不应排斥对核武器的集体控制权。例如，北约或欧洲"多边核力量"的模式。

美国国务院当时的判断是，意大利莫罗政府在国内面临左翼力量的巨大压力，在国际上又对法国退出北约而造成的孤立主义影响表示担忧。在此情况下，意大利并非真的想重蹈此前"多边核力量"计划遭遇惨痛失败的覆辙，而是迫切希望积极参与北约核决策，并获得充分的影响力。③ 而当美英德组成三边小组对北约的核战略进行深入讨论时，意大利难免担心其被排除在重大决策之外。于是，美国国务院最终建议在核计划小组中设置 4 个常任成员国席位，从而保留了意大利常任成员国的资格。1966 年 9 月，意大利将军帕斯第（Nino Pasti）被任命为欧洲盟军司令部副司令官，专门负责协调北约核政策及相关事务。12 月，北约确立了以核防务委员会及其下属机构核计划小组为主体的核磋商机制，专门围绕核情报共享、核武器的使用原则及核作战计划等内容进行政策沟通和协调。其中，核防务委员会负责向所有成员国汇报核政策及决策的

---

① Vojtech Mastny ed. , *Disarmament and Nuclear Tests*, *1964 – 1969*, New York: Facts on File, 1970, p. 76.

② George Bunn, Charles N. Van Doren and David Fischer, "Options and Opportunities the NPT Extension Conference of 1995," Programme for Promoting Nuclear Non – Proliferation Study, No. 2, Southampton: The Mountbatten Centre for International Studies, 1991, p. 4.

③ Bilateral Paper: Italy, in Position Paper, Part 1, Permanent Nuclear Planning Arrangements, December 1966 meeting, DDRS 1978, 425 A.

相关事项。而核计划小组具体负责讨论核武器的使用原则及相关计划的制定。该小组由美、英、意和联邦德国作为常任成员国。其他涉及核问题的盟友则轮流作为非常任成员国参与会议。核计划小组没有固定的会议地点，且参会人数受到限制，一般只有7个成员国的防长和驻北约大使、北约秘书长以及两位北约盟军最高司令官参加。① 一旦北约需要动用核力量，必须按照核计划小组所制定的各项方针进行。

意大利政府对这一结果相当满意，并在随后的核计划小组会议上积极表现。当时，北约各国对于"灵活反应战略"以及在实际冲突发生时美国究竟会如何控制冲突升级缺乏一个清晰的概念。以联邦德国为代表的部分欧洲盟友要求首先使用核武器来威慑苏联的进攻，而美国方面坚持分级威慑，力图延缓或避免将核武器投入战场。② 最终，在核计划小组的协调下，北约通过了防御性的首先使用核武器原则，展示了美国保卫欧洲和威慑苏联的决心，也巩固了北约阵营的团结。而意大利同样在协调和制订北约核计划的过程中起到了重要的作用。1967年9月，在安卡拉举行的会议上，意大利发起了如何进一步提升各国对于北约核计划制定的参与度和影响力的讨论。③ 在1968年4月的海牙会议上，意大利对于提升各国在核磋商机制中的参与程度的建议被正式提交到北约核防务委员会（NDAC）。1968年年末，根据意大利的建议，北约对位于奥马哈的联合战略目标选定中心（Joint Strategic Targeting Center）做出调整，由英国、联邦德国和意大利向奥马哈派遣常驻军事官员而不再是此前采取的轮流派遣制度。④ 这一改变不仅使得意大利能够一定程度上影响美国对欧洲的核武器使用政策，而且有助于意大利培养一批能够长期与美

---

① Paul Buteux, *The Politics of Nuclear Consultation in NATO*, *1965 – 1980*, Cambridge：Cambridge University Press, 1983, pp. 58 – 59.

② See Christoph Bluth, "Reconciling the Irreconcilable: Alliance Politics and the Paradox of Extended Deterrence in the 1960s," *Cold War History*, Vol. 1, No. 2, 2001, pp. 73 – 102; Beatrice Heuser, *NATO*, *Britain*, *France and the FRG. Nuclear Strategies and Forces for Europe*, *1949 – 2000*, London：Macmillan, 1997.

③ Paul Buteux, *The Politics of Nuclear Consultation in NATO*, *1965 – 1980*, Cambridge：Cambridge University Press, 1983, p. 87.

④ Paul Buteux, *The Politics of Nuclear Consultation in NATO*, *1965 – 1980*, Cambridge：Cambridge University Press, 1983, p. 81.

国在战略领域保持密切对话和政策磋商的政治军事精英，从而避免在危机来临及重大决策时被盟友抛弃。

正如在上一章节所提到的那样，核计划小组的出现挽救了因"多边核力量"计划的失败而面临分裂危机的北约，具有较高的政治和军事意义。本来北约各国对于美国的延伸威慑忧心忡忡，尤其是北约接受"灵活反应战略"之后，并没有在具体的冲突升级问题上达成一致。当建立在"多边核力量"基础上的分享机制失败后，这一柔性控制机制成为十分必要的补充。而在此之前，意大利始终通过部署核武器将自己与北约的核决策机制联系到一起。考虑到意大利已经部署了如此之多的核武器，在做出任何使用核武器的相关决策时，都应当认真听取罗马方面的意见。然而，接受美国的核武器部署与拥有对核武器的控制权之间还是存在巨大的间隙。意大利政府始终坚持无论在意大利国土上部署什么样的核武器，在核武器的使用问题上必须与意大利进行充分协商。意大利不能允许在未经本国政府批准的情况下擅自下令发射部署在意大利国土上的战术核武器。1962 年 1 月，美国和意大利签署条约，美国承诺所有部署在意大利的核武器在未经两国政府同意的情况下不能发射。[①] 但根据北约当时的原则，类似的协商只能是在战争条件允许的情况下。一旦情况紧急，还是很难保证美国事先征求意大利的意见。而且北约关于冲突升级的具体指令与控制原则的表述都十分模糊。因此，对于意大利来说，真正能够切实影响美国核决策的就是"双重钥匙"制度。所以除了"朱庇特"导弹之外，意大利对于美国部署的其他战术核武器仍然不具备控制权。所谓的事先协商机制也是建立在美国的善意以及遵守承诺的基础之上，这对意大利来说仍然不够可靠。然而，在肯尼迪政府收紧了对核武器的控制权之后，就连"双重钥匙"也很难充分发挥作用。因此，核计划小组的出现就从根本上解决了长期困扰意大利的核武器控制权问题。通过确立北约核武器的使用原则，重新梳理北约的核作战细节、升级控制流程以及核打击目标选择等关键事项，使得北约各国即便在

---

① Leopoldo Nuti, "Italy's nuclear choices," UNISCI discussion papers, No. 25, 2011, p. 181, https://revistas. ucm. es/index. php/UNIS/article/download/UNIS1111130167A/26876.

紧急情况下也能做到有据可循，而不用担心任何国家在核问题上贸然行事。

五、小结

与联邦德国的案例相似，美意围绕延伸威慑的确保机制建设也经历了从积极的核分享逐步扩展到"多边核力量"计划，再回缩到核计划小组的过程。只不过意大利早期对核武器的诉求更加明显，而在美意延伸威慑的框架下，这种独立核武装的冲动得到了化解（如图 5-1 所示）。从可信度曲线上来看，意大利早期的核扩散风险大致位于 B′水平，实施组建南欧特遣队等积极核分享措施后，下降至 C 点所对应的 B 水平。其随后的运动轨迹与联邦德国基本类似，即当苏联的威胁上升时，意大利的核扩散风险增加，表现为短暂的法德意三国合作。但很快美意又通过部署"朱庇特"导弹和规划基于水面舰艇的"多边核力量"方案使 C′向 C″移动。尽管"多边核力量"计划最终流产，但美国还是通过赋予意大利核计划小组常任成员国的席位，在 C‴重塑美意核关系的平衡。

冷战初期，意大利由于其二战历史原因以及地理上的域外特征而不受西欧盟友的信任。同时，意大利保守派政府又面临国内共产主义活动和外部苏联阵营入侵的双重威胁。因此，意大利一方面依赖于美国的支持和保护，另一方面试图通过获得核武器来提升国家安全和国际地位。然而，由于延伸威慑的结构性矛盾，意大利同样对于美国的核保护半信半疑。为了最大限度确保美国核保护的可靠性，美意所采取的办法是尽可能多地在意大利部署导弹，即通过核分享来解决核困境的问题。而关于核武器的分享，关键还是落实在对于核武器的控制权上。在大部分情况下，美国通过向盟友提供核武器，在其领土上部署导弹，最终建立起一支联合作战的核力量。例如，美意组建的南欧特遣队。但这仍然不足以充分解决核困境中的信任难题。包括意大利在内的欧洲盟友之所以追

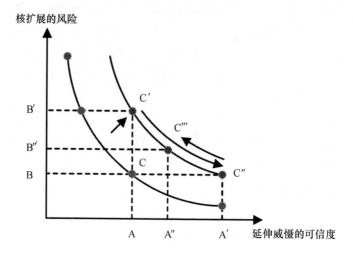

图 5 - 1　冷战时期美意延伸威慑的确保机制及其可信度曲线

求"多边核力量",关键在于其背后所蕴含的集体决策的机制,即"多边核力量"的决策权是由一个特殊的共同体所拥有的,而不是任何单一成员国能够擅自决定的,这将极大的缓解盟友对于美国延伸威慑不可靠的担忧。尽管肯尼迪政府上台后收缩了核分享政策,北约"多边核力量"计划也最终流产,但核计划小组的出现一定程度上满足了集体决策机制的需要。意大利通过分享对美国核武器的柔性控制权并积极参与北约核政策的制定,最终化解了延伸威慑的可信度危机。

值得一提的是,即便在后来的历史进程中,核计划小组也始终是保持美意核关系长期稳定的关键所在。20 世纪 70 年代末,为了应对苏联的 SS - 20 导弹威胁,北约核计划小组决定成立高级小组(HLG)负责评估北约的战区导弹是否需要进一步升级。意大利积极参与其中并促成后来的"双重决议"方案出台,为美苏最终签订《中导条约》奠定基础。而直到冷战后的今天,意大利仍然部署着美国的核重力炸弹,并由意大利空军负责投掷。当部分北约成员国要求撤出这些剩余的战术核武器,从而推动美俄核裁军时,意大利通过核计划小组会议反复表达了保留核武器前沿部署的态度。① 这主要是考虑到新近加入北约的成员国，尤其是俄罗斯的周边小国对于安全保障的需要。最终，北约出台的《防御与威慑态势评估》报告肯定了意大利的观点，并强调美国核武器的存在对于北约整体的核威慑以及安全战略有着至关重要的意义。②

---

① See Paolo Foradori, "Reluctant Disarmer: Italy's Ambiguous Attitude toward Nato's Nuclear Weapons Policy", *European Security*, Vol. 23, No. 1, 2014, pp. 31 - 44.

② NATO, "Deterrence and Defence Posture Review", 20 May 2012, http://www. nato. int/ cps/en/natolive/official_texts_87597. htm.

第六章 美日核保护的缺陷与核避险

　　由于日本在第二次世界大战中付出了极为惨痛的代价，确保国家安全、实现经济复兴成为日本政府战后的首要目标。然而，战败国身份的限制再加上经济负担和国内普遍的反战思潮，使得日本难以实现自主防卫。与此同时，来自北方苏联的威胁十分强大。日苏之间不仅存在北方四岛问题，而且苏联在远东地区同样部署了大规模的军事存在。东西方冷战的格局以及军事力量上的巨大差距使日本难以独善其身。因此，以吉田茂为代表的保守派政治家主张"对美亲善"，在外交上追随美国，在安保上依赖美国。[①] 而美国也认为，如果日本被纳入"斯大林集团"，那将造成对美国不利的战略局面。相反，美国应当积极以日本、琉球群岛和菲律宾组成近海岛链，防范苏联的进攻。[②] 在朝鲜战争爆发的背景下，美国方面很快同日本签署《旧金山和约》并缔结《日美安保条约》。日本则以放弃部分主权为代价换取了美国的安全保障，从而走上重经济、轻军备的复兴之路。尽管朝鲜战争使得日本出现了所谓"特需景气"，但"吉田主义"在日本国内始终受到来自两个方向的夹击：一方面，由于二战的惨痛记忆，在日本国民以及左翼阵营之间形成了强大的反战、反核、反美的政治力量。在政坛上，战后的日本长期维持了"保革鼎力"的局面。在民间，和平运动人士和民众一起经常举行声势浩大的反美示威游行活动。另一方面，日美同盟的威权特征使得日本必须长期忍受在政治和外交上"亲美随美"和"主格虚位"的不平等境地。[③] 而以

　　① 刘江永主编：《跨世纪的日本》，北京：时事出版社1995年版，第584页。

　　② 上海市国际关系学会编印：《战后国际关系史料（第一辑）》，上海：上海市国际关系学会1983年版，第52－53、63－65页。

　　③ 臧志军、包霞琴：《变革中的日本政治与外交》，北京：时事出版社2004年版，第290页。

鸠山一郎、岸信介和中曾根康弘为代表的保守派要求改变"美主日从"的局面,试图修改宪法、重整军备,从而使日本走出战败的阴影,谋求独立自主的大国地位。日本著名国际政治学者高坂正尧曾批评吉田主义"商人式的国际政治观",仅执着于发展经济而忽视了日本民意,同时付出了与东方阵营长期对抗,冲绳被美军控制以及围绕自卫队是否违宪争论不休的代价。① 这恰恰反映了"吉田主义"在战后同时受到左翼和右翼两股政治力量的挑战。

而这三者在核问题上也显然有着相互对立的主张。"吉田主义"支持紧紧依靠日美同盟,将日本的防卫彻底置于美国的保护之下,因此依赖于美国的延伸威慑。日本民众和左翼力量则坚决反对拥有核武器,也反对享有美国提供的核保护。在日本国民当中存在严重的"核过敏"(nuclear allergy)问题,即由于广岛和长崎的原子弹爆炸所造成的巨大灾难使得绝大部分日本人都极度反感核武器的存在。因此,反核运动牢牢植根于日本战后的文化和社会发展之中。② 1949 年,日本和平委员会成立,成为战后日本民众和左翼力量维护和平宪法,致力于废除核武器的重要民间组织。20 世纪 50 年代中期,禁止原子弹氢弹爆炸协会和核武器受害者团体协会相继成立。1965 年又成立了致力于禁止核武器试验的日本国民会议。这些民间组织成为日本推进反核、反战的关键力量。而和平宪法与 60 年代提出的"无核三原则"更是被视为战后日本的立国基础。③ 与之相反,日本国内还有部分保守派试图追求实现独立核武装,从而最终获得大国地位,摆脱对美依赖。这三股力量交织在一起使得日本的核政策空前复杂,时而出现自相矛盾的政策。正是在这种政治环境下,美国必须妥善地推行对日本的延伸威慑战略,巧妙地平衡这三股力量之间的关系。

---

① 张帆:《高坂正尧早期国际政治思想述评》,载《国际政治研究》,2012 年第 2 期,第 173–184 页。

② Matake Kamiya, "Nuclear Japan: Oxymoron or Coming Soon?" *The Washington Quarterly*, Vol. 26, No. 1, 2002, pp. 63–67.

③ [日] 宇都宫德马:《世界和平与裁军》,王保祥等译,北京:北京大学出版社 1989 年版,第 251 页。

一、"核过敏"与美日核保护的缺陷

美日核关系可以分为军事和民用两个方面，两者之间存在着紧密的联系。从军事上看，美国对日本的延伸威慑至少分为三个层面，即美国本土的战略核武器，部署在冲绳的战术核武器以及后来通过"核密约"引入的搭载有核武器的美军舰船和飞机。1952 年美日媾和之后，美国不再对日本实施军事占领，而是仅通过安保条约继续驻军。同时，华盛顿方面为了大规模军事行动的需要，保留了对冲绳的行政管辖权。① 根据1952 年的安保条约，美军的舰艇和飞机无论是否搭载核武器都可以自由出入日本国领土。1953 年，美国向日本派遣携带有核武器的"奥里斯卡尼"号航母，用于在朝鲜战争停战后提升美国在远东地区的威慑力。这或许是美国对日本提供延伸威慑的开端。但 1954 年发生的"第五福龙丸"事件，使得日本民众原本由于遭受原子弹打击而产生的反核情绪进一步高涨。② 1955 年 3 月，首相鸠山一郎试图让美国部署核武器以确保国家安全。但美国向日本部署"诚实约翰"导弹的计划引发了大规模示威游行。最终，美国承诺只部署常规导弹。③

然而，日本国内的部分保守派却执着于获得核武器的前沿部署。1956 年，岸信介抛出日本战后宪法并未限制日本获得防御性核武器的观

---

① Nicholas Evans Sarantakes, *Keystone: The American Occupation of Okinawa and US - Japanese Relations*, Texas: Texas A&M University Press, 2000, pp. 40 - 59; Michael Schaller, *Altered States: The United States and Japan since the Occupation*, New York: Oxford University, 1997, pp. 59 - 61.

② 1954 年 3 月 1 日，美国在太平洋比基尼环礁进行氢弹试验，结果正在附近捕鱼的日本渔船"第五福龙丸"由于收拾渔网使得渔船上 23 名船员和船上的渔获全受到核污染，最终导致1 人死亡，周围其他数百艘渔船也受到放射性污染。"第五福龙丸"事件引发日本国内空前的反核、反美运动。随后，日本国会通过决议要求禁止核武器。1955 年 8 月，第一届反核武器大会在广岛召开。See Maria Rublee, *Nonproliferation Norms: Why States Choose Nuclear Restraint*, Athens: University of Georgia Press, 2009, p. 56.

③ John Swenson - Wright, *Unequal Allies? United States Security and Alliance Policy toward Japan, 1945 - 1960*, Stanford: Stanford University Press, 2005, p. 137.

点，引发轩然大波。① 在民众的愤怒之下，岸信介被迫做出让步，认为日本只能在不违反和平宪法的基础上拥有战术核武器。② 1957 年 8 月，苏联成功试射洲际导弹给日美两国造成了不小的压力。9 月，日美举行联合演习应对可能发生的紧急情况。由于面临来自苏联的巨大威胁，日本方面再次提出部署美国战术核武器的问题。尽管当时艾森豪威尔政府鼓励向盟友分享核武器，但美国军方却指出这取决于日本自己是否愿意接受，以及自卫队能否有效装备这些武器，并最终拒绝在日本本岛前沿部署核武器。③ 到了 1958 年，岸信介政府仍然围绕拥有防御性核武器的可行性问题进行了内部讨论并与美国协商。岸信介向美国驻日大使麦克阿瑟二世表示，核武器对日本至关重要，而和平宪法并未禁止日本拥有核武器。日本副外相山田久也指出，由于面临苏联核武器的巨大威胁，日本政界极力要求拥有核武器，而日本外务省也已经对部署搭载核弹头的防空导弹的可行性进行了研究。④ 岸信介的继任者池田勇人当时也认为，考虑到美国在北约推动核分享计划，日本同样应当获得核武器。⑤

　　美国对此态度消极的主要原因仍然是出于对日本民意的担忧。鸠山一郎时期，日本民众强烈抗议美国部署核武器的场景令人记忆犹新。美国政府在认识到日本民众强烈的反核立场后，也暂缓了相关计划。尽管岸信介此前已经多次抛出拥核言论，试图"纠正"这种"核过敏"的情绪，但并未能取得多少成效。如果执意部署核武器，那必然会削弱当前日本国内亲美保守势力的执政基础，结果很有可能导致反美的左翼力量上台。这对美国的整体国家安全战略来说是不利的。为此，日美两国政府想出了一个折中的办法，即在日本部署大量可以用于发射核弹、装备

① 第 26 回国会参議院内閣委員会会議録、第 28 号、1957 年 5 月 7 日。

② John Swenson – Wright, *Unequal Allies? United States Security and Alliance Policy toward Japan, 1945 – 1960*, Stanford: Stanford University Press, 2005, p. 143.

③ A Report by the Joint Strategic Plans Committee on Atomic Weapons Deployment, Joint Chief of Staff (JCS), 2180/113, February 17, 1958; JCS, 2180/122, September 17, 1958.

④ Julian Ryall, "Japan's Post – War Nuclear Ambitions Revealed in Newly Declassified Documents," The Telegraph, March 18, 2013, http://www.telegraph.co.uk/news/worldnews/asia/japan/9937196/Japans – post – war – nuclear – ambitions – revealed – in – newly – declassified – documents.html.

⑤ 伊藤昌哉『日本宰相列伝 21：池田勇人』東京：時事通信社、1985 年、205 頁。

核弹头或去除了核部件的常规武器。① 与此同时，美军载有核武器的舰船可以在日本的港口停靠，但采取与码头保持一英尺距离的做法，证明其并没有真正靠港，从而避免因公开向日本引入核武器所带来的麻烦。美国国务院对国防部多次强调，这种小心翼翼的做法是十分必要的，否则自民党会因为国内的和平运动而下台。②

客观上，日本国内强烈的反核情绪削弱了美国对日本的核保护。为了避免引发大规模示威游行，两国政府都力图使核武器问题远离公众的视野。在日美安保条约中尽管有广义的安全保障条款，但完全没有提及美国的核保护。而美国在整个 20 世纪 50 年代也从未公开宣示对日本的核保护承诺。此外，与北约的情况不同，日本本土没有部署任何美国的核武器，更不存在美国积极推动核分享机制的可能。尽管美国的舰艇和飞机可以搭载核武器过境或靠港，但这或许更多是从便于美军作战行动的考虑。而对于这些舰艇和飞机究竟是否搭载核武器，搭载多少以及能否有效保护日本等问题都处于模棱两可的状态。唯一的例外是，美国自 20 世纪 50 年代中期在冲绳、硫黄岛和父岛等岛屿上部署了大量核武器。然而，当时这些岛屿完全处在美国的控制之下，且冲绳的核武器主要负担的是美国对整个远东地区的威慑力量，而并非明确用于保护日本。因此，无论从政策宣示还是实际部署的情况来看，20 世纪 50 年代日本在核问题上几乎没有获得美国实质性的保障与承诺，美日之间关于延伸威慑的确保机制处于比较低水平的状态。

到了 20 世纪 60 年代初，在中国核试验的背景下，美日两国开始谋求强化延伸威慑的确保机制建设。为了干预中国的核武器项目并抵消中国核试验对地区局势可能产生的不利影响，美国试图在五个方面采取行动，具体包括在日本部署核武器、摧毁中国核设施、联合苏联瓦解中国

---

① Robert S. Norris, William M. Arkin, and William Burr, "Where They Were," *Bulletin of the Atomic Scientists*, Vol. 55, No. 6, November/December 1999, pp. 26 – 35.

② Robert S. Norris, William M. Arkin and William Burr, "Where They Were: How Much Did Japan Know?," *Bulletin of the Atomic Scientists*, Vol. 56, No. 1, 2000, p. 12.

的核项目、对日本提供核保护以及美日空间技术合作。[①] 其中，关于直接对中国核设施进行军事打击的计划由于无法确保彻底清除中国的核能力而未能落实。[②] 苏联也断然拒绝了与美国共同排除中国核项目的提议。[③] 而在对日前沿部署核武器方面，1962 年 3 月，美国参谋长联席会议提出了三种具体方案：公开在日本部署战术核武器；与日本政府达成部署核武器的秘密协定；启动搭载核武器的 C - 130 运输机在冲绳美军基地与日本本土美军基地之间巡航的"高速运转计划"，强化对日本的保护以及对中国的威慑。然而，美国国务院认为，由于日本民众的"核过敏"仍然没有消退的迹象，任何涉及在本土部署核武器的计划都难以实现。一旦国防部执意部署，反而会造成日美同盟的破裂。[④] 可见肯尼迪政府当时充分认识到中国核试验将对日本造成强烈的刺激，而日本是否会发展核武器则取决于美国能否提供可靠的延伸威慑。但由于"核过敏"这一结构性因素使得美国难以通过前沿部署的方式强化相关确保机制的建设。

到了 1964 年 10 月，中国成功举行核试验的消息给刚刚上任的日本首相佐藤荣作带来了巨大的压力。为了回应中国的核试验，日本政府当时明确要求美国确保其在太平洋地区拥有足够的威慑力量来保障日本的安全。[⑤] 佐藤对美国驻日大使赖肖尔坦言，如果对手拥有核武器，那么日本拥有核武器是十分自然的。只是日本民众尚不能接受。而日本的年轻一代在核问题上的态度已经有所转变，日本也具备了制造核武器的技

---

① 崔丕：《美日对中国研制核武器的认识与对策（1959—1969）》，载《世界历史》，2013年2期，第4-20页。

② Memorandum Maxwell to McNamara, December 14, 1963, National Archives, RG 218, CM1963, box 1; Memorandum from Secretary of State Rusk to President Johnson, May 1, 1964, National Archives, RG 59, box 1.

③ Department of State, Aborting the CHICOM Nuclear Capability, June 12, 1963, DDRS, CK3100488491; Memorandum of Conversation with Ambassador Dobrynin, Septeber 25, 1964, FRUS, 1964 - 1968, Vol. 30, pp. 104 - 105.

④ 崔丕：《美日对中国研制核武器的认识与对策（1959 - 1969）》，载《世界历史》，2013年2期，第4-20页。

⑤ Airgram from the US Embassy in Japan to the Department of State, December 4, 1964, FRUS, 1964 - 1968, Vol. 29, part 2, Japan, doc. 35, p. 48.

术条件。对于佐藤的观点，赖肖尔向美国国务院表示了担忧，认为美国需要及时对其予以正确的引导。① 约翰逊政府随即着手商讨对策。国务卿腊斯克倾向于有选择的支持部分盟友。例如，日本和印度拥有核武器。而国防部长麦克纳马拉等人则坚持严格的防扩散政策。② 尽管从地缘政治的角度来说，日印核武装对美国并不一定是坏事，但约翰逊政府极其担心日印核试验将引发其他国家进一步的核扩散。③ 毕竟，有核国家数量的增加意味着核冲突的风险加剧，而届时美国的权力也将出现相对下降。④ 考虑到防扩散的需要，腊斯克又提出了"亚洲核储备制度"和"亚洲多边核力量"构想，即仿照北约的核分享向美国在亚洲地区的盟友和伙伴国家提供战术核武器、运载工具、相关技术培训，并在当地存储核弹头以便在紧急情况下交由盟友应对。⑤ 国务院则进一步建议向日本提供防空导弹以及能够搭载小型核武器的 F-104 战斗机，从而提升美国延伸威慑的可靠性，避免日本采取独立核武装的政策。⑥

　　1965 年年初，日美两国领导人举行会谈。佐藤在与约翰逊进行单独会见时再次表达了日本考虑寻求拥有核武器的想法。佐藤表示在美国的保护之下，大部分日本人感到安全，并且认为日本不应当拥有核武器。但如果中国拥有核武器，日本也应该拥有，只不过这一主张目前还只能小范围讨论。⑦ 单独会见结束后，佐藤和约翰逊来到内阁会议室向日本

---

① Telegram from the Embassy in Japan to the Department of Defense, December 29, 1964, FRUS, 1964-1968, Vol. 29, part 2, Japan, doc. 37, pp. 55-57.

② Memorandum of Conversation, November 23, 1964, FRUS, 1964-1968, Vol. 11, pp. 122-125.

③ Report by the Committee on Nuclear Proliferation, January 21, 1965, FRUS, 1964-1968, Vol. 11, p. 174.

④ Francis J. Gavin, *Nuclear Statecraft: History and Strategy in America's Atomic Age*, Ithaca: Cornell University Press, 2012, pp. 75-103.

⑤ Memorandum of Conversation, November 23, 1964, FRUS, 1964-1968, Vol. 11, doc. 50, pp. 122-125.

⑥ Memorandum Thompson to Rusk, December 4, 1964, National Archives, RG 59, box 9; National Archives and Records Administration, College Park (NACP), RG 59, Records of the Ambassador at Large, Llewellyn E. Thompson, 1961-1970, Thompson Committee, 1964, Lot 67 D 2, Box 25.

⑦ Memorandum of Conversation, January 12, 1965, FRUS, 1964-1968, Vol. 29, part 2, Japan, pp. 66-74.

外相椎名悦三郎、自民党干事长三木武夫以及美国国务卿腊斯克介绍会谈情况。约翰逊总统强调，如果日本遭受核打击，美国一定会积极援助，保障盟友的安全。但同时，美国不希望增加核武器国家的数量。[1] 尽管1952 年签订安保条约之后美国就向日本提供了安全保证，但在此次会面之前还从来没有公开宣示过对日本的延伸威慑保护。佐藤对此感到满意并且表示，之前说日本应当独立拥有核武器仅仅是个人想法而非日本政府的意见。[2] 在第二天的会谈中，美国副总统汉弗莱（Hubert Humphrey）又对三木武夫说，如果日本能够控制核武器进而威慑中国的行动，那将起到很好的战略效果。[3] 美国国防部随后开始商讨对日核分享计划的实施方案。[4] 不过，北约"多边核力量"的流产对于试图缔造一个亚洲版"多边核力量"的努力带来了较大的负面影响。此外，约翰逊政府很快开始推行严格的防扩散政策，认为无论盟友或是敌人出现核扩散都对美国的国家安全构成威胁。[5] 在这种情况下，在亚洲进行核分享的计划也最终不了了之。

有观点认为，佐藤本来就没有打算发展核武器，只是希望借此来获得美国明确的安全承诺。[6] 这一观点的说服力较弱，因为佐藤实际上并不知道美国会如何予以回应。作为一个非常谨慎的政治家，佐藤当然会尽可能保证政策选择的多样性。[7] 由于担心日本国内的反核运动，美国

[1]　Memorandum of Conversation between President Lyndon B. Johnson and Japanese Prime Minister Eisaku Sato, January 12, 1965, DDRS, CK3100108993 - CK3100108998;「第 1 回ジョンソン大統領・佐藤総理会談要旨」1965 年 1 月 12 日、外務省外交記録 CD1、01 - 535 - 1。

[2]　Memorandum of Conversation, January 12, 1965, FRUS, 1964 - 1968, Vol. 29, part 2, Japan, p. 77.

[3]　Memorandum of Conversation, Humphrey to Miki, January 13, 1965, LBJL, National Security File, Special File, Japan, Box 250, (2 of 2).

[4]　Memorandum from the Joint Chiefs of Staff to Secretary of Defence McNamara, 'Possible Responses to ChiCom Nuclear Threat', January 16, 1965, FRUS, 1964 - 1968, Vol. 29, Japan, doc. 76, p. 144.

[5]　Francis J. Gavin, *Nuclear Statecraft: History and Strategy in America's Atomic Age*, Ithaca: Cornell University Press, 2012, pp. 251 - 284.

[6]　Royama Michio and Kase Miki, "Former PM Bluffed on Japanese Nukes," Mainichi Daily News, August 6, 1999.

[7]　Takashi Oka, "As the Japanese Say: Premier Sato would Tap his Way across a Stone Bridge to be Sure it was Safe," The New York Times, November 16, 1969.

最初的"高速运转"核武器部署计划并未得到落实。而后来又是出于本国防扩散政策的考虑,美国也无意推动亚洲版"多边核力量"计划的实施。在既没有获得实际部署又没有建立核磋商机制的情况下,仅仅获得美国人口头上的安全承诺对于受到中苏两方面核威胁的日本政府来说,显然不足以成为可靠的安全保障。原外务省事务次官、驻美大使村田良平曾对此做出评价:"美国的核保护伞,并没有以明文规定的形式对日做出保证,原本就内容不明、语焉不详。"[1] 这一点在佐藤和约翰逊的首次会晤中也得到了体现。尽管美国重申了对日本的安全承诺,但并没有明言一定用核武器保护日本,仅仅是答应在日本受到安全威胁时会给予援助。更何况原本承诺的核分享计划最终也不了了之,结果使得日本并没有获得任何实质性的确保措施。于是,在两国首脑会晤后不久,日本军方便公开了一份秘密制订的《三矢作战计划》。该计划强调,日本必须重视核武器所带来的巨大威胁,并提出在紧急事态下可以使用战术核武器进行应对。[2] 外务省事务次官下田随后在记者会上表示,尽管签署了日美安保条约,但日本并没有真正获得美国的核保护。[3] 而在《三矢作战计划》的基础上,日本军方又出于实战考虑开始关注小型核弹的研发,并在 1967 年提出的"第三次防卫力量整备计划"中明确要求部署核常两用的"奈基"型地对空导弹。[4] 时任防卫厅长官增田甲子七则继承了岸信介此前的表态,认为宪法并未禁止日本拥有包括战术核武器在内的防御性武器。[5]

总体上,由于"核过敏"的存在,美国对日本的延伸威慑战略在冷战初期面临严重的结构性缺陷。尽管美日两国部分政治家都倾向于前沿部署核武器,但日本民众普遍的反核情绪以及声势浩大的和平运动使得

---

① 村田良平『村田良平回想録下巻』、京都:ミネルヴァ書房、2008 年、315 頁;村田良平『何処へ行くのか、この国は:元駐米大使、若者への遺言』、京都:ミネルヴァ書房、2010 年、216 頁。

② 衆議院予算委員会「三矢研究」国会議事録、『中央公論』、1965 年 4 月、155–182 頁。

③ 黄大慧:《论日本的无核化政策》,载《国际政治研究》,2006 年第 1 期,第 162 页。

④ 黄大慧:《论日本的无核化政策》,载《国际政治研究》,2006 年第 1 期,第 158 页。

⑤ 西連寺大樹「日本の核兵器不拡散条約調印・批准過程と日米安全保障条約Ⅱ」、『政治経済史学』、2004 年 1 月、第 25 頁。

相关计划难以执行。而在中国核试验的背景下，美国接连提出"高速运转"计划和"亚洲多边核力量"等方案，试图强化延伸威慑的确保机制，避免日本因中国核试验的刺激而发生核扩散。然而，考虑到"核过敏"以及防扩散的需要，相关确保机制同样未能建立。结果使日本仅仅获得了美国口头上的安全承诺。因此在这一时期，日本国内出现了许多拥核言论，而日美核关系也处于相对不稳定的状态。

二、美日"核密约"对核保护的补充

如果说日本民众强烈的反核情绪使得美国"核保护伞"出现漏洞，那么日美之间的"核密约"其实就是往"核保护伞"上打补丁。早在20世纪60年代初，两国政府就通过秘密协定的方式将美国的核武器引入日本。当时，岸信介政府为了使日本获得更加平等的同盟地位而与美国签订新安保条约，其中重要的修改之一就是使日本在美国引入核武器这一问题上拥有否决权。根据条约规定，双方明确围绕"美军部署的变动、装备的重要变动和作战行动的基地使用"实行"事前协商"制度。① 但两国又以秘密协定的方式确认了美国可以在日本部署导弹并建立储存基地，而搭载核武器的舰艇或飞机进入日本不需要经过事前协商。② 日本领导人则继续向公众隐瞒真相，并声称日本没有部署任何核武器。③ 实际上，通过"核密约"的形式，日本政府确保了美国能够向日本引进海基或空基的核武器而不受反核运动的限制。尽管海基和空基的核武器并

---

① 「内閣総理大臣から合衆国国務長官にあてた書簡」（条約第六条の実施に関する交換公文）、外務省外交記録 CD1、01 - 456 - 1。

② Description of Consultation Arrangements under the Treaty of Mutual Cooperation and Security with Japan, and Summary of Unpublished Agreements Reached in Connection with the Treaty of Mutual Cooperation and Security With Japan, June 1960, National Security Archive, Nuclear Vault, Nuclear Noh Drama, docs. 1 and 2, http: //www2. gwu. edu/ ~ nsarchiv/nukevault/ebb291/.

③ Telegram from the Embassy in Tokyo to the Secretary of State, April 4, 1963, National Security Archive, Nuclear Vault, Nuclear Noh Drama, docs. 1 and 2, https: //nsarchive2. gwu. edu/nukevault/ebb291/.

不像陆基核武器那样清晰可见，但也是聊胜于无的次优选择。1963 年 3
月，首相池田勇人在国会发言中一度明令禁止美国的核潜艇进入日本。①
但在赖肖尔大使和大平正芳外相会谈后，双方又再次确认了"核密约"，
并同意美军在无需事前协商的情况下将搭载有核武器的舰艇驶入或停靠
日本港口。②

　　到了佐藤内阁时期，冲绳归还的问题成为日本政府在国内面临的最
大挑战。佐藤荣作是日本二战后首位前往冲绳进行访问的首相。他在访
问中明确指出只要冲绳尚未归还，日本就仍然处在战败国的阴影之下。③
佐藤认识到，冲绳归还必须以确保美国在岛上的军事基地不受影响为原
则。但日本国内对于"无核收归冲绳"的要求又使得佐藤面临巨大的压
力。1967 年 11 月，佐藤第二次访美并再次向华盛顿方面确认了其对日
本的延伸威慑保护。④ 随后，在 12 月的众议院预算委员会上，佐藤指
出，日美安保条约以及美国的延伸威慑对于日本的安全来说至关重要。
与此同时，日本将奉行"不拥有、不制造、不引进核武器"的三项基本
原则。⑤ 1968 年年初，佐藤在发表演讲时强调，"无核三原则"是确立
日本无核国家地位的国策。⑥ 然而，佐藤很快意识到"无核三原则"是
一个巨大的外交失误，尤其是"不引进核武器"原则不仅触动了美国在
冲绳归还问题上的底线，而且将削弱日本所享有的核保护。佐藤赶紧向
美国大使约翰逊（Alexis Johnson）解释说，"无核三原则"是个极其荒
谬的政策，日本只是想表明不会发展核武器的态度。⑦ 此外，当时美国

　　① 第 43 回国会衆議院予算委員会会議録、第 18 号、1963 年 3 月 2 日。

　　② 不破哲三『日米核密約』東京：新日本出版社、2000 年、147 頁。

　　③ 佐道明広、服部龍二、小宮一夫『人物で読む現代日本外交史—近衛文麿から小泉純
一郎まで』東京：吉川弘文館、2008 年、193 頁。

　　④ 「佐藤総理・ジョンソン大統領会談録（第 1 回会談）」1967 年 11 月 14 日、外務省外
交記録 CD1、01 - 534 - 1。

　　⑤ 第 57 回国会衆議院予算委員会会議録、第 2 号、1967 年 12 月 11 日。

　　⑥ 『わが外交の近況』、東京：外務省、1968 年，12 頁。

　　⑦ "Peace Prize Winner Sato Called Nonnuclear Policy 'Nonsense'," Japan Times, June 11,
2000, https：//www. japantimes. co. jp/news/2000/06/11/national/peace - prize - winner - sato -
called - nonnuclear - policy - nonsense/#. WrEYMOhubZs.

核动力航母"企业"号抵达佐世保时，遭遇了日本民众大范围的抵制活动。[①] 日本国内和平运动的情绪也再次高涨。于是，佐藤很快又提出核政策四原则作为补救措施，把"无核三原则"与美国的"核保护伞"、核裁军以及和平利用核能联系到一起，既能避免美国误会，又能平息反核力量，使得依赖于美国的核保护看起来是一种比较务实的做法。在经历了这一系列的波折后，佐藤私下对秘书楠田实抱怨说，他当时就应该讲日本应当拥有核武器，然后立即辞职。[②] 实际上，佐藤在核政策的宣示过程中颠来倒去，恰恰反映了日本政府很难在美国的核保护以及民众的反核意见之间维系平衡。

　　1969 年尼克松总统上台时，日本民众对于归还冲绳问题的反应十分强烈，美国国务院建议尼克松早日解决这一问题，从而避免其对双边关系带来长期的负面影响。[③] 然而，冲绳的核武器成为归还问题中美日两方遇到的重大挑战。[④] 尽管美国从未表示在冲绳部署了核武器，但这实际上是一个公开的秘密。自太平洋战争以来，冲绳对于美国具有显著的战略意义。冲绳位于美国近海岛链 U 形防线的中心地带。通过控制冲绳，美国既能向远东投射足够的军事力量，又可以防止日本的军国主义复苏。冷战时期，冲绳成为美国遏制苏联和中国的桥头堡，也是朝鲜战争和越南战争期间美军关键的战略支点。但日本民众对于归还后美军仍然要在冲绳部署核武器一事感到极大的愤怒。[⑤] 当尼克松计划把冲绳归还给日本时，美国军方要求尼克松确保这将不会妨碍美国的军事部署。[⑥]

---

　　① Fintan Hoey, *Sato, America and the Cold War: US - Japanese Relations 1964 - 1972*, New York: Palgrave Macmillan, 2015, p. 38.

　　② 楠田實『楠田實日記』東京：中央公論新社、2001 年、260 頁。

　　③ Memorandum from the Country Director for Japan (Sneider) to the Assistant Secretary of State for East Asian and Pacific Affairs (Bundy), December 24, 1968, FRUS, 1964 - 1968, Vol. 29, part 2, Japan, doc. 138, pp. 310 - 313.

　　④ National Security Decision Memorandum 13, Policy toward Japan, May 28, 1969, Richard M. Nixon Library, National Security Council Files, VIP Visits, Box 925.

　　⑤ Takashi Oka, "U. S. Officers Cling to Okinawa Bases: Fear Japan Will Limit Their Use after Reversion," New York Times, April 7, 1969, p. 11.

　　⑥ Dale Van Atta, *With Honor: Melvin Laird in War, Peace and Politics*, Madison: University of Wisconsin Press, 2008, p. 291.

但佐藤仍然坚持要求美国在返还冲绳的同时撤出所有的核武器。外务省则根据佐藤提出的无核返还原则，制定了相关谈判文件，要求美国在返还冲绳时撤出部署的核武器，并且在返还后将重新部署核武器作为事前协商的对象。① 美国方面对此表示不满，认为日本完全没有照顾到美国的战略需要。②

而此前美国归还小笠原群岛的方案为双方找到了推动谈判的突破口，即日本要求美国撤出核武器的同时保留在紧急情况下允许美国重新部署的条款。③ 此外，美国仍然可以通过潜射核力量来实现核威慑而不必完全依赖于在冲绳部署导弹。④ 尼克松随后签署命令，要求美国保留在应对紧急事态时重新向冲绳部署核力量以及携带核武器过境的权利。⑤ 美国参谋长联席会议也提出建议，要求以秘密协定的方式确保美国在紧急事态下能够重新部署核武器，从而兼顾美国战略利益和日本国内政治的需要。⑥ 美方随即向日本外务大臣爱知揆一建议通过"秘密协定"来处理关于紧急事态下重新部署的问题。⑦ 于是，外务省在联合声明草案中加入了"不损害美国在日美安保条约中关于事前协商制度的立场"的表述，即认可美国在紧急情况下可以重新前沿部署相应的核力量。⑧ 11 月，日美双方在《佐藤·尼克松联合公报》中承诺，将在不损害事前协商原

① 「いわゆる"密約"問題に関する有識者委員会報告書」、2010 年 3 月 9 日、「関連文書」3 - 54。

② 「いわゆる"密約"問題に関する有識者委員会報告書」、2010 年 3 月 9 日、「関連文書」3 - 60。

③ Information Memorandum from the Assistant Secretary of State for East Asian and Pacific Affairs (Bundy) to Secretary of State Rusk, March 23, 1968, FRUS, 1964 - 1968, Vol. 29, part 2, Japan, doc. 118, pp. 268 - 270.

④ Nicholas Evans Sarantakes, *Keystone: The American Occupation of Okinawa and US - Japanese Relations*, Texas: Texas A&M University Press, 2000, p. 169.

⑤ National Security Decision Memorandum 13, Policy toward Japan, May 28, 1969, Richard M. Nixon Library, National Security Council Files, VIP Visits, Box 925.

⑥ Memorandum for Deputy Chief of Staff for Military Operations, Status of Reversion Negotiations, October 30, 1969, NACP, RG 319, History of the Civil Administration of the Ryukyu Islands, Box 1.

⑦ 「いわゆる"密約"問題に関する有識者委員会報告書」、2010 年 3 月 9 日、「関連文書」3 - 83、3 - 86。

⑧ 栗山尚一、中島琢磨、服部龍二、江藤名保子『外交証言録沖縄返還·日中国交正常化·日米密約』、東京：岩波書店、2010 年、4 頁。

则的情况下实施冲绳归还。① 此外，佐藤和尼克松还单独签订了一份密文，即允许美国方面在应对紧急事态时重新引入核武器。②

但在上述交涉过程中有一点令人不解的是，早在 9 月 12 日爱知外务大臣就将修改后的文本发送给了美国国务卿罗杰斯（William Rogers），而当时佐藤首相对于"无核返还"冲绳的要求并没有改变，为何日本外务省已经彻底改变原先的立场。事实上，佐藤政府除了通过外务省与美国进行公开谈判之外，还通过秘密特使若泉敬与基辛格进行会谈。③ 根据若泉敬的回忆，佐藤本人直到 10 月的态度一直是要求无核返还冲绳并拒绝签署任何秘密协定。④ 由此看来，日本政府内部当时在政策取向上也存在不协调的情况。佐藤个人的顾虑是可以理解的。毕竟作为首相，佐藤既要面临国内"无核返还冲绳"的压力，又要对其"无核三原则"的表态以及在国际上的形象负责。因此，在"核密约"的问题上佐藤是极其不情愿的。那么外务省又为何在美国重新部署核武器的问题上如此积极？实际上，早在 1967 年围绕冲绳归还问题进行谈判时，外相三木武夫就向美国提交了一份备忘录，要求保留在冲绳的核力量作为一种"有效威慑"。⑤ 如果不是民众在"无核返还"的问题上向佐藤政府施压，外务省恐怕早就与美国达成一致了。就在佐藤与尼克松正式会谈之前，外务省美洲事务局还特意准备了一份会谈的草稿，即日本积极欢迎美国在紧急事态下重新将核武器部署到冲绳。其主要目的是确保美国的延伸威慑持续可靠。⑥ 在当时准备的另一份内部材料中，外务省还比较了日本和加拿大在核问题上的立场。加拿大为了强化美国的延伸威慑而放弃了

①　『わが外交の近況』東京：外務省、1970 年、399 - 403 頁。

②　Memo for the President from Kissinger, "Meeting with Prime Minister Sato," November 18, 1969, Richard M. Nixon Library, National Security Files, VIP Visits, Box 924.

③　若泉敬『他策ナカリシヲ信ゼムト欲ス』、東京：文藝春秋社、1994 年、275、301 頁。

④　若泉敬『他策ナカリシヲ信ゼムト欲ス』、東京：文藝春秋社、1994 年、304、386 - 387 頁。

⑤　[澳] 加文·麦考马克、[日] 乘松聪子：《冲绳之怒——美日同盟下的抗争》，董亮译，北京：社会科学文献出版社 2015 年版，第 62 页。

⑥　「沖縄返還交渉」、1969 年 10 月 20、外務省外交記録、H - 22、CD13、0611 - 2010 - 00794_02、108。

不在本土部署核武器的决定。① 这一变化对日本也具有参考意义。

由此看来，无论是 20 世纪 60 年代初关于"事前协商"的秘密协定，还是冲绳归还问题上的"核密约"，其实都是两方面因素共同作用的结果，即美国军方坚持要求行动自由和日本方面需要借此对延伸威慑进行确保。由于"核过敏"造成的结构性问题，美日延伸威慑在机制建设上始终面临困境。为了化解这一难题，通过秘密协定的办法能够让美国搭载有核武器的舰艇和飞机进入日本。尽管这不能与北约的核武器前沿部署或核分享机制相提并论，但至少在为美国远东军事部署提供便利的情况下，日本的安全环境也能得到一定的改善。而在冲绳问题上，尽管民意迫使佐藤强调"无核归还"原则，但日本政府仍然对于撤出核武器是否会影响美国延伸威慑的可信度而感到担忧。毕竟，冲绳的核武器是美国在冷战期间唯一在日本的国土上部署的看得见、摸得着、且规模庞大的威慑力量。一旦发生紧急事态，除了依靠美国的海基、空基核力量以及远在太平洋另一侧的战略核武器之外，美国重新向冲绳部署核武器无疑是可信度更高的确保措施。

尽管现有档案材料无法证明"核密约"的签署与日本加入《不扩散核武器条约》有直接关联，但至少从时间上来看，日本是在通过"核密约"强化了延伸威慑确保机制之后，才于 1970 年 2 月在条约上签字。直到冷战终结，美日两国政府都将搭载核武器的美军舰船临时进入日本作为"事前协商"的例外事项处理的。② 这种局面的长期存在，使得美日安保体制中的"事前协商"原则和日本政府的"无核三原则"日益空洞化。反过来说，又恰恰是由于"核过敏"导致美日面临在延伸威慑机制建设上的结构性困境，从而通过"核密约"的方式给"核保护伞"打上补丁。不过，"核密约"作为一种确保机制的局限性依旧十分明显。虽然"核密约"允许美国引入载有核武器的舰艇和飞机，并在紧急事态下重新向冲绳部署核武器。但日本实际上无法得知美国究竟在哪些飞机和

---

① 「核貯蔵に関しる若干の問題」、1969 年 11 月 14、外務省外交記録、H - 22、CD13、0611 - 2010 - 00794_02、117。

② 波多野澄雄『歴史としての日米安保条約』、東京：岩波書店、2010 年、195 - 199、212 - 213 頁。

舰艇上搭载了核武器，对于将在何时何地使用何种核武器及其使用原则和威慑效果也一概不知。同样，允许美国在紧急事态下重新部署核武器究竟是指什么状态，允许美国重新部署也并不意味着美国一定会重新部署。这些悬而未决的问题正是美国的核保护"语焉不详"的要害所在。

三、美日核合作与日本的"核避险"

尽管存在"核密约"，日本毕竟未能分享到美国的核武器，更谈不上获得对核武器的控制权。因此，日本政府内部仍然会时不时地质疑美国延伸威慑的可信度。而在中国核试验以及美国要求日本加入《不扩散核武器条约》的双重压力之下，日本政府内部围绕是否要采取独立核武装进行了反复讨论。美国希望避免日本出现核扩散，但又难以同日本建立更高水平的延伸威慑确保机制。尤其在 20 世纪 60 年代末，华盛顿方面采取了战略收缩态势。尼克松主义和"越顶外交"进一步削弱了美国延伸威慑的可信度。在这种情况下，日本确立了发展核技术潜力的战略目标。而美国方面为了安抚日本同时牵制中国，结果在民用核技术以及太空技术方面给予了日本大力的支持。美国以这种特殊的方式帮助日本逐步实现技术型威慑，从而巩固了美日延伸威慑机制，维持了双方核关系的长期稳定。

早在 20 世纪 50 年代，美日就围绕民用核技术展开合作，而日本从一开始就将研发核武器的目标寓于民用核技术的发展之中。[①] 当时，岸信介、中曾根康弘等人既不能接受左翼推动的和平运动，又高度怀疑长期依赖于美国的保护是否可行。因此，谋求发展核武器成为日本部分保守派的夙愿。只不过在国民强烈的反核意识面前，拥核路线只能寄托于

---

① 　国内相关研究可参见乔林生：《战后日本核政策再探讨》，《国际政治研究》2014 年第 6 期，第 25－39 页；《试析国际核不扩散体制与日本核政策》，《日本学刊》2018 年第 5 期，第 86－101页；尹晓亮，文阡箫：《从"潜在拥核"到"现实拥核"：日本核政策的两面性与暧昧性——基于日本加入〈核不扩散条约〉的分析》，《外交评论》2016 年第 2 期，第 110－134 页。

发展民用核技术的政策之下，以待时局变化和对国民的教育，进而找到日后发展核武器的契机。美国起初对此采取既合作又防范的态度。早在第二次世界大战期间，日本就开始对原子技术在军事方面的应用进行研究。但由于缺乏足够的工业设施和裂变材料，加上美军的空袭，相关计划失败。[1] 日本战败投降后，美国力图对日本进行全面改造，并下令禁止日本从事任何核技术研究。[2] 而随着朝鲜战争的爆发，美国方面开始积极推行"重新武装"日本的政策。[3] 在随后签订的《旧金山和约》中也不再禁止日本方面从事核技术的相关研究。于是，中曾根康弘赶紧推动日本的核技术开发。中曾根康弘个人不仅主张修改宪法和重新武装，而且认为核武器对于日本今后的国家安全和国际地位具有重要意义。[4] 1951 年年初，中曾根康弘向杜勒斯建议解除对日本核技术研究的限制。[5] 1953 年，中曾根康弘又赴美对相关军事及核技术设施进行考察，遍访在美的日本核技术专家。恰好在 1953 年年底，艾森豪威尔提出了"原子换和平"（Atom for Peace）计划，主张向伙伴国家提供相关技术和核材料。在核问题上崇尚自由主义的艾森豪威尔政府与力图掌握核技术的日本保守派找到了利益共同点。1954 年 3 月 3 日，中曾根康弘向国会提出 2.35 亿日元的《核反应堆建造基础研究费及调查费》预算案。[6] 就在第二天，改进党的小山仓之助在众议院发言时指出，尽管美日之间签署了《相互安全保障法》（MSA），但为了避免美国只提供旧式武器坑害日本，日本也必须掌握先进武器的制造能力。[7] 其言下之意就是要谋求获得核武器。

①　Walter E. Grunden, *Secret Weapons and World War II: Japan in the Shadow of Big Science*, Lawrence: University Press of Kansas, 2005, pp. 48 – 82.

②　極東委員会「原子力の分野における日本の研究ならびに活動に関する政策」、原子力開発十年史編纂委員会編『原子力開発十年史』東京：日本原子力産業会議、1975 年、12 頁。

③　「再軍備の発足について」1951 年 2 月 3 日、外務省条約局法規課『平和条約の締結に関する調書 IV』、外務省外交記録 CD1、01 – 297 – 4 – 1。

④　中曽根康弘『政治と人生：中曽根康弘回顧録』東京：講談社、1992 年、75、76 頁；中曽根康弘『自省録———歴史法廷の被告として』東京：新潮社、2004 年、42 頁。

⑤　「平和条約のためにダレス特使に要望する事項」、中曽根康弘『天地友情：五十年の戦後政治を語る』東京：文藝春秋、1996 年、140 – 142 頁。

⑥　原子力開発十年史編纂委員会編『原子力開発十年史』東京：日本原子力産業会議、1975 年、26 頁。

⑦　第 19 回国会衆議院本会議議事録、第 15 号、1954 年 3 月 4 日。

然而，紧接着发生的"第五福龙丸"事件使得日本民众掀起了大规模的反核运动。

为了最大限度地减小核问题给日美关系带来的负面影响，两国政府试图区分核武器与民用核能技术，并极力美化和平利用核能的重大意义。再加上即便是左翼力量也信奉科学和生产力第一的原则，因此和平利用核能也就与和平运动出现了长期并存的局面。[①] 1954 年 4 月，中曾根康弘推动首部原子能预算法案通过。8 月，艾森豪威尔促成了对美国原子能法的修改，从而积极向盟友提供核情报。1955 年 1 月，日美围绕民用核技术合作进行谈判。日本要求在建立核反应堆学校、获得同位素相关知识以及其他技术环节获得美国的援助。11 月，双方正式签署《日美原子能研究合作协定》。除了技术援助外，协议还规定美国向日本提供用于研究的核反应堆以及 6 千克的低浓铀，但日本必须返还使用过程中产生的钚并接受核查。[②] 12 月，日本正式批准《原子能基本法》，确立了和平利用核能原则。但中曾根康弘仍然坚持，和平利用核能并不意味着禁止将核技术运用到军事领域。例如，建造核动力舰艇。[③] 1956 年，日本先后建立了原子能委员会和科技厅，从而掀起了核技术开发的高潮。

值得注意的是，日本在大力引进相关技术设备并提升核技术水平时有意追求将民用核技术转化为军用核技术的能力。这一点在日本引进英国的霍尔型黑铅反应堆（Calder Hall）的问题上得到充分体现。[④] 单纯从民用核能的经济性角度出发，美国的轻水反应堆比英国的霍尔型黑铅反应堆成本更低且发电效率更高。而日本政府之所以选择并不那么经济实惠的黑铅反应堆，主要就是看中其相比轻水反应堆更容易生产出能够制

① 参照加藤哲郎、井川充雄编『原子力と冷戦—日本とアジアの原発導入』、東京：花伝社、2013 年。加藤哲郎『日本の社会主義　原爆反対・原発推進の論理』、東京：岩波書店、2013 年；加納実紀代? 武藤一羊「50 年代原水爆禁止運動のなかの平和利用論」、『季刊ピープルズ・プラン』、第 57 号、2012 年。

② 「原子力の非軍事的利用に関する協力のための日本国政府とアメリカ合衆国政府との間の協定」、外務省、http://www.mofa.go.jp/mofaj/gaiko/treaty/pdfs/A‐S39‐683.pdf.

③ 中曽根康弘『政治と人生：中曽根康弘回顧録』東京：講談社、1992 年、170‐171頁。第 107 回国会衆議院予算委員会議事録、第 3 号、1986 年 11 月 4 日。

④ 佐藤正志「「原子力平和利用」と岸信介の核政策思想」、『経営情報研究』、第 22 巻第 2 号、2015 年、29‐48 頁。

造核武器的钚。根据美国国务院远东调查部 1957 年关于《日本制造核武器的预测》的报告显示，日本极力要求取消关于返还核燃料副产品的限制。如果日本获得英国的霍尔型黑铅反应堆，那将在掌握制造核武器的能力方面取得重大突破。[①] 日本国内的部分政界和商界精英不仅看到了原子能技术对战后复兴、改善民生方面的重要作用，更将有朝一日能够发展核武器的技术潜力视为日本确保自身安全、摆脱战败国地位的关键。岸信介上台后公然鼓吹"核武器合宪论"，就是要为日本今后可能研发核武器留下了政策空间。[②] 后来他又多次在重要场合表示，核技术在民用和军用两个方面密不可分，确保强大的核技术能力对于今后在军事领域的应用十分关键。[③]

而英国和美国当时对于日本还是保持着相当程度的警惕，并禁止日本擅自进行后处理活动。1958 年 6 月 16 日，日本与英国和美国围绕核能合作签署了相关协议。根据协议规定，日本东海村反应堆所产生的乏燃料必须由英国进行处理，所生产的钚材料由英国购买并用于本国的核武器生产，多余部分则由美国用天然铀和英国交换再用于美国的核武器生产。[④] 美国国务院当时的判断是，包括岸信介在内的日本政界和军方保守派都认识到，日本防卫的关键在于自卫队能否装备战术核武器以及美国能否比苏联拥有更多的战略核武器。[⑤] 当面临苏联核武器的巨大威胁，而美国又由于日本民众的反核情绪难以提供切实有效的延伸威慑时，日本就很有可能通过发展民用核技术进而谋求实现独立核武装。因此，在这一时期，美国对日本的民用核技术发展，尤其是对于敏感核材料的获取实行了非常严格的监管措施。最终，日本也未能通过引进英国的黑

---

① 国務省極東調査部「日本の核兵器生産の見通し」1957 年 8 月 2 日、国務省情報調査局『情報報告』第 7553 号、新原昭治編訳『米政府安保外交秘密文書資料・解説』東京：新日本出版社、1990 年、68、71 頁。

② 岸信介『岸信介回顧録』東京：廣済堂、1983 年、310、311 頁。

③ 岸信介『岸信介回顧録』東京：廣済堂、1983 年、395、396 頁。

④ 「日米、日英両原子力一般協定の国会承認と公布」、原子力局、http://www.aec.go.jp/jicst/NC/about/ugoki/geppou/V03/N12/195807V03N12. HTML.

⑤ 国務省極東調査部「日本の核兵器生産の見通し」1957 年 8 月 2 日、国務省情報調査局『情報報告』第 7553 号、新原昭治編訳『米政府安保外交秘密文書資料・解説』東京：新日本出版社、1990 年、67 – 68、72 – 73 頁。

铅反应堆而获得钚材料。

进入 20 世纪 60 年代，美国的轻水反应堆技术更加成熟，日本便着手大规模引进轻水反应堆。通过轻水反应堆也能够获得用于制造核武器的钚，只是技术门槛较高。其中关键就在于要将从乏燃料中提取出的反应堆级的钚与天然铀混合形成 MOX 燃料，再将其放入快中子增殖反应堆（"快堆"）。因此，佐藤在 1964 年访美归国后要求修改《原子能长期计划》，重点突出对"快堆"和新型转换堆的建设。1965 年，原子能委员会专门成立两个工作组负责"快堆"和转换堆的开发工作。随后，日本又向欧美派出考察团并与英国签订关于液体金属冷却型快堆的合作协议。1966 年，日本从法国引进"快堆"技术。1967 年，日本成立动力堆·核燃料开发事业团（"动燃"）负责高速增殖堆、新型转换堆以及核燃料后处理项目。1968 年 2 月，美日修改核能合作协定，旨在推进更加广泛的民用核能合作，并允许日本核电公司获得美国的浓缩铀。

与此同时，《不扩散核武器条约》开放签字，而日本直到 1970 年才同意签署，并在时隔 6 年之后才予以批准。[1] 其主要原因是，日本担心签署条约之后将彻底放弃未来发展核武器的可能性。[2] 在公开外交活动中，日本主张限定条约的有效期限，每 5 年审议一次，从而避免无核武器国家的地位被长期锁定。[3] 而在日本国内，由于来自苏联和中国的核武器威胁尚未消除，是否此时此刻就要彻底放弃核武装的权利成为争论的焦点。以中曾根康弘为代表的许多政治家指出，万一美国的延伸威慑不可靠，日本仍然应该发展核武器，把国家安全掌握在自己手中。[4] 在是否发展核武器的问题上，日本防卫厅、内阁和外务省分别提交了调查报告。其中，防卫厅在 1968 年的《日本生产核武器的潜在能力》报告中提出，日本只要利用东海村核反应堆就可以比较容易的制造出军用钚，

① 上村直樹「対米同盟と非核・核軍縮政策のジレンマ———オーストラリア、ニュージーランド、日本の事例から」、『国際政治』、2010 年、第 163 号、99 頁。
② 黒崎輝『核兵器と日米関係—アメリカの核不拡散外交と日本の選択 1960-1976』東京：有志舎、2006 年、229 頁。
③ 『わが外交の近況』東京：外務省、1967 年、第 82 頁。
④ 「迫られる選択核拡防条約の批准（3）———日本の主張ほぼ通る」、『朝日新聞』、1975 年 3 月 19 日。

一年可以生产约 20 枚核弹。[①] 内阁调查室则分别于 1968 年和 1970 年提交了两份关于《日本核政策基础研究》的报告。其基本结论是：从技术上日本可以制造少量钚弹，但导弹技术仍然比较落后；从政治上来看，发展核武器可能遇到资金、人力以及国民情绪方面的挑战；最后从战略和外交上来说，日本国土狭小且人口密度集中，不利于获得二次打击力量，且发展核武器会在外交上陷入孤立；因此，日本不应该寻求发展核武器。[②] 而在外务省方面则出现了比较对立的观点。时任外相三木武夫支持签署条约。[③] 随后，外务省在《我国现阶段关于批准 NPT 的态度》的报告中也指出加入条约能够减少核战争、提升日本的国际形象并有利于获得核燃料，从而确保核电事业的发展。[④] 此外，考虑到美国的态度以及日美同盟的重要性，日本也应当积极加入。然而，外务省国际局科学科科长矢田部厚彦认为，为了对抗中国并拥有话语权就必须要获得核武器。[⑤] 裁军室主任仙石敬也强调，由于日美同盟不会永远持续下去，在没有美国保护的情况下日本可以退出条约并制造核武器。国际资料部部长铃木孝进而指出，日本显然应该在和平利用核能的同时保留可以立即实现核武装的技术潜力。[⑥] 此外，日本和联邦德国曾在 1969 年 2 月围绕《不扩散核武器条约》举行秘密会谈。铃木孝明确表示，如果将来日本认为有必要的话会制造核武器。[⑦] 后来外务省"外交政策企划委员会"

---

① 安全保障調査会『日本の安全保障：1970 年への展望』東京：朝雲新聞社、1968 年、306、309、314 頁。

② Yuri Kase, "The Costs and Benefits of Japan's Nuclearization: An Insight into the 1968/70 Internal Report," *The Nonproliferation Review*, Vol. 8, No. 2, 2001, pp. 55 - 68.

③ 政策科学研所編『核拡散の時代に対処して———核政策の専門家養成を急げ』、東京：財団法人政策科学研究所、1976 年、13 頁。

④ 「核を求めた日本報道において取り上げられた文等に関する外務省調査報告書」、外務省、http://www. mofa. go. jp/mofaj/gaiko/kaku_hokoku/pdfs/kaku_hokoku00. pdf.

⑤ 矢田部厚彦『「不拡散条約後」の日本の安全保障と科学技術』1968 年 11 月、外務省 2010 年 11 月 29 日公開外交記録、文書 13、8、18 頁。

⑥ 国際資料部「第 480 回外交政策企画委員会記録」1968 年 11 月 20 日、外務省 2010 年 11 月 29 日公開外交記録、文書 13、33、42 頁。

⑦ 国際資料部調査課「第 1 回日独政策企画協議要録」1969 年 2 月 6 日、外務省 2010 年 11 月 29 日公開外交記録、文書 1、1 頁；「NHKスペシャル」取材班『「核」を求めた日本：被爆国の知られざる真実』、33、44、54、55 頁。

制定的《日本外交政策大纲》充分肯定了上述观点，即日本在当前推行无核政策的同时应当保留制造核武器的潜力。① 于是，日本很快形成了一种两面下注的"核避险"战略，即表面上继续依赖于美国的延伸威慑，采取无核政策，而实际上却积极发展核潜力，以待时机。

在美国方面，尼克松和里根政府都对此表现出比较务实的态度，甚至鼓励日本发展核技术潜力，从而服务于美国整体战略的需要。尼克松政府并不像此前的民主党政府那样看重防扩散问题，而是更加关注核威慑的现实有效性。② 在佐藤和尼克松围绕冲绳问题进行谈判期间，佐藤曾错误地把日本加入《不扩散核武器条约》与归还冲绳联系起来。③ 当两人会面时，尼克松强烈暗示佐藤，要求日本发展核力量。尽管当时的官方会议记录只写了尼克松鼓励日本发展常规而非核力量，但尼克松的态度还是让佐藤感到十分困惑，结果只好归咎于可能是翻译出了差错。④ 实际上，在尼克松和基辛格看来，日本可能的核武装将迫使中国和美国走得更近。⑤ 在日本签署防扩散条约后，尼克松又暗示佐藤可以慢点批准条约，从而让对手继续担忧日本的核潜力。⑥ 后来，白宫的监听系统还记录下尼克松与基辛格的一次对话，其中明确提到日本发展核武器将带来巨大的好处，尤其是让中国感到威胁之后会自动向美国靠拢。⑦ 因此，从 20 世纪 60 年代后半期到 20 世纪 70 年代后半期，美国对于日本

① 外交政策企画委員会「わが国の外交政策大綱」1969 年 9 月 25 日、外務省 2010 年 11 月 29 日公開外交記録、文書 2、67 –68 頁。

② Francis J. Gavin, *Nuclear Statecraft*: *History and Strategy in American's Atomic Age*, Ithaca：Cornell University Press, 2012, pp. 104 –119.

③ Wakaizumi Kei and John Swenson – Wright, *The Best Course Available*：*A Personal Account of the Secret U. S. – Japan Okinawa Reversion Negotiations*, Honolulu：University of Hawaii Press, 2002, pp. 121 –130.

④ Seymour M. Hersh, *The Price of Power*：*Kissinger in the Nixon White House*, New York：Simon and Schuster, 1983, p. 381.

⑤ Yukinori Komine, "The 'Japan Card' in the United States Rapprochement with China 1969 –1972," *Diplomacy and Statecraft*, Vol. 20, No. 3, 2009, pp. 494 –514.

⑥ Memorandum of Conversation, January 7, 1972, DNSA, Japan and the United States：Diplomatic, Security and Economic Relations 1960 – 1976, doc. 1500, https://nsarchive2. gwu. edu/NSAEBB/NSAEBB175/index. htm.

⑦ White House Tapes, Conversation No. 732 –11, Richard M. Nixon Library.

在发展核技术潜力、形成技术型威慑方面给予了大力的支持。美国政府十分清楚，鼓励日本进一步发展核技术能力意味着日本距离发展核武器的目标更近了一步。然而，这样做不仅能够使日本的安全感得到提升，而且能够服务于美国的整体战略需要。

在美国的支持下，日本动燃于1971年6月在东海村开工建设后处理工厂。随后，日本又相继建成了"常阳"高速增殖实验反应堆、"普贤"新型转换堆和"文殊"高速增殖堆。由于在核燃料增殖过程中会生产出比武器级钚纯度更高的超级钚，日本的核技术潜力又上了一个台阶。与此同时，考虑到核查制度的问题，日本迟迟没有批准防扩散条约。由于国际原子能机构（IAEA）的安全保障措施可能对日本的核电运营造成影响，而且日本在进口核燃料时已经同美国、英国和加拿大等国签署了双边核查协议，因此日本希望能够拥有与欧共体相同的"自我核查"待遇。[①] 最终，双方于1975年围绕"自我核查"特权达成共识。[②] 在此期间，由于担心对日本的后处理活动彻底失去控制，美国于1973年提出将对日本从美国的核燃料中分离钚的活动进行监管。尤其在1974年印度进行核试验以后，美国方面对日本东海村的后处理活动也表现出担忧。然而，这种担忧并没有实际阻碍日本积蓄核潜力。日本在1976年正式批准《不扩散核武器条约》时特别重申了"条约不应妨碍无核武器的缔约国进行和平利用核能的活动"。[③]

直到卡特政府上台，美国推行了更加严格的防扩散政策，日美围绕后处理问题的矛盾开始凸显。根据卡特签署的总统命令，美国必须防止无核国家获得敏感核材料，包括直接提取钚，获得高浓铀以及其他武器

---

① 「迫られる選択核拡防条約の批准（3）———日本の主張ほぼ通る」、『朝日新聞』、1975年3月19日。

② 等雄一郎「非核三原則の今日的論点———「核の傘」・核不拡散条約・核武装論」、『レファレンス』、2007年8月、54頁。

③ 「核兵器の不拡散に関する条約の批准書の寄託の際の政府声明」1976年6月8日、細谷千博、有賀貞、石井修、佐々木卓也編『日米関係資料集1945—1997』東京：東京大学出版会、1999年、954頁。

级的核材料。① 为此，卡特要求美国国内停止关于钚的后处理活动，同时调整研发方向，试图找到不会产生敏感核材料的核燃料循环技术。② 卡特还呼吁盟友与美国展开合作，并启动了国际核燃料循环评价会议机制（INFCE）。美国随后要求日本将铀溶液和钚溶液以 1∶1 的比例混合提取用作 MOX 燃料而非直接提取钚。福田首相对此毫不客气地评价道："本来是要生产啤酒的机器，现在却被迫生产汽水。"③ 在众议院预算会议上，福田更是公开反对美国限制日本和平利用核能权利的做法。④ 1977 年 3 月，美日两国领导人首次围绕核问题展开会谈，这被认为是"战后日美间首次真正的对决"。⑤ 卡特指出根本没必要进行后处理活动。对几乎所有国家来说，后处理不仅在经济上收益很低而且加剧了核扩散的风险。由于钚的放射性和毒性，日本采用混合氧化物燃料实现钚的再循环的方式在操作过程中十分困难，使其生产成本远高于低浓铀的成本。⑥ 但日本方面辩称这是对其合法权利的干预。福田毫不犹豫的指出，后处理对于日本来说是生死存亡的关键，关乎日本的能源安全和独立。⑦ 尽管美国对日本的用意心知肚明，但在福田政府的极力主张下，卡特最终同意日本可以先自行处理 99 吨乏燃料，随后再由两国共同进行后处理活动的方案。⑧ 日本原子能政策智囊并后来担任裁军大使的今井隆吉，

① Presidential Directive/NSC － 8，https：//history. state. gov/historicaldocuments/frus1977 － 80v26/d330.

② J. Samuel Walker，"Nuclear Power and Nonproliferation：The Controversy over Nuclear Exports，1974 － 1980," *Diplomatic History*，Vol. 25，No. 2，2001，pp. 215 － 249.

③ 太田昌克：《日本原子能的死角》，转引自金赢：《日本核去核从》，北京：外文出版社 2015 年版，第 99 页。

④ 第 80 回国会衆議院予算委員会会議録、第 24 号、1977 年 3 月 17 日。

⑤ 日本原子力産業会議編『原子力は、いま日本の平和利用 30 年（上巻）』東京：中央公論事業出版、1986 年、388 頁。

⑥ 刘华秋主编：《军备控制与裁军守则》，北京：国防工业出版社，2000 年版，第 234 页，第 245 页。

⑦ Memorandum of Conversation Prime Minister Fukuda Private Meeting with President Carter，March 21，1977，DNSA，Japan and the US，1977 － 1992，https：//nsarchive2. gwu. edu/NSAEBB/NSAEBB175/index. htm.

⑧ Tokai Mura Agreement Septeber 12，1977，National Archives，RG 59，Subject Files of Ambassador at Large and Representative of the United States to the International Atomic Energy Agency，Gerard C. Smith，Box 17.

曾对时任美国国务院助理国务卿帮办的约瑟夫·奈直言不讳道，只要后处理活动仅限于美国、苏联、欧共体以及日本就不会给美国的防扩散政策带来麻烦。① 而卡特政府竟然接受了这种明显带有歧视性的政策主张，可见其对日本在核问题上的偏袒亦十分明显。美国在后处理的问题上的让步实际上几乎是默许了日本获得生产核武器的能力。

　　随着 20 世纪 70 年代末苏联在世界范围内发起战略攻势，里根政府更是迫切需要日本与美国加强战略协调并分担防务责任。而日本方面在经济实力进一步增强后也开始谋求成为"普通国家"和"政治大国"，于是极力配合美国共同遏制苏联。早在 1978 年出台的《日美防卫合作指针》中，日本就突破了过去"专守防卫"的原则，提出"海上歼敌"和"千里海防"的目标。1983 年，日本首相中曾根康弘访美时更是提出所谓"不沉的航母"和"日美命运共同体"论。在日美同盟进一步强化的背景下，为了防止美国今后再次干预日本的后处理活动，日本的核能利益集团力图修改双边核能合作协定，并加速建设六所村后处理工厂以及冈山县的浓缩铀厂。里根政府力排众议，最终使日本获得美国在后处理问题上的全面支持（Comprehensive Advance‑Consent）。事实上，当时美国国会对于修改《美日核能协定》表现出强烈的担忧。② 根据美国《1978 年核不扩散法案》的规定，美国总统需将拟议之中的双边核能协议提交国会审议。当协议有不符合《1954 年原子能法》第 123 节中规定的 9 条防扩散标准之处时，总统可以维护国家安全为由要求对协议进行豁免。国会对该豁免要求的投票将决定协议能否在不符合防扩散标准的情况下获得通过；而当总统认为协议并无违反 9 条防扩散标准并以无须豁免的形式提交国会时，除去国会于 90 天内通过投票形成否决协议的共同决议的情况，该协议即可生效。1987 年 11 月 9 日，里根总统即是以

---

　　① Tokai Mura Agreement Septeber 12, 1977, National Archives, RG 59, Subject Files of Ambassador at Large and Representative of the United States to the International Atomic Energy Agency, Gerard C. Smith, Box 17.

　　② Yu Takeda, "US Nonproliferation Policy, Nuclear Cooperation, and Congress: Revision of the US‑Japan Nuclear Cooperation Agreement, 1987‑88," *The Nonproliferation Review*, Vol. 24, Issue 1‑2, 2017, pp. 67‑81.

无须豁免的形式向国会提交了《美日核能协定》。国会则对此表示异议。12 月 17 日，参议院外交关系委员会以 15：3 的投票通过了一封致里根总统的信，提出《美日核能协定》不符合美国法律所规定的防扩散标准，要求里根总统与日本重新谈判或是以要求豁免的形式将其重新提交国会审议。参议院外交关系委员会的主要担忧包括：第一，《1954 年原子能法》要求美国对于核材料的转移和后处理保留预先审批的权利，而《美日核能协定》赋予日本长达 30 年的后处理提前授权，违反上述规定。第二，《1978 年核不扩散法案》规定，对后处理的授权需要以"及时预警"（timely warning）的保障措施为前提，即美国能够及时获知合作对象国可能的核扩散行为，而《美日核能协定》中缺乏有关确保"及时预警"得以实现的技术性安全措施。① 第三，当时的分离钚计划采取空中运输的方式，但航线途径的阿拉斯加等州议员对空运的安全性及其可能对当地造成的环境污染提出了质疑。② 此外，一些议员还认为日本的后处理及存储设施存在较大的核安全风险。来自朝鲜的恐怖分子有可能袭击日本的后处理设施，从而导致严重的核扩散问题。③ 众议院外交关系委员会 42 名委员中的 23 名委员也随后向里根总统附议了参议院外交关系委员会的意见。除了航空运输问题后来由海运的替代方案解决之外，其他问题都未能取得实质性突破。国会随后也发起了密集的投票，质疑的声音此起彼伏。但在里根政府的极力主张下，国会最终也未能在否决协议的问题上达成共同决议。

里根政府对日本的迁就与尼克松政府当时所采取的务实做法十分的相似。1988 年生效的《美日核能协定》使得日本的"核避险"战略具备了合法性基础。1994 年，美国国家实验室被曝出从 1987 年以来在快堆后处理等敏感技术转让方面与日本长期展开合作，而这一行为已经严

---

① Letter from Claiborne Pell et al. to the President, "United States – Japan Nuclear Cooperation Agreement," Congressional Record – Senate, December 18, 1987, https：//www. govinfo. gov/content/pkg/GPO – CRECB – 1987 – pt25/pdf/GPO – CRECB – 1987 – pt25 – 6 – 1. pdf, 2019 – 01 – 30.

② 日本国際問題研究所『日米原子力協定（一九八八年）の成立経緯と今後の問題点』、2014 年 1 月、58 頁。

③ Yu Takeda, "US Nonproliferation Policy, Nuclear Cooperation, and Congress：Revision of the US – Japan Nuclear Cooperation Agreement, 1987 – 88," pp. 67 – 81.

重违反了美国的原子能法案。^①但美国能源部当时仅以这是上届政府的遗留问题很快将此事搪塞过去。^②尽管里根与中曾根康弘围绕后处理问题的谈判记录尚未完全解密，但美国在这一问题上的妥协是不争的事实。即便是在防扩散问题上高调主张"零核世界"的奥巴马政府，也仅仅是为了配合其核安全峰会进程而要求日本归还了美、英、法在冷战期间借给日本的 300 多千克钚。而截止到 2017 年，日本获取的分离钚已经超过47 吨，可用于生产上千枚核武器。^③

四、美日太空合作的补偿性效应

为了推行"核避险"战略，日本除了发展核技术潜力之外，还需要有运载工具相配合。而由于民用火箭技术与军用弹道导弹技术之间存在密切的关联，太空技术的发展也就成为了日本技术型威慑的另一大支柱。国际上普遍认为，民用固体火箭（SLV）技术与洲际导弹（ICBM）技术之间的界限十分模糊。^④这两者在分级、推进剂、弹体、发动机、推力控制系统、排气喷管、再入技术、分离技术以及制导技术等各方面都采用相同或十分相似的技术，唯一的区别恐怕就在于民用火箭运载的是航天器而弹道导弹搭载的主要是核战斗部。日本方面对此公开表示，日本在和平宪法以及相关国内法规的基础上长期坚持和平利用太空的"非军事"原则。美国在同日本开展太空技术合作时也采取比较严格的出口管制措施，从而防止导弹技术扩散。然而，就像核技术一样，日本的太空

①　Shaun Burnie and Aileen Mioko Smith，"Japan's Nuclear Twilight Zone," *The Bulletin of Atomic Scientists*，Vol. 57，No. 3，2001，pp. 58 – 62.

②　Linda Rothstein，"Greenpeace Gets the Goods," The Bulletin of the Atomic Scientists，Vol. 50，No. 6，1994，pp. 6 –7.

③　《〈日美核能协定〉将自动延长 日本 47 吨钚可造 6000 枚核弹引不安》，新华网，2018 年 1 月 28 日，http：//www. xinhuanet. com/world/2018 – 01/28/c_129800484. htm，2019 – 01 – 30。

④　Saadia Pekkanen，Paul Kallender – Umezu，*In Defense of Japan*：*From the Market to the Military in Space Policy*，Stanford：Stanford University Press，2010，p. 97.

技术，尤其是民用火箭技术的开发从一开始就不是单纯为了探索宇宙。在中国核试验之后，美国更是鼓励日本通过积极发展太空技术来抵消中国核试验所带来的负面影响。于是，美日两国很快围绕太空技术合作达成了共识。

二战后，日本一度不被允许研发航空器及其相关技术。直到旧金山媾和之后，日本才得以逐步发展民用航天技术。20 世纪 50 年代，日本的太空技术研究基本集中在大学，并主要围绕运载火箭进行科学实验。而自岸信介内阁以来，日本国内精英就谋求通过掌握高精尖技术（例如，核技术和太空技术），在实现"科技立国"的同时摆脱战败国的地位，恢复昔日的荣耀。[1] 1959 年 6 月，中曾根康弘出任科技厅长官。中曾根康弘随即组织设立了"宇宙科学技术振兴准备委员会"，并提出美日应在空间技术方面开展合作，不仅要求美国分享火箭技术和卫星技术的相关研究成果，还要求开放发射场供日本使用。但美国当时以两国太空技术水平差距较大为由不愿签署正式协定。[2] 在岸信介随后与美国国务卿赫脱的会谈中，美国仍然只是原则性地承诺愿意与日本开展密切的科学技术合作。[3] 由此可见，在 20 世纪 50 年代，美国虽然不再禁止日本从事部分太空技术研究，但对于双方合作持十分谨慎的态度。这一点与当时美日在民用核技术方面的合作情况比较相似。

由于美国的消极态度，日本只能自主研发运载火箭和人造卫星。由"日本火箭科学之父"系川英夫带领的研究小组于 1955 年成功发射了第一支"铅笔火箭"。在此基础上，日本从 20 世纪 50 年代后半期开始成功研制了多种型号的"K 系列"火箭。需要指出的是，与当时美国和法国等世界其他主要航天大国所使用的液体燃料火箭不同，日本的"K"系列以及此后的"L"和"M"等系列火箭几乎清一色采用固体燃料技术。

① 福島康仁「宇宙利用をめぐる安全保障—脅威の顕在化と日米の対応—」、日本国際問題研究所『グローバル・コモンズ（サイバー空間、宇宙、北極海）における日米同盟の新しい課題』研究報告書、平成 25 年度外務省外交・安全保障調査研究事業、2014 年 3 月。

② 崔丕：《美日对中国研制核武器的认识与对策（1959 – 1969）》，载《世界历史》，2013 年 2 期，第 4 – 20 页。

③ Memorandum of Conversation, January 19, 1960, FRUS, 1958 – 1960, Vol. 18, pp. 278 – 279.

众所周知，采用固体燃料的火箭发动机要比液体燃料发动机更适用于装配在各类战术导弹或弹道导弹上。由于固体燃料往往可以储存较长的时间，不需要在发射前临时填充燃料，而且设计相对简便，出错率较低，因此更能满足军事上既能长期备战，又能随时投入战斗的需要。此外，尽管"K"系列探空火箭主要服务于科学研究，但同样可以对测试弹道导弹的再入技术和推进技术起到重要作用。因此，这种暧昧的技术路线招致日本国内左翼力量的广泛批评。①

进入 20 世纪 60 年代，随着中国核武器项目日趋成熟，美国对于美日空间技术合作一事也变得积极起来。美国国务院认为，如果能够向世界和亚洲其他国家展示日本在科技水平方面的优势，将有利于抵消中国核试验所带来的心理冲击。在 1963 年美日安保协商委员会会议上，美国驻日大使赖肖尔提出，日本应通过和平利用原子能技术以及研制宇宙飞船和人造卫星来应对中国核试验所带来的压力。如果日本在太空技术方面需要任何帮助，美国都会给予积极支持。② 中国核试验成功后，美国副总统汉弗莱访日时也再次表示，美国愿意同日本在太空技术领域开展合作。③ 但美国国家安全委员会当时指出，由于在技术上难以区分军用弹道导弹和民用火箭，因此必须防止核武器运载系统相关技术的扩散。④ 美国随即制定了有关导弹技术出口管制以及卫星技术援助方面的制度。⑤ 因此，尽管这一时期美国对双方太空技术合作的态度出现转变，但考虑到导弹技术防扩散的需要，美日在具体的合作内容方面尚无显著进展。

另一方面，日本也开始将太空技术的发展与应对中国的核武器项目

① Saadia Pekkanen, Paul Kallender - Umezu, *In Defense of Japan: From the Market to the Military in Space Policy*, Stanford: Stanford University Press, 2010, p. 106.

② 崔丕：《美日对中国研制核武器的认识与对策（1959 - 1969）》，载《世界历史》，2013 年 2 期，第 4 - 20 页。

③ Telegram from Vice President Humphrey to President Johnson, December 31, 1965, FRUS, 1964 - 1968, Vol. 29, part 2, Japan, pp. 134 - 135.

④ NSAM294, US Nuclear and Strategic Delivery System Assistance to France, April 20, 1964, https://fas.org/irp/offdocs/nsam - lbj/nsam - 294.htm

⑤ Memorandum for the Files, March 29, 1966, FRUS, 1964 - 1968, Vol. 34, pp. 85 - 88; Policy Paper, Policy Concerning U. S. Assistance in the Development of Foreign Communications Satellite Capabilities, August 25, 1965, FRUS, 1964 - 1968, Vol. 34, pp. 137 - 141.

联系到一起。日本政、官、财各界均认为，作为对中国成功举行核试验的回应，日本必须在航天领域取得重大成果，发扬国威，从而帮助国民消除恐慌情绪。① 首相佐藤荣作在 1964 年 11 月 26 日指示科技厅，为了彰显日本在和平利用核能方面的先进水平，务必在 3 年内发射自主研制的人造卫星。科技厅随即宣布了日本第一颗人造卫星计划。② 当然，日本政府强调太空技术的开发将维持"非军事"目的不变。③ 然而，日本当时采用的"L"系列火箭却屡屡发射失败。到了 1967 年，中国不仅成功进行了氢弹试验，而且基本确定了"东方红一号"的发射方案。日本对此感到巨大的压力，并赶紧要求美国强化双方的太空技术合作。11月，佐藤首相与约翰逊总统在首脑会晤上同意签署关于加强两国在民用太空技术方面的合作协定。1969 年，日本政府正式批准了《有关宇宙开发和利用基本原则的决议》以及《宇宙开发事业团法案》，明确规定日本的太空技术研发只能用于和平目的，禁止防卫厅过问。④

即便如此，美国当时的立场仍然有些矛盾。一方面，作为关键盟友，日本发展太空技术有利于美国与苏联在世界范围内开展太空竞赛。同时，在太空技术上给予日本援助也是作为对其放弃发展核武器的补偿，从而使其能够更好地应对来自中国核试验的心理压力。另一方面，美国又担心日本在获得美国的技术援助后进一步要求自主研发相关技术。⑤ 尽管

①　黒崎輝「日本の宇宙開発と米国——日米宇宙協力協定（一九六九年）締結に至る政治・外交過程を中心に」、『国際政治』第 133 号、「多国間主義の検証」、2003 年 8 月、141 - 156 頁。

②　黒崎輝『核兵器と日米関係—アメリカの核不拡散外交と日本の選択 1960 - 1976』東京：有志舎、2006 年、124 頁。

③　1966 年日本国会审议《外空条约》时，科技厅对条约中涉及的"和平目的"条款做出这样的解释："日本对于太空开发的和平利用和核能的和平利用一样，只能是'非军事'。" 1968 年，在国会表决《日本宇宙开发事业团法》的会议上，议员石川次夫指出："国际上对和平利用有两种解释，一种是'非侵略'，另一种是'非军事'。我们的解释非常清楚，就是'非军事''非核'。" 参见袁小兵：《日本太空事业发展探析》，载《国际观察》，2011 年第 6 期，http：//www.cssn.cn/gj/gj_gjwtyj/gj_rb/201310/t20131026_594501.shtml。

④　「宇宙開発政策大綱まとめまで（～昭和 53 年）」、文部科学省、http：//www.mext.go.jp/a_menu/kaihatu/space/kaihatsushi/detail/1299251.htm.

⑤　黒崎輝「日本の宇宙開発と米国——日米宇宙協力協定（一九六九年）締結に至る政治・外交過程を中心に」、『国際政治』第 133 号、「多国間主義の検証」、2003 年 8 月、141 - 156 頁。

美国可以对技术转让和出口限制做出严格规定，但不能防止日本在自主研发的基础上最终掌握弹道导弹和其他有关运载工具的重要技术，并有可能引发向第三国扩散的风险。因此，根据两国于 1969 年签署的《宇宙空间技术合作协定》，日本必须遵守和平利用太空的原则，且不被允许对外出口火箭、卫星及相关技术。而美国也通过国内法案实行严格的出口管制。[①] 为了保护本国的商业利益，1972 年美国国家安全委员会决定大幅压缩美国对盟友的火箭技术转让。[②] 1975 年，美国又再次重申了 1969 年美日两国太空协定在防扩散问题上的严格要求。[③]

　　尽管受到诸多出口管制的限制，日本还是在太空技术开发上名正言顺地获得了美国的支持。通过 1969 年的《日美太空开发合作协定》，美国开始向日本转让"雷神－德尔塔"火箭技术以及 MB－3 液氧煤油发动机技术。同年，日本科技厅成立宇宙开发事业集团，大力推进远程运载火箭的研发。1970 年，日本抢在中国之前，成功运用"L－4S－5"火箭发射了"大隅号"人造卫星，从而成为亚洲第一、世界第四个自主发射卫星的国家。与此同时，在"雷神－德尔塔"火箭技术的基础上，日本三菱重工开始研制"N"系列液体燃料火箭，并为如今日本火箭主要使用的氢氧发动机奠定了基础。另一方面，日本继续加紧对固体火箭的研发工作。从 20 世纪 70 年代到冷战后的很长一段时间里，"M"系列火箭都是日本最为成功的固体火箭。值得注意的是，除了在发射高度和运载能力等性能方面的提升之外，日本在"M"系列火箭上还配备了推力矢量控制系统（TVC）。这一系统的成功研发意味着日本的火箭发射精度得

---

　　① 协定限制美国向日本转让最先进的太空技术，而敏感技术的转让必须得到美国国务院弹药控制办公室的批准。此外，美国还严禁就光学敏感元件的支持装置、摄影用望远镜的驱动装置、图像数据压缩传输技术对日本进行转让。参见袁小兵：《日本太空事业发展探析》，载《国际观察》，2011 年第 6 期，http：//www.cssn.cn/gj/gj＿gjwtyj/gj＿rb/201310/t20131026＿594501.shtml。

　　② Dinshaw Mistry, *Containing Missile Proliferation: Strategic Technology, Security Regimes, and International Cooperation in Arms Control*, Seattle: University of Washington Press, 2003, p. 43.

　　③ National Security Decision Memorandum 306, September 24, 1975, https://history.state.gov/historicaldocuments/frus1969－76ve03/d115.

到了显著的提升。① 而推力矢量控制技术在民用火箭和军用导弹方面也是通用的。美国的"三叉戟"导弹和"民兵"导弹都普遍采用这种控制系统。进入 20 世纪 80 年代，日本开始致力于研发国产运载火箭，并成功发射了"M"系列、"H"系列和"J"系列等多种型号的火箭，进一步巩固了航天大国的地位。20 世纪 90 年代末，美国《拉姆斯菲尔德委员会报告》指出，如果对日本当时的"M"系列火箭进行适当改装，加上战斗部，就可以将其变为潜在的中程或洲际弹道导弹。② 除此之外，日本在再入技术、精确制导以及突防技术方面也拥有相当的实力。③

　　因此，如果说日本在必要的情况下拥有迅速发展洲际导弹的能力，所言非虚。而美国的态度对于日本获得这种导弹技术潜力起到了关键作用。冷战初期，美国取消在太空技术研发方面的禁令客观上使日本获得了研制固体火箭的机会。在后来应对中国核试验的背景下，为了避免日本谋求核武器，美国鼓励日本积极发展太空技术作为一种补偿机制。当中国的"两弹一星"项目捷报频传时，美日也通过 1969 年《太空开发合作协定》开始正式转让火箭技术。尽管美国为了避免导弹技术扩散而采取了严格的出口管制措施，在转让火箭技术时也选择了不易发生导弹技术扩散的液体火箭，但对于日本更具军事化潜力的固体火箭却采取了放任自流的态度。客观上，美日太空合作协定使得日本基本摆脱了战后在太空技术研发方面所面临的束缚。除了必须坚持"非军事"的原则之外，在政治和法律上不再有所掣肘，而在资金和技术上又获得了来自美国的积极支持。从短期效应来看，美日太空技术合作为日本有效应对中国的核试验所带来的心理影响提供了巨大的帮助。而从长远来看，双方的太空技术合作又为日本后来逐步获得洲际导弹的技术潜力奠定了基础。总体上，美日太空技术合作既是冷战时期美国对日本构建的一项信心确

　　① Saadia Pekkanen, Paul Kallender‐Umezu, *In Defense of Japan: From the Market to the Military in Space Policy*, Stanford: Stanford University Press, 2010, p. 109.

　　② Report of the Commission to Assess the Ballistic Missile Threat to the United States, July 15, 1998, https://fas. org/spp/military/commission/report. htm.

　　③ 夏立平：《冷战后美国核战略与国际核不扩散体制》，北京：时事出版社 2013 年版，第 417 页。

保措施，又成为日本技术型威慑的重要组成部分。

五、小结

绝大部分围绕日本核政策的研究都会提及美国的"核保护伞"，但对于美国究竟提供了什么样的核保护，其效果如何，又在多大程度上影响了日本核政策的制定等问题仍然缺乏深入的探讨。实际上，直到约翰逊政府时期，美国都从未针对向日本提供核保护的问题进行明确的政策宣示。在日美同盟条约的文本中也并未明确双方在核保护问题上的责任与义务。所以有学者指出，所谓美国对日本提供的"核保护伞"完全是日本人一厢情愿的想法。[①] 当然，这并不是说美国主观上不愿意向日本提供核保护，而是客观上由于日本国内的"核过敏"因素，导致美日之间在延伸威慑的确保机制建设上长期面临结构性难题。整个20世纪50年代日本都没有形成稳定的核政策，而美国对日本的核合作在军用和民用领域既有积极支持，又有严加防范。由于面临来自苏联的巨大威胁，自20世纪50年代中期开始，美日两国政府就试图在日本本土部署核武器。然而，由于日本民众强烈的"核过敏"情绪导致美国无法实际部署核武器，更不用说与日本建立某种核分享机制。日本保守派政治家又试图通过发展民用核技术，进而为以后实现核武装做铺垫。艾森豪威尔政府通过了《日美原子能合作协定》，但为防止日本借民用核技术研发核武器，美国联合英国在日本获得敏感核材料的问题上做出了严格的限制。因此，日本在这一时期既没能获得可靠的延伸威慑保护，又尚不具备发展核武器的能力。1958年，日本社会党抛出"非核武装宣言"并公开质问苏联，如果日本采取无核化政策，苏联能否给出不对日本使用核武器

---

① Jeffrey Lewis, Extended Nuclear Deterrence in Northeast Asia, NAPSNet Special Report, August 1, 2012, https：//nautilus. org/napsnet/napsnet－special－reports/extended－nuclear－deterrence－in－northeast－asia/.

的承诺。苏联却回答无法保证，并要求日本首先移除美军基地。① 这让日本政府清楚地意识到，单方面放弃核武器的宣示无助于维护国家安全，而只有依赖于核威慑，即要么获得可靠的延伸威慑保护，要么发展核武器，才能在冷战中求得生存。这就对日美在 20 世纪 60 年代调整核关系造成了压力。

为了避免反核运动对核保护造成冲击，美日两国通过"核密约"的形式部分弥补了无法实际部署核武器的缺陷。但"核密约"毕竟不能与正式的核分享机制相提并论，再加上受到中国核试验的影响，佐藤政府随即表达了发展核武器的愿望。日本政府内部也围绕发展核武器问题进行了激烈的讨论，并最终得出暂时不发展核武器但积蓄技术潜力的"核避险"方针。日本随即"以快马加鞭、重点突破的方式完成了日本核武器基础能力的关键性建设"。② 而美国对日本的民用核能以及太空技术的发展都给予了巨大的支持。从政治上，美国鼓励日本通过民用核能和太空事业的发展与中国展开竞争。从技术上，美国不仅帮助日本成为当时世界上唯一一个拥有完整核燃料后处理设施和浓缩铀设施的无核武器国家，而且默许了日本通过研制运载火箭在掌握弹道导弹技术方面打擦边球。总体上，在无法像美德那样通过核分享、核磋商来强化延伸威慑确保机制的情况下，美国以这种特殊照顾的方式满足了日本实现技术型威慑和"核避险"战略的需要，这也成为美日核关系的平衡点（如图 6-1所示）。从可信度曲线上看，由于结构性缺陷，冷战初期日本位于较高核扩散风险和较低延伸威慑可信度水平的 C_1 位置。尽管美日一度试图采取前沿部署等措施强化延伸威慑，使 C_1 向 C_2 运动，但都未能实现。随着苏联威胁的上升以及中国核试验的影响，日本的核扩散风险向 C_3 激增。虽然这一时期美日通过"核密约"的方式部分修复了延伸威慑的结构性缺陷，但仍然无法满足日本对其可信度的要求。因此，美日最终在构建技术型威慑的问题上达成妥协，即美国积极支持日本在民用核技术

① 「核兵器に関しるソ連の申入れにたいする回答について」、1958 年 8 月 23 日、外務省外交記録 C'—015/211114。

② 金赢：《日本核去核从》，北京：外文出版社 2015 年版，第 96 页。

和太空技术方面保持强大的潜力，从而使 C_3 下降至 C_4 位置，但仍然处于较高的核扩散风险状态。

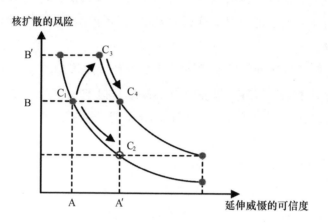

图 6 - 1　冷战时期美日延伸威慑的确保机制及其可信度曲线

2018 年 7 月 17 日，美日两国于 1988 年生效的为期 30 年的《美日核能协定》在到期后正式获得延期。[①] 通过该协议，日本成为全球唯一一个拥有独立后处理权限的非核武器国家。30 年来，日本通过后处理存储了超过 47 吨钚，核扩散与核安全的风险巨大。然而，即便如此，美日两国最终还是自动续约了这一协议。长期以来，在美国的"核保护伞"之下日本奉行"无核三原则"，同时又保有强大的核技术潜力。美国对于日本作为核门槛国家的技术能力以及核扩散的风险一清二楚，但仍然对其后处理项目采取睁一只眼闭一只眼的态度。日本同样认识到钚堆积所带来的核安全问题及其引发的国际社会的担忧，但依旧执着于拥有全面后处理的权利。这种"明知故犯"的背后是美日两国源自冷战时期就建立起的以民用核合作补偿军用核合作的特殊核关系。日本长期保持了这

---

① "Agreement for Cooperation between the Government of the United States of America and the Government of Japan Concerning Peaceful Uses of Nuclear Energy," 1988, https：//www. state. gov/doc-uments/organization/122068. pdf, 2019 - 01 - 30.

种潜在的核威慑力量，因而被称为"核避险"战略的经典案例。[①] 诚然，要把这种民用核技术和太空技术转变为制造核武器和洲际导弹仍然需要克服各种障碍。但随着国际安全形势发生变化，日本整体右倾保守化日益严重，日本国内试图打破相关限制的言行也越发频繁。从这个意义上说，美国通过延伸威慑战略对日本起到的防扩散作用仍面临较大的不确定性。

① See Ariel Levite, "Never Say Never Again: Nuclear Reversal Revisited," *International Security*, Vol. 27, No. 3, 2002, p. 71; Richard J. Samuels and James L. Schoff, "Japan's Nuclear Hedge: Beyond 'Allergy' and Breakout," in Ashley J. Tellis, Abraham M. Denmark, and Travis Tanner, eds., *Strategic Asia 2013 – 14: Asia in the Second Nuclear Age*, Seattle: National Bureau of Asian Research, 2013, http: //dspace. mit. edu/handle/1721. 1/85865.

第七章　美国延伸威慑战略的发展及其影响

冷战后，随着两极对抗格局的瓦解，核战争的必要性及可能性都显著下降。而在"9·11"事件之后，国际安全形势再一次发生巨大的变化，以恐怖主义为代表的非传统安全问题成为各国面临的重大威胁。与冷战时期相比，核武器无论在武器系统的军事应用方面还是战略应对层面的作用都有了一定程度的下降，许多人开始质疑基于冷战思维的延伸威慑战略是否还有延续的必要。尤其对于冷战后唯一的超级军事大国美国来说，导弹防御系统、远程精确打击系统以及其他先进常规武器都可以让美国以更小的成本实现战略目的。与此同时，美国所面临的安全问题也越来越复杂。与冷战时期基于国家间对抗的威慑战略及其理性决策模式不同，恐怖主义以及大规模杀伤性武器在所谓"流氓国家"中扩散的问题都很难单纯用核威慑来应对。[①] 然而，尽管冷战格局不复存在，军事技术革命也日新月异，但这些变化似乎并未对核武器在美国国家安全战略中的作用带来颠覆性的影响。与许多爱好和平的人士所期盼的不同，奥巴马政府提出的无核世界愿景或许将成为冷战后消除核武器运动的巅峰。而这种理想主义的情怀很快被证

---

① 当然，学术界对于这一判断存在争论。也有学者指出恐怖分子，尤其是恐怖组织的网络仍然可以被有效威慑。所谓"流氓国家"领导人就一定缺乏理性决策并会在核武器的问题上采取疯狂行为的判断站不住脚。See Andrew Brown and Lorna Arnold, "The Quirks of Nuclear Deterrence," *International Relations*, Vol. 24, No. 3, 2010, p. 305. Robert Trager and Dessislava Zagorcheva, "Deterring Terrorism: It Can Be Done," *International Security*, Vol. 30, No. 3, 2005/2006, pp. 87 - 123; Francis J. Gavin, "Blasts from the Past: Proliferation Lessons from the 1960s," *International Security*, Vol. 29, No. 3, 2004/2005, pp. 100 - 135.

明在短期内难以实现。[①] 北约仍然在欧洲部署战术核武器，美俄核裁军在近几年出现停滞甚至倒退的迹象。随着俄罗斯与美欧的关系持续恶化，对于北约来说延伸威慑的重要性不降反升。而在东亚，朝核问题的持续发酵以及其他地区热点问题所带来的挑战使得美日和美韩同盟同样强调延伸威慑的关键作用。

在所谓"第二次核武器时代"的背景下，冷战后的历届美国政府都坚持延伸威慑在应对大规模杀伤性武器扩散以及维护地区安全稳定方面的作用。[②] 在具体的政策手段方面，则采取进攻型的核战略与导弹防御相结合的方式，从而确立"排他性的战略力量优势"。[③] 这将缓解过去由于"相互确保摧毁"而造成的可信度危机。此外，美国还通过前沿部署导弹防御和开展延伸威慑对话的办法改进同日本和韩国之间的确保机制建设。然而，冷战后美国坚持其延伸威慑战略不仅极大地拖累了核裁军的步伐，而且进一步刺激大规模杀伤性武器的扩散，加剧地区冲突和安全困境。这又反过来导致美国的盟友要求不断强化延伸威慑以应对日益恶化的外部环境。延伸威慑及其确保战略之间自相矛盾的弊端也就越发明显。美国及其盟友不断强化延伸威慑的做法，不仅给全球防扩散与核裁军造成十分复杂的影响，而且给中国的周边安全和中美战略稳定带来诸多不利因素。

---

① See William Walker, *A Perpetual Menace*: *Nuclear Weapons and International Order*, London: Routledge, 2012; Therese Delpech, *Nuclear Deterrence in the 21st Century*: *Lessons from the Cold War for A New Era of Strategic Piracy*, Santa Monica: RAND, 2012; Paul Bracken, *The Second Nuclear Age*: *Strategy, Danger and the New Power Politics*, New York: Times Books, 2012; Toshi Yoshihara and James Holmes, eds., *Strategy in the Second Nuclear Age*: *Power, Ambition and the Ultimate Weapon*, Washington DC: Georgetown University Press, 2012.

② See Muthiah Alagappa, ed., *The Long Shadow*: *Nuclear Weapons and Security in 21st Century Asia*, Stanford: Stanford University Press, 2008.

③ 朱锋：《美国导弹防御计划对国际安全的冲击》，载《欧洲》，2000 年第 4 期，第 31 页。

一、冷战后美国延伸威慑战略的演进

冷战结束后，美国共出台了 4 份《核态势审议报告》，对其核战略进行调整。通过强调实战和进攻型的核战略，美国的核武器使用范围越来越广、使用门槛越来越低、使用选择越来越多。除了挥舞"核大棒"之外，美国还积极打造"金钟罩"般的导弹防御，谋求拥有"排他性的战略力量优势"。从具体手段来看，进攻型核威慑与导弹防御的叠加构成了冷战后美国核常融合、攻防兼备的延伸威慑战略。从政策目的来看，美国继续坚持延伸威慑战略有助于防止大规模杀伤性武器扩散的观点，从而确保像日本和德国这样的盟友不发展核武器。① 从延伸威慑可信度的角度分析，美国激进的政策宣示以及攻防兼备的确保措施无疑强化了盟友的信心。然而，由于美国力图通过排他性的战略力量确保本国及其盟友处于绝对安全的地位，反而造成在全球层面出现战略不稳定，在地区层面加剧冲突，并导致核导生化武器的进一步扩散。冷战后的美国延伸威慑战略在逻辑上已经越来越难以自洽，其可信度的确保往往是建立在牺牲周边国家的安全与全球军控进程的代价之上。

核威慑依然是冷战后美国延伸威慑政策的关键所在。20 世纪 90 年代上半叶，国际社会迎来了防扩散与核裁军短暂的黄金时期。② 由于苏联解体，华盛顿方面一时在国家安全战略总目标的问题上感到迷茫。尽

---

① 夏立平：《冷战后美国核战略与国际核不扩散体制》，北京：时事出版社 2013 年版，第 20 页。

② 在这一时期，美国同俄罗斯以及其他核大国共同努力，使得哈萨克斯坦等中亚国家主动放弃了从苏联继承的核武器。美俄之间则通过《削减战略武器条约》大幅裁减了核武器。1995 年，《不扩散核武器条约》得以无限期延长。1996 年，联合国大会又通过了《全面禁止核试验条约》。不过，随着朝核危机的爆发，南亚核竞赛以及美国拒绝批准《全面禁止核试验条约》并退出《反导条约》，全球核裁军与防扩散进程很快受到阻滞。

管政界、学界先后提出"逆流国家""反叛国家"和"流氓国家"等概念①，但美国已经无法找到一个像苏联那样能处处与美国针锋相对的敌人。在这种情况下，美国国内的军控派占据了主流，纷纷要求克林顿总统对核战略进行重新评估，并减少对核武器的依赖。② 于是，克林顿政府于1994年完成了冷战后的第一份《核态势审议报告》。该报告将核战略与核裁军以及防扩散政策相结合，提出了美国在核裁军基础上的核武器发展原则，但并未改变美国对核武器的依赖。该报告提出了"灵活与选择参与"的概念，继续沿用美国冷战时期的核威慑战略，坚持"三位一体"战略核力量和不放弃首先使用核武器原则。该报告在将俄罗斯列为主要潜在对手的同时，也将包括中国在内的第三世界军事强国和可能拥有核导生化武器的伊朗、伊拉克以及朝鲜等列为防范对象。③

新世纪伊始，代表美国国内新保守主义势力的小布什政府上台。在"9·11"事件以及阿富汗战争的背景下，小布什很快退出了《反导条约》，并在防务领域坚定推行进攻型的单边主义政策，主张以军事实力防止和打击恐怖主义以及大规模杀伤性武器在"流氓国家"中的扩散。④ 2002年，小布什出台新一期《核态势审议报告》，反映出极具进攻性的核战略特征。首先，报告提出要确立包括进攻型打击系统、主动与被动防御以及升级版防务基础设施在内的新"三位一体"战略力量。其中，进攻性打击系统强调核常兼备，在坚持核威慑的基础上增加常规威慑，突出精确打击和导弹防御的作用，从而使得美国在面临有限核导生化武

---

① Anthony Lake, "Confronting Backlash States," *Foreign Affairs*, March/April, 1994, pp. 45 – 55; George H. Quester and Victor A. Utgoff, "No First Use and Nonproliferation: Redefining Extended Deterrence," *Washington Quarterly*, Vol. 17, No. 2, 1994, pp. 103 – 114; Michael Mandelbaum, "Lessons of the Next Nuclear War," *Foreign Affairs*, March/April, 1995, pp. 22 – 37.

② See Harold A. Feiveson, ed., *The Nuclear Turning Point: A Blueprint for Deep Cuts and De – Alerting of Nuclear Weapons*, Washington DC: Brookings Institution Press, 1999.

③ The President Decision Directives/NSC – 30, "Nuclear Posture Review Implementation," September 1994, https://fas. org/irp/offdocs/pdd30. htm.

④ US President, "The National Security Strategy of the US of America," September 17, 2002, p. 15, http://www. state. gov/documents/organization/63562. pdf; US White House, "National Strategy to Combat Weapons of Mass Destruction," December 2002, p. 3, http://fas. org/irp/offdocs/nspd/nspd – wmd. pdf.

器威胁的情况下仍然能够取得战争的胜利。其次，报告要求美军在遭遇常规力量难以应对的局面以及面临大规模杀伤性武器威胁的紧急情况下，可以采取先发制人核打击。① 再次，报告还将中俄以及可能拥有核生化武器的其他五国列为潜在核打击对象，并明确指出美国将用核武器应对在海湾地区、台海地区以及朝鲜半岛地区可能出现的紧急情况。② 最后，报告还呼吁要尽快开发所谓的低当量钻地核武器，提升战术核武器的实战应用性。

　　小布什政府进攻型的核战略极大地挫伤了全球防扩散与核裁军进程。2005 年的《不扩散核武器条约》审议大会竟然未能达成任何最终文件。朝核问题与伊核问题也随之愈演愈烈。于是，奥巴马政府上台后试图进行"核公关"，并在 2009 年高调宣布建立"无核武器世界"。在 2010 年发布的《核态势审议报告》中，美国方面强调应当弱化核武器的作用，积极推动核裁军，并停止研发任何种类的新型核武器。报告还对无核国家做出了"消极安全承诺"。此外，报告指出应当重视当前的核安全以及潜在的核恐怖主义威胁。③ 总体上，奥巴马政府主张以国际合作推动全球防扩散与核裁军进程，重视《不扩散核武器条约》及其他相关国际协议的权威性。与此同时，美俄成功签订了《新削减战略武器条约》，限制两国实际部署的核弹头不超过 1550 枚的上限。然而，奥巴马"无核世界"的愿景在随后的几年里显得虎头蛇尾。美国国会仍然没有通过《全面禁止核试验条约》，而奥巴马政府也未能积极推动关于《禁止生产裂变材料条约》的谈判，并继续坚持不放弃首先使用核武器的政策。到奥巴马行将卸任之际，美国核裁军的速度不仅十分缓慢，反而还启动了3480 亿美元的核武库升级计划。④

---

① 朱锋：《"核态势评估报告"与小布什政府新核战略》，载《世界经济与政治》，2002 年第 6 期，第 23 – 24 页。

② 夏立平：《冷战后美国核战略与国际核不扩散体制》，北京：时事出版社 2013 年版，第 37 页。

③ The 2010 Nuclear Posture Review, April, 2010, https://www.defense.gov/Portals/1/features/defenseReviews/NPR/2010_Nuclear_Posture_Review_Report.pdf.

④ 《外媒：报告称今年全球核武器总量略有下降》，参考消息，2016 年 6 月 14 日，http://www.cankaoxiaoxi.com/mil/20160614/1190587.shtml。

特朗普政府上台后则积极推动"核重建"计划，要求大幅增加核武器数量，并提升用于制造和更新核武库的国防预算。[①] 2018 年 2 月，美国发布最新一期《核态势审议报告》，一改奥巴马时期力图推动核裁军、实现"无核世界"的政策主张。报告重申了对盟友的延伸威慑承诺，并强调只要面临所谓的"重大非核战略攻击"（包括常规、生化武器甚至可能是网络和太空领域的威胁），美国就会用核武器积极应对。报告要求美国对现有"三位一体"核力量进行全面现代化升级，同时研发包括远程防区外空射核巡航导弹（LRSO）以及低当量潜射核巡航导弹（SL-CM）在内的新型核武器。而这么做不仅仅是为了威慑朝鲜和伊朗，更主要的目的是为了应对"大国竞争时代"下来自俄罗斯和中国的挑战。报告中多次提到要为中国、俄罗斯和朝鲜分别"量身定制"一套核战略，凸显了在不同的情形和作战环境下使用相应的核武器进行威慑甚至作战的意图。[②] 该报告固守零和博弈的冷战思维，渲染大国竞争的消极色彩，借机扩充核武库并降低其使用门槛，旨在巩固其核霸权。

综上所述，冷战后美国的核战略有以下几个特点：首先，核武器的使用范围越来越广。冷战时期，美国的核武器主要用于预防两个超级大国之间爆发大规模冲突或核战争。而冷战后，美国将核武器用于应对恐怖主义、"流氓国家""大国竞争"以及伴随有核导生化武器威胁的地区冲突。小布什政府列出了七个潜在核打击国家的名单，而特朗普政府则点名了其中的俄罗斯、中国、伊朗和朝鲜这 4 个国家。其次，核武器的使用门槛越来越低。小布什政府强调，只要对手使用或可能使用大规模杀伤性武器，无论其是否是有核武器国家，美国都可以采取先发制人核

---

① 《特朗普再提扩充核武》，新华社，2017 年 2 月 25 日，http：//www. xinhuanet. com/world/2017 - 02/25/c_129495495. htm；Aaron Mehta，"Nuclear Weapons Agency Gets 11 Percent Funding Increase in FY18 Budget Request，" Defense News，May 24，2017，http：//www. defense-news. com/articles/nuclear - weapons - agency - gets - 11 - percent - funding - increase - in - fy18 - budget - request.

② The 2018 Nuclear Posture Review，February，2018，https：//www. defense. gov/News/SpecialReports/2018NuclearPostureReview. aspx.

打击。① 美国国防部随后允许战区司令在获得总统授权的情况下，对可能发动核导生化袭击的行为实施"先发制人"，包括使用核武器。② 尽管奥巴马政府对此做出修改，但特朗普政府又重申了在特定情况下采取先发制人核打击的原则，甚至包括在遭受大规模网络攻击的情况下进行核打击。而这种危险的跨域威慑（cross-domain deterrence）战略构想早在奥巴马政府时期就被提出。③ 最后，核武器的使用选择也越来越多。早在 2003 年，美国国内法律就不再禁止发展低当量核武器。小布什政府随即要求为"增强型钻地核弹"（RNEP）的研发提供拨款。2005 年，"可靠替换弹头"（RRW）项目开始启动。尽管奥巴马上台后宣布暂停研发新型核武器，并以"延寿计划"取代"可靠替换弹头"项目，但最终美国还是斥巨资对其核武库进行现代化升级。在此期间，美国曾多次对 B-61-12 精确制导小型核弹进行实验，并辩称其为改进老旧的核武器。④ 特朗普上台后，美国终于不再遮遮掩掩，而是大刀阔斧地研发多种新型核武器。核武器一直由于其极大的毁伤能力而与常规武器相区别。而制造小型、低当量、精度高、"干净"（核辐射污染小）、穿透性强的核武器显然模糊了核武器与常规武器之间的界限，从而使得核武器更加容易被用于军事打击。⑤

　　冷战时期，"大规模报复战略"曾因在应对危机时"要么自杀，要

① James J. Wirtz and James A. Russell, "US Policy on Preventive War and Preemption," *The Nonproliferation Review*, Vol. 10, No. 1, 2003, pp. 113-123.

② 2005 年公布的《联合核作战行动原则》由于支持先发制人核打击而受到较大的争议。2006 年美国国防部撤下了文件并声称"取消"相关政策主张。但实际上美国白宫和国防部当时并没有真正将其作废。See Joint Chiefs of Staff, "Doctrine for Joint Nuclear Operations," March 15, 2005, http://www.wslfweb.org/docs/doctrine/3_12fc2.pdf; See also "Pentagon Cancels Controversial Nuclear Doctrine," February 2, 2006, http://www.nukestrat.com/us/jcs/canceled.htm.

③ "Defense Science Board Task Force Report: Resilient Military Systems and the Advanced Cyber Threat," January 2013, http://www.acq.osd.mil/dsb/reports/Resilient Military Systems.Cyber Threat.pdf.

④ 贾春阳：《美国核武器小型化：非常危险的举动》，载《世界知识》，2016 年第 5 期，第 38-39 页。"US Successfully Tests New Nuclear Gravity Bomb," *RT*, April 14, 2017, https://www.rt.com/usa/384786-nuclear-bomb-test-nevada/.

⑤ 参见匡兴华、朱启超、张志勇：《美国新型战略武器发展综述》，载《国防科技》，2008 年第 1 期，第 21-32 页；姜振飞、姜恒：《新世纪以来美国核力量发展政策的演变》，载《国际政治研究》，2013 年第 3 期，第 86-104 页。

么投降"的悖论而遭受广泛质疑。尤其在"相互确保摧毁"的情况下，核武器自我遏制的特点削弱了延伸威慑的可信度。而当美国采取"灵活反应战略"时，其盟友又因为无法确认美国是否会提供核保护以及究竟何时会介入的问题而产生信任危机。冷战后，美国积极将核力量由传统的"终极武器"地位下降至灵活可用的常规作战利器。其易用性、可用性和实用性从客观上缓解了许多冷战时期所遭遇的延伸威慑可信度问题。除此之外，美国还通过实战型核战略与导弹防御相结合，谋求"绝对核优势"，力图彻底打破"相互确保摧毁"的格局。①

在冷战的大部分时间里，由于核武器的不可防御性，核大国往往通过展示核武器的报复性使用来慑止对手的冒险行为，即报复威慑。而为了打破核恐怖平衡，美苏两国也试图通过构筑导弹防御体系来劝阻对手不要发动攻击，即拒止威慑。但由于资金和技术方面的原因，当时美国的"哨兵"系统、"卫兵"系统、"星球大战计划"以及苏联的"橡皮套鞋"系统并不成功。此外，美苏还通过《反导条约》限制双方建立全国性的导弹防御系统，剥夺了双方实施战略防御的能力，从而确保"相互确保摧毁"的格局不变，避免任何一方先发制人。冷战后，考虑到反导武器在海湾战争中的突出表现，布什政府决定优先发展能够切实保护海外美军和盟友安全的战区导弹防御计划（TMD），逐步发展保卫美国本土的国家导弹防御计划（NMD）。后来的克林顿政府尽管支持军控，但共和党通过大肆渲染核导生化武器的扩散以及来自"流氓国家"的威胁，从而积极推动导弹防御系统的研发和部署。1997年，美国国防部发布报告指出，所谓的"流氓国家"和恐怖组织将充分利用核导生化武器的扩散发起"非对称性"袭击，严重威胁国家安全。② 此外，"拉姆斯菲尔德委员会"借台海危机夸大中国的导弹威胁，并指出俄罗斯庞大的核

---

① 郭晓兵，孙茹：《美国核谋霸战略评析》，载《现代国际关系》，2006年第7期，第50－54页。

② 宋以敏：《美国安全战略和对外关系进入新的调整阶段》，载《国际问题研究》，2002年第1期，第37－38页。

武库以及意外发射等因素同样威胁着美国的本土安全。① 在这种情况下，尽管国际社会普遍反对，但美国依旧我行我素并很快通过了"国家导弹防御法案"，国家导弹防御计划势在必行。

小布什上台后，美国借"9·11"事件的影响随即正式退出《反导条约》。2003 年，小布什发布了《弹道导弹防御国家政策》，强调通过导弹防御保护美国及其盟友免遭敌国和恐怖组织发起的核导生化袭击。②美国随即开始研制各类导弹防御系统并进行前沿部署。为了有效应对来自恐怖组织、"流氓国家"及其核导生化武器的威胁，美国在报复威慑和拒止威慑的概念之上又提出了定制威慑（tailored deterrence）策略。③定制威慑要求根据目标的不同特征，将核武器与导弹防御、常规力量等巧妙地搭配在一起，从而有效威慑对手并确保本国和盟友的安全。前美国国防部副助理秘书长艾伦·班恩（Elaine Bunn）指出，所谓定制即区分威慑对象。美国在冷战时期主要威慑苏联，而目前则需要针对"流氓国家"、恐怖组织和其他军事大国定制不同的威慑战略。此外，美国需要调整自身威慑力量的构成，发展新的"三位一体"力量，强调攻防平衡、核常兼备。④

其中，导弹防御的主要目的是为了改变冲突升级的螺旋和地区军事

① 樊吉社：《威胁评估、国内政治与冷战后美国的导弹防御政策》，载《美国研究》2000 年第 3 期，第 74 – 76 页。

② The Office of the White House, "Naitonal Policy on Ballistic Missile Defense Fact Sheet," May 20, 2003, https：//www. documentcloud. org/documents/3119840 – 2003 – May – 20 – National – Policy – on – Ballistic – Missile. html.

③ 所谓定制即根据威慑对象的行动逻辑、风险偏好、实力以及价值取向等制定相应的威慑战略来达到威慑的目的。See Patrick M. Morgan, "Evaluating Tailored Deterrence," in Karl – Heinz Kamp and David S. Yost, eds., NATO and 21st Century Deterrence, Washington DC：National Defense College, 2009, pp. 32 – 49; Patrick M. Morgan and T. V. Paul, "Deterrence among Great Powers in an Era of Globalization," in T. V. Paul, Patrick M. Morgan, and James J. Wirtz, eds., Complex Deterrence：Strategy in the Global Age, Chicago：University of Chicago Press, 2009, pp. 259 – 276.

④ M. Elaine Bunn, "Can Deterrence be Tailored?" Strategic Forum, No. 225, January 2007, pp. 1 – 7; See also Jeffrey W. Knope, "The Fourth Wave in Deterrence Research," Contemporary Security Policy, Vol. 31, No. 1, 2010, pp. 1 – 33; Jeffrey S. Lantis, "Strategic Culture and Tailored Deterrence：Ridging the Gap between Theory and Practice," Contemporary Security Policy, Vol. 30, No. 3, 2009, pp. 467 – 485; Jeffrey S. Lantis, "Tailored Deterrence：What Will It Look Like?" Unrestricted Warfare Symposium Proceedings, March 20 – 21, 2007, pp. 161 – 187.

力量的对比，使其更加有利于己方，进而保护本国和盟友的战略利益不受侵犯。因此，导弹防御对于联盟战略、威胁认知、对盟友的确保以及对对手的再确保都产生重要影响。冷战经验表明，盟友对于美国延伸威慑的怀疑主要源自于担心美国在本土可能遭受核打击威胁的情况下，不愿意牺牲自己来履行保护盟友的承诺。因此，如果导弹防御可以降低美国本土遭受打击的可能性，那么反过来就提升了美国安全承诺的可信度。除此之外，盟友还会担心美国的国家导弹防御计划会割裂同盟之间的安全联系。因为如果只有美国本土固若金汤，那么反而有可能使美国退回到孤立主义或者干脆采取单边行动，结果使得盟友遭殃。里根政府时期的"星球大战计划"就被欧洲盟友认为会削弱欧洲的防务，刺激苏联对欧洲进行打击。小布什政府时期，美国试图向波兰部署导弹防御系统也被欧洲盟友认为是美国要对中东地区国家采取单边行动，结果遭到强烈抵制。① 因此，美国除了推进国家导弹防御计划之外还必须同盟友在导弹防御问题上展开全面合作，建立多个战区导弹防御体系。由于导弹防御的前沿部署能够大幅提升导弹拦截的有效性，美国还需尽可能在靠近敌方导弹发射的场所周围部署拦截系统，并在导弹发射的初段轨道上部署传感器，从而提升拦截效率。而盟友由此建立起来的反导系统也自然成为美国全球导弹防御体系的重要组成部分。此外，前沿部署的导弹防御系统与美国驻军一样也被认为能够起到"绊网"的作用。② 因此，与盟友共同构建导弹防御也就成了冷战后除了核保护以外的另一大延伸威慑手段。

最后，考虑到冷战后用于检验美国保护盟友意志的危机事态相对减少，美国平时在核政策宣示方面的一举一动也都会对延伸威慑的可信度造成至关重要的影响。美国坚持不肯放弃首先使用原则就是一个经典例子。早在 1999 年，以随后出任国防部长的佩里（William J. Perry）为代

① Stephan Frühling, "Managing Escalation: Missile Defence, Strategy and US Alliances," *International Affairs*, Vol. 92 No. 1, 2016, p. 86.

② Łukasz Kulesa, "Poland and Ballistic Missile Defense: the Limits of Atlanticism," Proliferation Papers No. 48, Paris: IFRI, 2014, p. 34, https://www.ifri.org/sites/default/files/atoms/files/pp48kulesa.pdf.

表的有识之士就提议弱化核武器的作用，明确核威慑只能用于防止遭受核攻击，从而间接推动不首先使用原则。① 2009 年，奥巴马总统提出无核世界的愿景，明确要求降低核武器的作用，释放美国重返国际多边军控和核裁军的积极信号。而美国国内围绕是否应当放弃首先使用原则展开了激烈的讨论。其中著名学者萨根（Scott Sagan）就对美国不愿意放弃首先使用原则提出了尖锐的批评。萨根早就提出，用核威慑来应对生化武器攻击的做法会给美国带来"承诺陷阱"。美国为了使其承诺可信就会有更大的冲动去展示核力量或强调核武器的使用来应对那些明明可以用常规武器就足以威慑的行为。② 这会阻碍核裁军进程并提升核安全的风险，进而给其他有核和无核国家树立负面印象，导致大规模杀伤性武器的持续扩散。此外，为了确保延伸威慑战略而不愿放弃首先使用原则的论调也是站不住脚的。事实上，当前的首先使用政策刻意混淆了两种完全不同的情形：一种是当盟友受到大规模进攻或核攻击时首先使用核武器实施报复；另一种则是对潜在敌人的核攻击首先用核武器进行报复。仔细推敲就不难发现，后一种情形从逻辑上限制了前一种情形发生的可能。而后一种逻辑实际上体现的是报复型威慑，并非首先使用。③萨根的观点在学术界和国际社会上引发了积极反响。然而，2010 年版的《核态势审议报告》仍然坚持了首先使用原则。与萨根相反的观点认为，在延伸威慑战略方面，美国仍然需要首先使用核武器来应对核导生化袭击的威胁。不首先使用原则会导致盟友因得不到充分的安全保障而谋求发展核武器。④ 2016 年夏天，任期即将结束的奥巴马总统又试图以行政命令的方式通过"不首先使用核武器"原则，结果引起轩然大波。奥巴马本人在核政策方面的理想主义不仅得不到其他政治精英的支持，而且

———————————

① William J. Perry, "Desert Storm and Deterrence," *Foreign Affairs*, Vol. 70, No. 4, 1991, p. 66；顾克刚、杰弗里·刘易斯：《不首先使用核武器：中美核对话的困境与出路》，载《外交评论》，2012 年第 5 期，第 95 – 101 页。

② Scott Sagan, "The Commitment Trap: Why the United States Should Not Use Nuclear Threats to Deter Biological and Chemical Weapons Attacks," *International Security*, Vol. 24, No. 4, 2000, p. 111.

③ Scott Sagan, "The Case for No First Use," Survival, Vol. 51, No. 3, 2009, pp. 163 – 182.

④ 员欣依：《关于奥巴马政府"不首先使用核武器"政策的争论》，载《美国研究》，2017 年第 3 期，第 121 页。

还引发欧洲和东北亚地区盟友的强烈不满。英、法、日、韩等国都认为，不首先使用政策会降低美国延伸威慑的可信度，有损于盟友的安全。①而时任美国国务卿克里和国防部长卡特也指出，不首先使用政策会导致盟友们怀疑美国的延伸威慑，刺激部分盟友开发核武器。尤其在朝核问题加剧和俄欧关系恶化的背景下，美国的不首先使用政策只会促使事态朝着不利的方向发展。②

尽管表面上坚持首先使用原则有助于确保延伸威慑战略，但其究竟是带来更多的安全还是不安全仍然是一个悖论。从盟友的角度来说，进攻型的"核大棒"与"金钟罩"般的导弹防御不仅使美国逐渐确保了"排他性的战略力量优势"，而且也有效庇护了盟友，使其免遭核导生化武器和地区冲突的威胁。然而，当美国及其盟友处于绝对安全的地位，必然打破原有的战略稳定，加剧地区冲突和安全困境，并给全球军控格局带来诸多负面影响。首先，其他有核武器国家被迫在攻防两端追赶美国，力求在战略失衡的情况下确保自身安全。而无论是建立各自的导弹防御系统，提升导弹的突防能力，还是强化核武器的性能都将导致纵向扩散和新一轮的军备竞赛。其次，美国这种实战倾向极强的延伸威慑战略进一步坚定了朝鲜和伊朗等国家发展核武器的决心。冷战后，美国时常以意识形态画线，四处干涉，充当"世界警察"。为了避免重蹈伊拉克和利比亚的覆辙，拥核自保似乎在所难免。而朝鲜和伊朗的核武器项目又导致其与周边邻国之间发生冲突和核军备竞赛的风险增加。最后，国际军控体系正不断受到侵蚀。冷战时期，《反导条约》始终是美苏维持战略稳定的基础且与其他诸多军控协议挂钩。美国退约直接导致冷战后美俄核裁军进度迟缓，甚至可能出现倒退。为了巩固自身核导优势，

---

① Josh Rogin, "U. S. Allies Unite to Block Obama's Nuclear 'Legacy'," The Washington Post, August 14, 2016, https: //www. washingtonpost. com/opinions/global – opinions/allies – unite – to – block – an – obama – legacy/2016/08/14/cdb8d8e4 – 60b9 – 11e6 – 8e45 – 477372e89d78 _ story. html? utm_term = . 951cc2b4a31f.

② Paul Sonne, Gordon Lubold and Carol E. Lee, "No First Use' Nuclear Policy Proposal Assailed by U. S. Cabinet Officials, Allies," The Wall Street Journal, August 12, 2016, http: //www. wsj. com/articles/no – first – use – nuclear – policyproposal – assailed – by – u – s – cabinet – officials – allies – 1471042014.

美国拒不通过《全面核禁试条约》，消极对待《禁产条约》和保障外空非军事化的相关国际谈判。这些都进一步导致有核国家与无核国家在《不扩散核武器条约》审议大会上出现严重分歧，以至于数次未能达成最终共识。

事物是普遍联系的，万事万物相生相克。坚持进攻型的核战略只会导致核导技术在纵向和横向上的持续扩散，诱发核安全以及核恐怖主义问题，削弱国际军控体系的效力和权威性，最终使得美国及其盟友的外部安全环境日益恶化。那些身处地缘政治漩涡或是面临大规模杀伤性武器威胁的盟友，只能进一步要求美国提供可靠的延伸威慑保护。为了确保可信度，美国必须搁置核裁军进程，强化政策宣示，前沿部署核武器或是导弹防御系统。结果又反过来激化地区安全困境，破坏战略稳定，进而造成恶性循环。显然，冷战后延伸威慑及其确保战略的逻辑已经越来越难以自洽，而其带来的消极后果往往远超积极意义。

二、北约延伸威慑对全球战略稳定的影响

通过比较完善的确保机制建设，美国对北约的延伸威慑战略及其可信度在冷战中后期始终保持着较高水平的发展。冷战结束后，由于各成员国的外部安全环境显著改善，北约随即开始精简延伸威慑。为了进一步推动全球防扩散与核裁军进程，同时改善与俄罗斯的关系，以德国为代表的西欧国家大多认为只要保留最低限度的延伸威慑即可。德国甚至主张，北约完全可以参照美国在东亚的延伸威慑模式，即撤出全部前沿部署的核武器，只需美国本土的核武器就足以确保欧洲的安全。然而，北约东扩后吸纳了众多原苏联国家和东欧国家作为新成员国，导致欧洲安全体系陷入两难的困境之中。一方面，北约东扩的同时，美国在东欧建设导弹防御系统以及相关国家"颜色革命"的爆发恶化了俄罗斯的威胁感知和外部安全环境；另一方面，俄罗斯利用军事手段和油气资源所开展的反制行动，以及冷战时期的历史记忆，都使得这些刚加入北约的

"新欧洲"国家积极寻求可靠的安全保障。① 随着俄格冲突以及俄欧关系的恶化，"老欧洲"与"新欧洲"国家也在调整延伸威慑战略的问题上达成妥协。北约最终选择有限精简延伸威慑的做法不利于美俄核裁军的进一步开展。而乌克兰危机爆发后，美俄军备竞赛的态势越发显著，进而危及全球战略稳定。

冷战结束后，北约着手大规模削减核力量，并仅仅维持少数确保北约安全所必要的核武器。根据1991年"总统核倡议"（Presidential Nuclear Initiatives），美国在20世纪90年代初期单边裁撤了所有部署在欧洲的核大炮、短程导弹以及反潜核武器，共削减了北约超过90%的战术核武器和80%的用于部署核武器的军事基地。而在关于保留何种必要的核力量问题上，从1989年到1991年，每一次北约核计划小组会议都提出北约的核战略将向"远距离""更灵活"以及"盟友的广泛参与"这三个目标迈进。② 虽然美国方面裁撤了在欧洲前沿部署的大量战术核武器，但核重力炸弹最终得以保留。因为几乎所有成员国都认为这是最符合核计划小组要求的合作模式。通过北约国家的空军投掷美国的核重力炸弹，既能够实现对潜在敌人的威慑，又能够满足盟友广泛参与的需要。除了削减核力量之外，1992年10月，德国国防部长鲁厄（Volker Rühe）在核计划小组会议结束后向媒体表示，北约的核武器已经不再指向任何目标。③ 1997年，《北约—俄罗斯基本文件》（NATO – Russia Founding Act）确认双方不视对方为敌人，并提出所谓的"三无"承诺，即北约"没有意图、没有计划也没有理由"向新加入的中欧以及东欧成员国前沿部署

---

① 封帅：《"双向失衡"结构与欧洲导弹防御议题中的美俄博弈》，载《俄罗斯研究》，2012年第4期，第73页。

② NATO NPG, Final Communiqué, 19 – 20 April, 1989, para. 6, https：//www. nato. int/cps/en/natohq/official_texts_23558. htm? selectedLocale = en；NATO NPG, Final Communiqué, 9 – 10 May, 1990, paras 5 and 6, https：//www. nato. int/docu/comm/49 – 95/c900510a. htm；Defense Planning Committee and NATO NPG, Final Communiqué, 28 – 29 May, 1991, para. 13, https：//www. nato. int/docu/comm/comm91. htm.

③ See Michael Evans, "NATO Says Farewell to Nuclear Conflict," The Times, 21 October, 1992.

核武器，北约也不会改变核战略态势。[1] 到了 1999 年，北约又再一次强调其核力量已经不再指向任何国家。[2]

由于冷战后，北约的核武器不再指向任何目标，所以如何确定北约拥有最低限度的能够用以维持和平与稳定的核力量就成了新的问题。此外，在安全环境改善的情况下，是否还需要美国以前沿部署核武器的方式持续参与到北约核力量中也成为了问题。部分欧洲国家一度强烈要求美国单边裁减所有仍然部署在欧洲的核武器。其中，统一后的德国就在防扩散与核裁军的问题上十分积极，并力图为有核国家与无核国家之间实现平衡关系而发挥建设性作用。[3] 1998 年，施罗德政府上台。由于绿党在其联合政府中扮演着重要的角色，因此德国在防扩散与核裁军问题上表现的更加活跃。施罗德政府随即要求北约方面实行不首先使用核武器的原则。[4] 在德国的积极推动下，欧盟于 2003 年提出了系统性的防扩散战略，并强调通过维护现有国际核不扩散体制、遵守多边规范来加强各国在防扩散问题上的合作。然而，在防扩散与核裁军孰先孰后的问题上，有核国家与无核国家之间的矛盾不断激化。有核国家未能落实在 2000 年《不扩散核武器条约》审议大会上确立的"十三点"裁军计划，从而使得无核国家对于核裁军进程的迟滞表示强烈不满。而相比核裁军，美国更加关注防扩散问题，并意图限制无核国家的铀浓缩和后处理活动。结果 2005 年的审议大会未能达成最终文件。为了推动防扩散与核裁军进程，德国社民党、自由民主党和绿党立即公开指责核武器是冷战的遗产，并要求美国撤出部署在德国的核武器。[5] 在德国看来，美国核力量在北

---

① Founding Act on Mutual Relations, Cooperation and Security between NATO and the Russian Federation, Paris, 27 May 1997, http：//www. nato. int/docu/basictxt/fndact – a. htm.

② North Atlantic Council, "The Alliance's Strategic Concept," 24 April, 1999, para. 64, https：//www. nato. int/cps/en/natolive/official_texts_27433. htm? selectedLocale = en.

③ Joachim Krause, "The Future of the NPT：A German Perspective," in Joseph F. Pilat and Robert E. Pendley, *1995 A New Beginning for the NPT*?, New York：Plenum Press, 1995, p. 135 – 149.

④ Arms Control Association, "Germany Raises No – First – Use Issue at NATO Meeting," November 1, 1998, www. armscontrol. org/act/1998_11 – 12/grnd98.

⑤ Ralf Beste and Alexander Szandar, "Europe's Atomic Anachronism", Spiegel, 23 May, 2005, http：//www. spiegel. de/international/spiegel/nuclear – weapons – europe – s – atomic – anachronism – a – 357281. html

约的前沿部署已经成为阻碍美俄深度核裁军和全球核军控进程的绊脚石。

默克尔政府上台后，德国一方面继续推行积极的防扩散与核裁军政策①，另一方面围绕撤出美国战术核武器一事进行了激烈的辩论。联盟党认为，撤出美国部署的核武器不仅将降低德国在北约决策中的影响力，而且会削弱德国和整个北约的安全。然而，其他反对党以及联合执政的德国社民党批评了这一保守态度，并指出撤出美国部署的核武器将有利于推动防扩散和核裁军进程。② 到了 2009 年大选时期，相关辩论更加激烈。联盟党还是坚持了最初的立场。然而，时任副总理施泰因迈尔（Frank - Walter Steinmeier）作为社民党的候选人也加入反对美国继续部署核武器的阵营当中。此外，德国政坛的四位元老（施密特、魏茨泽克、巴尔、根舍）也公开要求美国撤出核武器。③ 施泰因迈尔认为，美国在欧洲部署的核武器早已过时，撤出将有利于推动核裁军进程，反而为德国营造更加良好的外部安全环境。④ 相反，作为联盟党候选人的默克尔则认为，如果德国不再承担相应的责任并提供空军、人员和基地，那么德国将被排除在北约核决策之外。默克尔指出，北约已经大规模削减了核武器，但全球拥有核武器的国家数量却在增加，核扩散的风险正

---

① 为了确保 2010 年《不扩散核武器条约》审议大会能够取得成功，德国在 2007 年利用其欧盟和八国集团（G8）轮值主席国的身份呼吁国际社会在防扩散问题上采取积极的态度。在海利根达姆峰会上，八国集团重申了通过多边机制维护国际防扩散体制的原则，并全力支持国际原子能机构的安全保障措施。而欧盟也首次围绕核安全、核燃料循环、出口控制、国际原子能机构安全保障措施等问题提出了共同工作文件。在随后举行的 2010 年《不扩散核武器条约》审议大会第二次预备会议上，德国提出以双轨方式（dual track approach）为条约的执行确立一个新的底线（new NPT implementation baseline），强调防扩散与核裁军齐头并进的重要性。See Oliver Meier, "NPT Meet Buoys Hopes For 2010 Conference," Arms Control Today, June 9, 2008, https://www. armscontrol. org/print/2941？print = .

② Deutscher Bundestag, Stenografischer Bericht, Plenarprotokoll 16/171, 25 June 2008, pp. 18124 - 38 in David S. Yost, "Assurance and US Extended Deterrence in NATO," International Affairs, Vol. 85, No. 4, 2009, p. 774.

③ Helmut Schmidt, Richard von Weizsäcker, Egon Bahr and Hans - Dietrich Genscher, "Toward a Nuclear - Free World: A German View," The New York Times, January 9, 2009, http://www. nytimes. com/2009/01/09/opinion/09iht - edschmidt. 1. 19226604. html.

④ "Yankee Bombs Go Home: Foreign Minister Wants US Nukes out of Germany," Spiegel, 10 April, 2009, http://www. spiegel. de/international/germany/yankee - bombs - go - home - foreign - minister - wants - us - nukes - out - of - germany - a - 618550. html.

在加剧。其中，来自伊朗的威胁尤其严重。为了保护德国的根本利益，德国人必须积极承担北约核防务的责任。①

德国国内的辩论反映了北约在确保延伸威慑和深层次推进防扩散与核裁军进程之间如何实现相互协调的矛盾。而北约官方的立场在这一时期也显得有些模糊。除了不断重申其积极支持防扩散与核裁军的政治表态之外，并没有采取任何实质性的举动。② 不难看出，北约内部同样面临较大的意见分歧。除了德国之外，"老欧洲"成员国以及美国国内都出现了支持撤出部署在欧洲的核武器的呼声。其主要理由包括：首先，冷战后核武器的作用已经显著下降，核武器的前沿部署是一种浪费，其形式作用远大于实际的军事价值。③ 其次，随着欧洲一体化的深入开展，英国和法国的核力量也可以很好地取代美国的核保护。④ 最后，战术核武器的部署不仅严重阻碍了防扩散与核裁军的深入进行，而且将美国置于可能被卷入核战争的巨大战略风险之中。

然而，支持美国继续前沿部署的政治力量也提出了针锋相对的观点。事实上，关于美国对北约的延伸威慑应当采取何种形式一直存在军事目的与政治战略目的之争。单纯从军事目的的角度出发，继续前沿部署核重力炸弹确实没有必要，美国完全可以采用海基导弹、洲际导弹或战略轰炸机这些手段。这些手段都要比选择核重力炸弹的方式在军事操作上更加可靠，也不会在欧洲国家的反核运动面前遇到太大的压力。而采用核重力炸弹配合北约双重能力战机的方式会带来巨大的维护成本。美国

---

① Speech by Federal Chancellor Angela Merkel at the 45th Munich Security Conference, 7 February, 2009, https：//www. bundesregierung. de/statisch/nato/nn _ 690014/Content/EN/Reden/2009/ 2009 - 02 - 07 - rede - merkel - sicherheitskonferenz - en _ page - 7. html.

② Bucharest summit declaration, North Atlantic Council, 3 April, 2008, para. 39, https： // www. nato. int/cps/ua/natohq/official_texts_8443. htm; Strasbourg/Kehl summit declaration, North Atlantic Council, 4 April, 2009, para. 55, https： //www. nato. int/cps/en/natohq/news _ 52837. htm? mode = pressrelease.

③ George Perkovich, "Extended Deterrence on the Way to a Nuclear - Free World," International Commission on Nuclear Non - Proliferation and Disarmament, May 2009, pp. 14 - 15, http： // www. icnnd. org/research/Perkovich_Deterrence. pdf.

④ See George Perkovich, *Nuclear Weapons in Germany*：*Broaden and Deepen the Debate*, Washington DC：Carnegie Endowment for International Peace, February 2010, http： //carnegieendowment. org/ files/nukes_germany. pdf.

不仅需要不断为战机更新换代，而且在核武器的存储以及相关设施维护方面都需要投入大量的资金和人员。此外，将核弹头分别存放在欧洲各个基地内相比美国集中控制更容易带来安全隐患。然而，如果从政治战略目的出发，美国实际上通过这种特殊的合作将安全承诺以更加清晰可见的方式传递给盟友。核重力炸弹和双重能力战机的组合使得美国和欧洲盟友共同组成了一支核威慑力量。通过这一方式北约展示了其团结性以及对风险和责任的分摊机制，并通过前沿部署传递出有力的政治信号，从而在应对危机时拥有更强大的谈判筹码。相比美国单边给予保护的模式，这种相互配合的做法显然更为符合北约长期以来的核分享传统。此外，考虑到美国已经在欧洲部署核弹头长达半个世纪，对于核安全的担忧也不宜被夸大。

2008 年，美国国防部公开表示，政治目的是当前延伸威慑需要考虑的主要因素。"那些认为美国完全不必继续部署战术核武器的观点是肤浅且错误的。他们不曾考虑这些核武器对于盟友所具有的政治价值……这些可见的核武器不仅能在心理上带来巨大的安慰而且还扮演着连接美国战略核力量的特殊作用……双重能力战机和核炸弹是可见的、可靠的、可召回的、可重复使用的、十分灵活的战术核武器，他们象征着北约的军事宣言和美国的政治意志。这些关键的要素都是单纯从军事角度的狭隘见解中所不能领会的。"① 因此，美国持续在北约部署核武器的政治意义远大于军事作用。美国必须做出姿态，表明其仍然全心全意履行保卫欧洲的延伸威慑承诺。通过围绕核武器的部署、运载工具的使用以及磋商机制的对话等确保机制进一步提升美国延伸威慑的可信度。而北约盟友通过驾驶战机或是核磋商机制广泛参与到北约的核政策制定以及具体的执行过程当中，显示了北约的团结及其所拥有的强大威慑力。这也是对潜在对手所发出的关键信号。

尽管保留战术核武器迟滞了核裁军进程，但在美国和"新欧洲"国

---

① Secretary of Defense Task Force on DoD Nuclear Weapons Management, *Phase II: Review of the DoD Nuclear Mission*, Arlington: Department of Defense, December 2008, pp. 14 – 15, 59 – 60, https://www.defense.gov/Portals/1/Documents/pubs/PhaseIIReportFinal.pdf.

家看来，立即撤出这些核武器反而有害于战略稳定。美国对北约的延伸
威慑虽说是针对拥有大规模杀伤性武器的国家，其实更为关键的目标还
是在于防范俄罗斯。尽管在冷战后北约很少公开表示这一目的，但实际
上各国都心知肚明。北约在 1999 年的战略文件中提到，尽管俄罗斯难以
发动大规模常规进攻，但其威胁依然存在，尤其要考虑到俄罗斯的核武
库依然十分庞大。① 2002 年，美国国务卿鲍威尔（Colin Powell）曾表示，
由于俄罗斯依然拥有大量的核武器，而未来的局势发展还有诸多不确定
性因素，美国必须在核战略上选择避险。② 但这一时期，出于反恐的共
同利益，美俄、俄欧关系相对稳定。"9·11"事件之后，"北约—俄罗
斯理事会"成立，从而使莫斯科方面在反恐、防扩散以及军备控制等领
域都能与北约各国开展积极合作和对话。此外，北约还无限期搁置了乌
克兰以及格鲁吉亚入盟的问题。然而，没过几年俄罗斯与西方的矛盾就
愈演愈烈。在莫斯科看来，北约持续东扩无疑威胁到了俄罗斯的生存空
间，而美国试图在东欧建立导弹防御系统的做法更是直接有损于俄罗斯
的战略安全。在双方关于导弹防御系统部署的谈判破裂后，莫斯科方面
决定暂停执行《欧洲常规裁军条约》，并在加里宁格勒地区部署"伊斯坎
德尔"导弹。此外，俄罗斯还试射了"亚尔斯"新型洲际导弹（RS - 24）
并考虑退出《中导条约》作为回应。

　　在北约看来，俄罗斯不仅重新走上了穷兵黩武的道路，而且对其周
边部分亲欧美的国家采取沙文主义政策。其中，2008 年的俄格冲突仿佛
就是"新冷战"的缩影。北约认为俄罗斯入侵格鲁吉亚的行为已经严重
违反了《赫尔辛基最终文件》（Helsinki Final Act）、《北约—俄罗斯基本
文件》（NATO - Russia Founding Act）以及《罗马宣言》（Rome Declara-

① North Atlantic Council, "The Alliance's Strategic Concept," 24 April, 1999, paras. 20 and 21, https://www.nato.int/cps/en/natolive/official_texts_27433.htm? selectedLocale = en.

② Secretary of State Colin Powell, testimony on July 9, 2002, in Treaty on Strategic Offensive Reduction: the Moscow Treaty, Hearings before the Committee on Foreign Relations, United States Senate, 107th Congress, 2nd Session, July 9, 17, 23 and September 12, 2002, Washington DC: US Government Printing Office, 2002, p. 41, http://frwebgate.access.gpo.gov/cgi - bin/getdoc.cgi? dbname = 107_senate_hearings&docid = f: 81339. pdf.

tion)。① 这使得"新欧洲"成员国对于俄罗斯充满了畏惧，更对自身安全感到无比担忧。因此，如何确保美国的延伸威慑持续可靠是这些新成员国防范俄罗斯的关键。② 立陶宛学者曾提出，几乎没有人会相信美国会为了巴尔干国家的安全而不惜自己遭受核毁灭的风险。在这种情况下，仅仅依靠远在大西洋另一侧的核武器无法提供可信的安全保障。③ 而根据 1997 年《北约—俄罗斯基本文件》，北约已经承诺不在新加入的成员国领土上前沿部署核武器，这就使得新成员国更加关注北约对延伸威慑战略的调整。一旦美国撤出部署在欧洲的核重力炸弹，那就等同于弱化了对于北约的安全承诺。这是"新欧洲"国家所难以接受的。④ 此外，包括波兰和土耳其在内的部分东欧和巴尔干地区国家也同样对自身的安全状况感到担忧。⑤ 俄罗斯曾明确表示，如果这些国家帮助美国推进反导武器的部署，它们就有可能成为俄罗斯核打击的目标。⑥ 俄罗斯的军事威胁无疑强化了北约内部支持保留美国核武器的声音。

在这一背景下，奥巴马上台后继续将核武器作为防止核导生化武器扩散以及确保盟友安全的战略工具。即便在提出无核世界愿景的同时，

---

① Meeting of the North Atlantic Council at the level of Foreign Ministers held at NATO Headquarters, Brussels, NATO Press Release (2008) 104, 19 August, 2008, https://www.nato.int/cps/en/natolive/official_texts_29950.htm.

② Liviu Horovitz, 'Why Do They Want American Nukes? Central and Eastern European Positions Regarding US Nonstrategic Nuclear Weapons', *European Security*, Vol. 23, No. 1, 2014, pp. 73 – 89; Łukasz Kulesa, "The New NATO Member States," in Paolo Foradori, ed., *Tactical Nuclear Weapons and Euro – Atlantic Security: The Future of NATO*, London: Routledge, 2013, 142 – 157.

③ Vaidotas Urbelis and Kestutis Paulauskas, "NATO's deterrence policy: time for change?" *Baltic Security and Defence Review*, Vol. 10, 2008, p. 99.

④ Bruno Tertrais, "The Coming NATO Nuclear Debate," ARI 117/2008, Madrid: Fundacion Real Instituto Elcano, 26 September 2008, http://www.realinstitutoelcano.org/wps/portal/rielcano_en/contenido? WCM_GLOBAL_CONTEXT = /elcano/elcano_in/zonas_in/defense + security/ari117 – 2008.

⑤ Mark Schneider, "The Future of the US Nuclear Deterrent," *Comparative Strategy*, Vol. 27, No. 4, 2008, p. 353; Oliver Thränert, "US Nuclear Forces in Europe to Zero? Yes, But Not Yet," *Proliferation Analysis*, 10 December, 2008, http://carnegieeurope.eu/2008/12/10/u.s.-nuclear-forces-in-europe-to-zero-yes-but-not-yet-pub-22533.

⑥ Damien McElroy, "Russian General Says Poland a Nuclear 'Target'," The Telegraph, 15 August, 2008, https://www.telegraph.co.uk/news/worldnews/europe/georgia/2564639/Russian-general-says-Poland-a-nuclear-target-as-Condoleezza-Rice-arrives-in-Georgia.html.

奥巴马也坚持在全面核裁军尚未实现以前，美国仍然需要拥有可靠的核力量，从而威慑对手并确保对盟友的保护。[1] 而为了确保美国对北约提供可靠的延伸威慑，美国空军将继续为欧洲盟友维护并升级双重能力战机。此外，美国还将启动 B-61 核重力炸弹的"延寿计划"，使其能够与 F-35 战机的性能相匹配。[2] 华盛顿方面的积极回应显著缓解了北约盟友的担忧。除此之外，为了与俄罗斯签订新的核裁军条约，奥巴马政府在向北约部署导弹防御系统的问题上采取了"以退为进"的策略，即按照"先海基后陆基"的顺序进行分阶段部署。在里斯本峰会上，"老欧洲"与"新欧洲"国家在调整延伸威慑战略的问题上达成妥协。各国一致认为核威慑仍然是北约安全战略的基石，而确保美国的延伸威慑持续可靠始终是北约核威慑力量中的核心环节。与此同时，欧洲导弹防御系统的建立将有助于确保大西洋两岸不可分割的共同安全利益。[3] 北约在 2012 年发布的《威慑和防务态势评估》（DDPR）报告中进一步指出，美国的核武器以及导弹防御系统的前沿部署对于维系其延伸威慑的可信度来说至关重要。如果战术核武器要被撤出，则必须建立在美俄对等削减的原则之上。[4] 在随后的几年里，包括德国、土耳其、罗马尼亚、波兰、荷兰和西班牙等成员国都陆续参与到北约的导弹防御建设进程当中。

然而，北约有限精简延伸威慑并积极推进导弹防御的做法对俄罗斯的战略安全构成严重威胁。因此，无论是华盛顿还是莫斯科方面都对《新削减战略武器条约》的执行表现得十分消极。而乌克兰危机爆发后，美俄关系、俄罗斯与北约的关系更是跌至谷底，加剧了各方对于"新冷战"和军备竞赛的悲观预期。2015 年 6 月，北约举行了超大规模的"波罗的海行

---

① The White House, "Remarks By President Barack Obama In Prague As Delivered," April 5, 2009, https：//obamawhitehouse. archives. gov/the‐press‐office/remarks‐president‐barack‐obama‐prague‐delivered.

② The 2010 Nuclear Posture Review, April, 2010, p. 27, https：//www. defense. gov/Portals/1/features/defenseReviews/NPR/2010_Nuclear_Posture_Review_Report. pdf.

③ North Atlantic Council, "Active Engagement, Modern Defence: Strategic Concept for the Defence and Security of the Members of the North Atlantic Treaty Organisation," 19 November 2010, https：//www. nato. int/cps/ua/natohq/official_texts_68580. htm.

④ Deterrence and Defence Posture Review, NATO Press Release (2012) 063, 20 May, 2012, https：//www. nato. int/cps/en/natohq/official_texts_87597. htm.

动"军事演习。俄罗斯方面则通过进一步强化核威慑来弥补其常规力量上的不足，全面提升核武器对国家安全的作用，加大研发财政投入，提升核武器战斗值勤频率和巡逻范围，频繁举行相关军事演习，甚至重启了冷战时期核导弹列车的制造。面对俄罗斯在"亚尔斯"洲际导弹、"布拉瓦"潜射导弹、"伊斯坎德尔"战术导弹以及"北风之神"级战略核潜艇等各个层面上的高突防核导优势，美国方面也针锋相对地提出了超过3000亿美元的核武库现代化升级计划。尤其在特朗普政府上台后，双方之间新一轮军备竞赛的态势更加显著。美国在最新的《核态势审议报告》中不仅点名了来自俄罗斯的核威胁，而且致力于发展一批能够有效作用于实战的新型核武器。普京则在2018年3月发布的《国情咨文》中高调做出回应，并展示了包括新一代"萨尔马特"重型洲际导弹、"匕首"高超音速导弹、"先锋"高超音速导弹、无限射程核动力巡航导弹以及激光武器在内的大量先进武器系统。① 而美国此前也在"全球快速打击系统"以及天基激光武器方面取得了重大进展。由此看来，美俄为了在攻防两端抢夺战略优势，其军备竞赛的态势已经覆盖到核导、超高音速武器和外空激光武器等多个领域。2019年8月，美国正式退出《中导条约》，严重影响全球战略平衡与稳定，加剧国际关系紧张。

冷战后，为了推动全球防扩散与核裁军进程，改善与俄罗斯之间的关系，以德国为代表的"老欧洲"国家一度积极主张精简美国对北约的延伸威慑。然而，北约东扩导致欧洲安全体系面临两难困境。俄罗斯日益感受到来自美国和北约的敌意，而"新欧洲"成员国则出于对俄罗斯的忌惮纷纷寻求可靠的延伸威慑保护。随着地缘政治形势日趋严峻，"老欧洲"和"新欧洲"国家最终在有限精简延伸威慑的问题上达成妥协。然而，北约保留战术核武器且积极前沿部署导弹防御系统的做法激化了美俄、俄欧之间的安全困境。美俄之间新一轮的军备竞赛也将对全球战略稳定造成极大的损害。如果核武器的数量不减反增，核打击的门槛越来越低，则必然引发其他有核国家进一步强化自身战略力量的发展，导致新一轮核扩散和核

---

① 《俄表示已准备好量产"萨尔马特"重型洲际弹道导弹》，新华网，2018年3月13日，http://www.xinhuanet.com/2018-03/13/c_1122531075.htm.

安全危机。尽管中国始终坚持自卫防御的核战略，也不谋求与其他核大国之间实现核平衡，但美俄之间的军备竞赛同样会对中国核威慑的有效性造成不利影响。此外，美俄核裁军的停滞以及新一轮核扩散的出现将给国际军控体系带来十分严重的后果。随着美国退出《中导条约》，俄罗斯或许也将突破相关限制。而一旦两国重新发展大规模的陆基中程导弹，则将直接恶化中国的周边安全。

三、美日韩延伸威慑对东北亚地区的影响

冷战后，由于苏联的消失，美日和美韩同盟都经历了短暂的"漂流"时期。日韩两国力图摆脱在军事上对美国的依赖，而在安保和外交领域获得更大的自主权。然而，朝核危机的爆发很快改变了日韩两国的威胁感知和安全环境。对日本来说，朝鲜的核导威胁以及"人质事件"是其改变安保政策，重整军备的直接原因。2010 年之后，中国的快速崛起与朝核危机相叠加，则成为了日本政治上不断右倾化，拥核言论频发的重要借口。而对韩国来说，由于"阳光政策"的失败，韩国又迅速回到和美国一起以经济制裁和军事实力压服朝鲜的老路上来。但朝鲜却在核导技术上不断取得重大突破，进而导致韩国国内出现拥核或者要求重新前沿部署核武器的呼声。为了应对日益严峻的朝核局势，美国通过反复确认对日韩的安全承诺、建立延伸威慑对话机制、前沿部署导弹防御系统、提供核导领域的技术支持等一系列措施，提振了日韩对安保态势的信心，确保了两国仍然坚持核不扩散政策。然而，美国强化对日韩延伸威慑战略的做法不仅鼓励日本扩军修宪，将"萨德"系统引入韩国，而且刺激朝鲜进一步核扩散。这些都恶化了东北亚地区的安全两难问题，并对中国的周边安全造成极大的负面影响。

20 世纪 80 年代，日美经贸摩擦十分激烈，日本国内的部分保守派政治家也对长期以来"美主日从"的不平等关系感到十分不满，因而出现了脱美倾向。在对外关系方面，日本已经不甘于接受"经济巨人、政

治侏儒"的地位，试图摆脱战后体制，成为政治大国和军事强国。进入
20 世纪 90 年代，日美同盟持续下去的必要性更是在日本国内受到了广
泛质疑。1990 年，日本方面提议在冷战后确立以美国、日本和欧共体为
主导的国际政治经济新秩序。但在第一次海湾战争期间，日本只出钱不
出人的"支票外交"在国内外遭受到了广泛批评。随后，前首相中曾根
康弘和自民党政调会长三冢博提出修改宪法的主张。1993 年 5 月，自民
党干事长小泽一郎率众退党并在其出版的新书中强调，日本应该修改宪
法，在安保上由"专守防卫"转变为"创造和平战略"，从而与美国和
欧洲并列为三极世界中的一极。① 1994 年，"防卫问题恳谈会"提交的
《樋口报告》则进一步指出，日本应将冷战时期的安保政策转变为"多
边安全保障结构"。② 外务省随即提出所谓的"安理会入常"问题。而在
美国方面看来，上述举动都表明日本正力图减少对美国的依赖。在日美
同盟出现"漂流"状态的背景下，美国助理国防部长约瑟夫·奈（Jo-
seph S. Nye）主张笼络"大国化"的日本而非"敲打日本"。于是，美
国迅速发表了《东亚战略报告》，确认了美日同盟是维护东亚地区长期
繁荣和稳定的基石。③ 与此同时，日本方面之前的乐观情绪也因为泡沫
经济破灭而很快消散。取而代之的是对于朝核危机、"中国威胁"以及
其他新安全挑战的担忧。于是，日本开始逐步放弃"多边安全合作论"
和"适度脱美"的路线。④ 1996 年克林顿访日时，双方共同提出了《美
日安全保障联合宣言》，明确了日美同盟在冷战后的重要价值。通过对
日美同盟"再定义"，美日安保合作由冷战时期的防御为主转变为开始
积极介入地区安全事务。1997 年，双方又通过了新的《美日防卫合作指
针》，提出"周边事态"的概念，扩大同盟的活动范围，并建立协同作
战的安保政策。2000 年美国出台了第一份《阿米蒂奇报告》，提出日美

① 小沢一郎『日本改造計画』東京：講談社、1993 年、75 頁。
② 刘江永主编：《跨世纪的日本》，北京：时事出版社 1996 年版，第 38 页。
③ See Joseph S. Nye, Jr., East Asian Security: The Case for Deep Engagement, Foreign Affairs,
July/August, 1995, https://www.foreignaffairs.com/articles/asia/1995 – 07 – 01/east – asian – secur-
ity – case – deep – engagement.
④ 田中明彦『安全保障—戦後 50 年の模索』東京：読売新聞社、1997 年、325 – 336 頁。

关系将以英美"特殊关系"为发展蓝本，强调美国对日本提供明确的延伸威慑，同时在反恐、维和以及导弹防御等方面加强合作。① 小布什政府任内，美国鼓励日本改变"专守防卫"的军事原则，转而积极配合美国的全球反恐战略。日本则"借船出海"，通过了"反恐法案"，并开始向海外派兵协助美军作战。

　　几乎同一时期，美韩同盟也出现了从"漂流"到再调整的转变。冷战的结束以及此前卢泰愚政府"北方外交"的成功使得韩国将实现朝鲜半岛统一作为新时期的主要战略目标。1990 年 4 月，美国国防部根据国会通过的纳恩—华纳（Nunn - Warner）修正案发布了《东亚战略构想》（EASI），要求大幅度撤军并解散联合司令部，由韩国方面自主承担防卫职责。② 1991 年，老布什决定撤回全部前沿部署的核武器并迁移驻韩美军军事基地，进行分阶段撤军。韩国军方也于 1994 年年底重新获得平时作战指挥权。然而，美国的撤军计划由于 1993 年朝鲜核危机的爆发而中止，南北关系也由此陷入僵局。③ 而美韩在如何应对朝核危机的问题上出现了明显的分歧。克林顿政府于 1994 年发表的《接触与扩展的国家安全战略》，要求美国能够有效应对在中东和朝鲜半岛地区可能发生的大规模冲突。④ 1995 年，美国又发布了《东亚战略报告》，要求维持 10 万名驻军的总体规模，从而能够随时有效介入到地区冲突之中。⑤ 随后，克林顿政府又提出了"塑造（shape）、反应（respond）、准备（prepare）"的军事战略，强调针对不确定事态时刻保持"全面介入"的姿

　　① 陶文钊：《冷战后美日同盟的三次调整》，载《美国研究》，2015 年第 4 期，第 14 - 16 页。

　　② Department of Defense, "A Strategic Framework for the Asian Pacific Rim: Looking toward the 21th Century," Department of Defense Report to Congress, April, 1990, https: //babel. hathitrust. org/cgi/pt? id = uc1. 31822018798785; view = 1up; seq = 3.

　　③ 董向荣、韩献栋：《"朝鲜半岛信任进程"：背景、特征与展望》，载《东北亚论坛》，2014 年第 3 期，第 95 页。

　　④ "A National Security Strategy of Engagement and Enlargement," The White House, July 1994, http: //nssarchive. us/national - security - strategy - 1994/.

　　⑤ U. S. Department of Defense, "The United States Security Strategy for the East Asia - Pacific Region," February 1995, https: //babel. hathitrust. org/cgi/pt? id = uc1. 31210023599226.

态，威慑潜在对手。① 在此基础上，美国又重新回到了冷战时期运用军事力量对朝鲜进行遏制的轨道上。而韩国方面，金大中和卢武铉两届政府仍然试图通过温和的政策实现"吸收统一"，从而在安保问题上与美国拉开距离。小布什上台后，视朝鲜为"邪恶轴心"，并将其列入核打击名单。而韩国方面坚持以"阳光政策"改善南北关系，并提出经贸合作与核问题脱钩，主张和平对话。2002 年年底，韩国国内的反美抗议活动达到顶峰，卢武铉也很快以"反美左派"的形象上台，强调自主国防和平衡外交。美韩随即围绕撤军、基地搬迁以及战时指挥权归还等问题进行磋商。然而，由于韩国在防务上对美国的依赖在短期内难以改变，再加上安全形势的恶化使得激进的反美主义很快失势，当美国为了推行反恐战争而真的打算大幅削减驻韩美军时，韩国又对如何确保美国延伸威慑的可信度表现出极大的担忧。② 为了避免激化美韩矛盾以至于在半岛危机中彻底被美国抛弃，韩国方面很快做出了妥协。③ 美韩同盟由此进入再调整时期。

在朝鲜的核导威胁刺激下，"再定义"之后的美日同盟和美韩同盟纷纷选择强化延伸威慑战略作为应对。1998 年，朝鲜发射"光明星 1 号"卫星被美国认为是在试验"大浦洞 1"型弹道导弹。由于此次火箭发射飞越了日本列岛上空而造成日本国内极大的恐慌。于是，美日两国围绕建立导弹防御方面的合作明显加快。2002 年朝鲜宣布解除核冻结，美日两国随即强调将在反导问题上加强合作。2003 年，日本防卫厅首次提出关于导弹防御的预算并决定引进美国的导弹防御系统。该系统由负责海基中段拦截的宙斯盾舰载"标准 – 3"型（SM – 3）导弹系统和陆基末端拦截的"爱国者 – 3"型（PAC – 3）导弹系统组成。2005 年，日本方面正式批准了建立导弹防御的相关法案。2006 年，朝鲜又试射了

---

① U. S. Department of Defense, "The United States Security Strategy for the East Asia – Pacific Region," February 1998, https：//babel. hathitrust. org/cgi/pt？ id = mdp. 39015043053605；view = 1up；seq = 4.

② 汪伟民、李辛：《美韩同盟再定义与韩国的战略选择：进程与争论》，载《当代亚太》2011 年第 2 期，第 115 页。

③ 李军：《驻韩美军战略灵活性的内涵与影响》，载《现代国际关系》2006 年第 4 期，第 52 页。

"大浦洞2"型导弹并进行了第一次核试验。日本政府急忙要求美国重申其延伸威慑保护依然有效。[①] 时任美国国务卿赖斯立即访问日本并明确表示，美国将一如既往地对日本提供延伸威慑保护。日本外相麻生太郎这才赶紧表态，日本也将继续坚持无核政策。[②] 与此同时，日本国内希望能够确保美国延伸威慑的长期稳定，因此试图与美国建立某种核磋商机制。美国方面也给予了积极的回应。[③] 除此之外，美国还向日本部署了先进的 X 波段雷达，大幅提升其跟踪来袭导弹的能力。而日本也开始向美国共享大型防空雷达的相关数据。[④] 2007 年 3 月，日本正式部署"爱国者 – 3"型（PAC – 3）防空导弹。12 月，日本"金刚"号宙斯盾驱逐舰顺利举行了"标准 – 3"导弹的反导试验，使得日本成为继美国之后掌握海基导弹拦截技术的国家。[⑤] 日美围绕海基反导及相关战略战术的协同合作持续深化。2009 年，朝鲜正式退出"六方会谈"并举行了第二次核试验。2010 年又爆发了"天安舰"和"延坪岛"事件，使得半岛上空战争阴云密布。在地区局势日益紧张的背景下，安倍政府在2013 年发布的《国家安全保障战略》和《防卫计划大纲》都明确指出，朝鲜的核导能力严重威胁到日本的国家安全，加剧了地区冲突的可能。[⑥]为了应对朝鲜的核导进攻，美国和日本进一步深化导弹防御方面的合作，包括共同研发和共同生产。从目前的进展来看，其合作规模和深度甚至

---

① 日美安全磋商委员会当时发布报告称，美国的全部军事能力，即包括核与非核手段的攻击和防御力量将作为延伸威慑战略的核心，从而确保美国对日本的安全承诺。See "Alliance Transformation: Advancing United States – Japan Security and Defense Cooperation," May 1, 2007, http://www.mofa.go.jp/region/n – america/us/security/scc/joint0705.html.

② Thom Shanker and Norimitsu Onishi, "Japan Assures Rice That It Has No Nuclear Intentions," The New York Times, October 19, 2006, http://www.nytimes.com/2006/10/19/world/asia/19rice.html.

③ Hajime Izumi and Katsuhisa Furukawa, "Not Going Nuclear: Japan's Response to North Korea's Nuclear Test," Arms Control Today, June 2007, https://www.armscontrol.org/act/2007_06/CoverStory#bio.

④ Desmond Ball and Richard Tanter, "The Transformation of the JASDF's Intelligence and Surveillance Capabilities for Air and Missile Defence," Security Challenges, Vol. 8, No. 3, 2012, pp. 46 – 50.

⑤ 《日本宙斯盾舰成功试射了标准 – 3 型海基拦截导弹》，人民网，2007 年 12 月 18 日，http://military.people.com.cn/GB/1077/52987/6669842.html.

⑥ 《日媒：日本新国家安保战略旨在削弱战后和平主义》，中国新闻网，2013 年 12 月 19日，http://www.chinanews.com/gj/2013/12 – 19/5641250.shtml.

超过了美国和北约。

在美韩方面，2006 年朝鲜开展核试验之后，美国同样重申了对韩国的安全承诺。在随后召开的美韩年度安全磋商会议上（SCM），美韩首次将"延伸威慑"写入到联合声明当中。① 同时，双方对美韩联合司令部最主要的"5027 作战计划"（OPLAN 5027）进行了修改。由于朝鲜的核试验，此次修改在原先常规作战计划的基础上加入了应对核打击的具体内容，甚至包括对朝鲜进行"先发制人"核打击，从而使美国将如何提供延伸威慑的问题进一步细化。② 2008 年李明博政府上台后迅速强化了与美国的关系，并重新将核问题的解决与经贸援助挂钩。③ 然而，从2009 年开始半岛局势急转直下。时任美国国防部长盖茨（Robert Gates）再次重申，美国将利用包括核武器在内的所有军事手段向韩国提供延伸威慑保护。④ 2010 年，美韩确立了"2 + 2"安全会议制度，围绕半岛局势和美韩同盟安全合作进行密切的协调和磋商。而由于"延坪岛事件"的爆发，美国再次向韩国重申了延伸威慑承诺。⑤ 此外，双方还设立了延伸威慑委员会，并从 2011 年开始举行"延伸威慑手段运用沙盘推演（TTX）"。⑥ 在 2011 年韩美年度安全协商会议上，双方又确认组建高水平的"韩美统合防御对话"（KIDD，Korea – US Integrated Defense Dialogue）。该对话主要由两国国防部负责，囊括了此前设立的安全政策构想（SPI）、战略联盟工作组（SAWG）、延伸威慑政策委员会（EDPC）以及反导能力委员会（CMCC）等多项安全合作机制，统一协调双方对

---

① The 38th Security Consultative Meeting Joint Communiqué, October 20, 2006, Washington DC, https：//www. defense. gov/Portals/1/Documents/pubs/46th_SCM_Joint_Communique. pdf.

② "U. S. Agrees on Concrete Nuclear Umbrella for S. Korea," Hankyoreh, October 19, 2006, http：//english. hani. co. kr/arti/english_edition/e_international/165847. html.

③ 董向荣，韩献栋：《"朝鲜半岛信任进程"：背景、特征与展望》，载《东北亚论坛》，2014 年第 3 期，第 95 页。

④ Donna Miles, "Gates Reaffirms Commitment to South Korea," U. S. Department of Defense, October 22, 2009, http：//archive. defense. gov/news/newsarticle. aspx？id = 56342.

⑤ "After North Korean Strike, South Korean Leader Threatens 'Retaliation'," CNN, November 24, 2010, http：//edition. cnn. com/2010/WORLD/asiapcf/11/23/nkorea. skorea. military. fire/index. html.

⑥ 《韩美将开展演习应对"朝鲜核武器威胁"》，中国新闻网，2011 年 11 月 4 日，http：//www. chinanews. com/gj/2011/11 – 04/3438732. shtml.

安全态势的评估以及采取联合行动，为韩美同盟进一步强化奠定了制度基础。① 除了不断升级相关确保机制之外，美韩两军还举行了规模空前的军事演习。② 朴槿惠政府上台后继续坚持李明博政府时期以美韩同盟为基轴的方针。2013 年年初，朝鲜再次进行核试验。美韩双方随即制订了《联合应对局部挑衅的计划》。在 10 月 2 日举行的第 45 届美韩安全协商会议上，双方确认了针对朝鲜核导威胁的"定制威慑"战略。这被视为将美国对韩国的延伸威慑保护进一步"文档化"。③ 美韩在受到朝鲜方面的核导威胁后将采取联合军事行动甚至先发制人，而具体军事手段则包括核打击、常规武器打击、导弹防御等。在反导合作方面，韩国此前主要通过使用美国的"爱国者 2"型导弹（PAC – 2）和"爱国者 3"型导弹（PAC – 3）进行末段拦截。随着"定制威慑"战略的确立，美韩最终决定在韩国部署战区高空导弹防御系统"萨德"（THAAD）。该系统将与"爱国者"反导系统组建多层防御体系，从而进一步完善美国及其盟友在东北亚地区的导弹防御网络。而在"被动防御"型的导弹防御系统基础上，美韩还致力于共建"主动遏制"型

---

① Ministry of National Defense, ROK, "2012 Korea Defense White Paper," p. 75 – 76, http：// www. mnd. go. kr/user/mnd_eng/upload/pblictn/PBLICTNEBOOK_201308130553561260. pdf.

② 2010 年 7 月和 10 月，美韩两军分别举行了"不屈的意志"和"最响雷鸣"联合军演。而 11 月延坪岛事件爆发后，半岛形势进一步恶化。美军派遣"乔治·华盛顿"号航母进驻黄海。美韩两军则几乎每月举行一次联合军演，力图强化对朝鲜的武力威慑。2011 年 2 月，美韩军事委员会将应对朝鲜突发事态的"5029 计划"（CONPLAN 5029）由此前的"概念计划"升级为"作战计划"并应用到"关键决心/鹞鹰"例行军演中。同时，两军还在演习中特别增加了清除朝鲜核生化设施的项目。参见雷炎：《美韩军演：专门针对朝鲜政局》，载《中国国防报》2011 年 3 月 1 日，第 3 版。

③ 夏立平：《冷战后美国核战略与国际核不扩散提质》，北京：时事出版社 2013 年版，第 20 – 21 页；See "Tailored Deterrence Strategy against North Korean Nuclear and other WMD Threats," The 45th ROK – U. S. Security Consultative Meeting Joint Communiqué, October 2, 2013, Seoul, https：//www. defense. gov/Portals/1/Documents/pubs/Joint% 20Communique _% 2045th% 20ROK – U. S. % 20Security% 20Consultative% 20Meeting. pdf.

的"杀伤链"导弹攻击系统。① 除此之外，韩国还提出了"基于条件的战时作战指挥权移交方案"，即归还问题将不再设置具体的日期，而是根据半岛的安全环境、韩国军队应对核导威胁的能力以及主导美韩共同军事行动的能力来决定。事实上，韩国是再次通过让渡战时指挥权来拴住美国的延伸威慑保护。

然而，美国对日韩强化延伸威慑的做法在半岛问题上造成了两难的困境。毫无疑问，美国同日本和韩国之间的安全合作使得地区军事力量进一步失衡。而朝鲜发展核武器的根本原因也正是来自美国向韩国提供的延伸威慑保护。② 在 20 世纪 70 年代末至 80 年代初，美韩通过"协作精神"演习、"板门店冲突"以及"空降战"战略不断向朝鲜传递将对其进行核打击的信号。朝鲜也大致在这一时期启动了核武器研发项目。1991 年美国全面撤出核武器之后，朝韩两国则顺利签订了《无核化宣言》，一度改善了半岛地区的安全困境。可惜从小布什政府以来，美国坚持将朝鲜列为核打击对象并强化对日韩的延伸威慑，从而使朝鲜拥核自保的意志更加坚定。但另一方面，如果美国彻底放弃对日韩的延伸威慑战略，又很有可能引发东北亚地区更广泛的核扩散。这或许是美国明知可能刺激朝鲜，但仍然要坚持强化延伸威慑的重要理由。

正如前文所述，日本是不折不扣的"核门槛"国家。在美国的支持下，日本不仅积累了惊人的核技术能力和相关物质条件，而且还拥有能够改装为洲际导弹的先进运载火箭。③ 而在发展核武器的政治意图方面，

---

① 所谓"杀伤链"是指攻击移动中的重要目标的一系列军事行动的顺序，又称为"打击循环体系"。美国空军将"杀伤链"分为六个阶段：发现、锁定、跟踪、定位、交战和评估（F2T2EA，Find - Fix - Track - Target - Engage - Assess）。2013 年 2 月，韩国国防部提出美韩将构建"杀伤链"以应对朝鲜的核导威胁。该系统旨在实现在 30 分钟内迅速探测、识别、决策和打击朝鲜核武器的先发制人能力。2015 年，韩国国防部提出今后 5 年中将投入 6 万亿韩元建设"杀伤链"系统，包括引进多用途侦察卫星、"全球鹰"无人机和"金牛座"导弹。《韩将斥342 亿元构筑国防"杀伤链"》，《新京报》，2015 年 4 月 21 日，http：//epaper. bjnews. com. cn/html/2015 -04/21/content_572946. htm？div = - 1.

② 高奇琦，《美韩核关系（1956 年—2006 年）：对同盟矛盾性的个案考察》，复旦大学2008 年博士学位论文，第 168 - 170 页。

③ 孙向丽、伍钧、胡思得：《日本钚问题及其国际关切》，载《现代国际关系》，2006 年第 3 期，第 16 - 20 页。

朝鲜的核导威胁为日本国内的保守势力频发核武言论提供了口实。[①] 1995 年，日本政府官员曾表示，"能在 183 天里造出原子弹"。[②] 1999 年，日本防卫厅高官西村真悟又公开叫嚣核武装论。[③] 2002 年 5 月，时任内阁官房副长官的安倍晋三表示，日本具有随时开发核武器的能力。随后，时任官房长官福田康夫也呼应道，防卫性的核武器并不违宪，而"无核三原则"在必要的情况下也应当修改。[④] 与此同时，还有接近 1/5 的国会众议员也支持日本核武装。[⑤] 2004 年，前首相中曾根康弘又公开指出，小型核武器并不违宪且应该得到认可。[⑥] 2006 年，借着民众对朝核危机的恐慌情绪，日本政府打破了自战后从不公开讨论是否应当拥核的禁忌。时任自民党政调会长中川昭一要求，必须充分研究拥核这一政策选项。在时任外相麻生太郎的积极支持下，日本政府随后也发表声明称，宪法第九条并未禁止日本拥有核武器进行自卫。[⑦] 而日本知名学者北冈伸一随后强调，考虑到美国是否会履行核保护的承诺存在巨大的疑问，日本应当发展核武器。[⑧] 2009 年 4 月朝鲜发射卫星后，石原慎太郎强烈质疑美国延伸威慑的可信度，并极力主张扩军修宪。[⑨] 而当朝鲜退出六方会谈时，中川昭一又再次表示，"只有核武器才能对抗核武器，

---

① 秦禾：《朝鲜问题对日本核政策的影响》，载《国际政治研究》，2009 年第 2 期，第 170 页。

② 董露、周伟：《日本发展核武器的可能性分析》，载中国军控与裁军协会：《2007：中国军备控制与裁军报告》，北京：世界知识出版社 2007 年版，第 100 – 101 页。

③ 《鼓吹"核化"：日本防卫政务次官西村辞职》，中国新闻网，1999 年 10 月 20 日，http：//www. chinanews. com/1999 – 10 – 20/26/4424. html.

④ 陈志江：《日本政要叫嚣要拥有核武器》，《光明日报》，2002 年 6 月 4 日，http：//www. people. com. cn/GB/guoji/22/82/20020604/744047. html.

⑤ 滕建群：《日本"拥核"迷梦可休矣》，《解放军报》，2012 年 12 月 10 日，http：//navy. 81. cn/content/2012 – 12/10/content_5133862. htm.

⑥ 《中曾根表示日本拥有核武器符合宪法》，共同社，2004 年 1 月 8 日，http：//china. kyodo. co. jp/2004/sekai.

⑦ "Japan Can Hold Nuclear Arms for Self – defense：Govt," Reuters, January 20, 2007, https：//www. reuters. com/article/us – japan – nuclear/japan – can – hold – nuclear – arms – for – self – defense – govt – idUST4792620061114.

⑧ 北冈伸一：《日本应对"朝核"的五个选项》，新华网，2006 年 12 月 3 日，http：//news. sina. com. cn/w/pl/2006 – 12 – 03/133311687179. shtml.

⑨ "东京市长促推翻宪法 主张日本军事独当一面"，环球网，2009 年 4 月 19 日，http：//world. huanqiu. com/roll/2009 – 04/427907. html.

这是世界常识"。① 2012 年 6 月，日本批准了新的《原子能基本法》。与此前规定核技术研发仅限于和平目的不同，此次修正案在核技术开发的基本方针中加入了"有利于国家的安全保障"这样的模糊表述。2014年，时任外相岸田文雄指出，每个国家都拥有在应对紧急事态时动用核武器进行自我保护的权利。② 与拥核言论频频冲击日本的无核政策形成鲜明对比的是日本民众长期拥有的"核过敏"正在逐渐消退。③ 随着冷战后左翼力量式微，日本整体右倾保守化的趋势已经十分明显。再加上世代更迭使得日本青年人也不曾共有惨痛的核记忆，于是在核武装问题上采取了相对冷漠的态度。

韩国和日本一样也是不折不扣的"核门槛"国家。韩国曾在 1979—1982 年先后进行了化学铀浓缩实验和分离钚的实验。④ 1990 年，韩国开始研究原子蒸汽激光同位素分离法（AVLIS），并于 2000 年成功实现激光铀浓缩活动。⑤ 尽管这些都只是实验室级别的核活动，但都与核武器研发密切相关。而且韩国政府故意向国际原子能机构隐瞒了上述核活动。⑥ 显然，韩国的核技术能力距离研发核武器只差那么"一小步"。⑦此外，历届韩国政府也几乎从未放弃对后处理技术的追求。而由于美国政府对此进行了严格的限制，韩国方面也一直抗议美国在后处理问题上

① 『「核に対抗できるのは核」中川前財務相 また武装論を展開』共同通信配信、2009年 4 月 20 日、http：//www. hiroshimapeacemedia. jp/？p＝994.

② 川田忠明『政府の新たな核兵器政策 核使用を容認「集団的自衛権として」岸田外相が「スピーチ」』、「しんぶん赤旗」、2014 年 2 月 10 日、http：//www. jcp. or. jp/akahata/aik13/2014－02－10/2014021003_01_1. html.

③ Brendan Taylor, "Asia's Century and the Problem of Japan's Centrality," *International Affairs*, Vol. 87, No. 4, 2011, pp. 883－884.

④ Jungmin Kang, Peter Hayes, Li Bin, Tatsujiro Suzuki and Richard Tanter, "South Korea's Nuclear Surprise," *Bulletin of the Atomic Scientists*, Vol. 61, No. 1, 2005, p. 44.

⑤ Mark Hibbs, "77% U－235 Was Peak Enrichment Reported to IAEA by South Korea," *Nuclear Fuel*, Vol. 29, No. 30, September 27, 2004, pp. 7－8.

⑥ Mark Hibbs, "ROK Claimed IAEA Knew of U Work, Pressed for No IAEA Board Report," *Nucleonics Week*, Vol. 45, No. 39, September 23, 2004, p. 1.

⑦ 胡思得主编：《周边国家和地区核能力》，北京：原子能出版社 2006 年版，第 65 页。

对日韩采取双重标准、厚此薄彼的做法。① 随着朝鲜近期在核导技术上取得关键性突破，韩国政府高层以及部分民众发出了要求美国重新前沿部署核武器的呼声。据韩国媒体报道，青瓦台方面早在 2016 年就要求美国重新考虑前沿部署核武器。② 2017 年 9 月，美国媒体披露韩国国防部长宋永武（Song Young－moo）在与美国国防部长马蒂斯（Jim Mattis）的会谈中再次表示，希望美国重新向半岛地区部署包括各种战略战术武器在内的核威慑力量，从而应付来自北方的核导威胁。③ 尽管韩国总统府赶紧出面澄清，但根据民调显示，仍有超过 60% 的韩国民众支持美国重新部署核武器或者由韩国独立发展核武器。④ 而韩国前外长金星焕（Kim Sung－Hwan）也公开表示，如果美国无法提供可靠的延伸威慑，那么韩国国内要求发展核武器的力量会愈发强大。⑤

　　从冷战时期的经验可知，美国的延伸威慑战略是长期维持日韩两国无核地位的关键所在。如果美国无法继续确保其延伸威慑的可信度，那么日韩两国就会有更大的政治冲动来发展核武器。因此，每当朝鲜进行核导试验后，美国都积极向日韩重申其延伸威慑的承诺。而美国国内围绕核力量现代化的争论以及核武器使用原则的讨论也始终牵动着日本和

---

　　① 1983 年，韩国与加拿大围绕串级燃料循环（tandem fuel cycle）开展合作研究。在美国政府的强烈反对之下该研究被迫中止。1992 年，韩国再次提出直接向美国学习后处理技术的要求，仍然遭到拒绝。随后，韩国又试图通过同英法合作在海外进行后处理活动，也再次遭到美国的反对。See Jungmin Kang, Peter hayes, Li Bin, Tatsujiro Suzuki and Richard Tanter, "South Korea's Nuclear Surprise," *The Bulletin of Atomic Scientists*, Vol. 61, No. 1, 2005, pp. 40－49.

　　② Jun Ji－hye, "Calls Growing for Redeploying Nuclear Weapons in S. Korea," The Korea Times, September 11, 2017, http://www. koreatimes. co. kr/www/common/vpage－pt. asp? category-code＝205&newsidx＝236300.

　　③ Anna Fifield, "South Korea's Defense Minister Suggests Bringing Back Tactical U. S. Nuclear Weapons," The Washington Post, September 4, 2017, https://www. washingtonpost. com/world/south－koreas－defense－minister－raises－the－idea－of－bringing－back－tactical－us－nuclear－weapons/2017/09/04/7a468314－9155－11e7－b9bc－b2f7903bab0d_story. html? utm_term＝. 2e99188b6960.

　　④ David E. Sanger, Choe Sang－Hun and Motoko Rich, "North Korea Rouses Neighbors to Reconsider Nuclear Weapons," New York Times, October 28, 2017, https://mobile. nytimes. com/2017/10/28/world/asia/north－korea－nuclear－weapons－japan－south－korea. html.

　　⑤ Michelle Ye Hee Lee, "More Than Ever, South Koreans Want Their Own Nuclear Weapons," The Washington Post, September 13, 2017, https://www. washingtonpost. com/news/worldviews/wp/2017/09/13/most－south－koreans－dont－think－the－north－will－start－a－war－but－they－still－want－their－own－nuclear－weapons/? utm_term＝. a2822c7fe9e0.

韩国的神经。当奥巴马提出无核世界愿景后，日韩均对此表示担忧。于是，美国赶紧同日本建立了延伸威慑对话（EDD）定期磋商机制，并将其纳入美日"2+2"安全会谈当中。而美韩两国也在年度安全磋商会议上确立了核磋商机制，并随后设立了延伸威慑政策委员会。除了完善核磋商机制之外，美日韩部分官员和学者还积极设想在东北亚建立类似于北约那样的核分享机制。[①] 日本方面甚至提出效仿美德合作，即通过日本自卫队驾驶双重能力战机来投掷核重力炸弹的方式来提升延伸威慑的可信度。[②] 显然在朝核危机升级的情况下，日韩已经不满足于美国的战略核武器所提供的保护。美国国防部也认为，受到北约模式的影响，东亚盟友会更倾向于分享"清晰可见"的战术核武器，并将其作为美国能否继续履行安全承诺的标志。[③] 为了安抚东亚盟友，美国国会曾在2012年5月提出一项修正案，要求奥巴马政府研究重新在这一地区前沿部署核武器的可能，从而更加有效的应对来自朝鲜的核导威胁。[④] 此外，美国核武器的日益老化也使得日韩担心美国延伸威慑在未来的可靠性。奥巴马总统之所以在离任前夕通过3000亿美元的核武库现代化计划并放弃推动不首先使用政策的做法，其中一个很重要的原因就是为了确保对东亚盟友的延伸威慑始终可靠。而这一系列确保措施在特朗普政府上台后得到了进一步强化。特朗普政府不仅强化了核武器在国家安全战略中的作用，而且明确了美国将继续研发新型核武器，并坚持实战威慑的核战

---

① Agence France - Presse, "Majority of S. Koreans Want Atomic Bomb: Survey," Straits Times, March 23, 2011, https://www. defencetalk. com/majority - of - south - koreans - want - atomic - bomb - 33020/; Ralph Cossa, "US Nukes to South Korea?" Japan Times, July 27, 2011, https://www. japantimes. co. jp/opinion/2011/07/27/commentary/world - commentary/u - s - nukes - to - south - korea/#. WrKFW - hubZs.

② Michael J. Green and Katsuhisa Furukawa, "Japan: New Nuclear Realism," in Muthiah Alagappa, ed., The Long Shadow: Nuclear Weapons and Security in 21st Century Asia, Stanford: Stanford University Press, 2008, p. 360. See also "A New Phase in the Japan - US Alliance: the Japan - US Alliance toward 2020," 2009 Project Report, Institute for International Policy Studies, September 2009, p. 10, http://www. iips. org/research/data/J - US - SEC2009e. pdf.

③ Steven Pifer, NATO, Nuclear Weapons and Arms Control, Brookings Arms Control Series 7, Washington DC: Brookings Institution Press, July 2011, p. 39.

④ 中国国际问题研究所军控与国际安全研究中心：《全球核态势评估报告2012/2013》，北京：时事出版社2013年版，第334页。

略原则。最后,在美国的支持下,日韩两国或将长期作为核潜力国家存在。2015 年,美韩新修订的原子能协议对韩国的铀浓缩和后处理活动进行"松绑"。而韩国的导弹技术也在近几年获得全面解禁,从而有望构建类似于日本那样的技术型威慑。①

而《日美核能协定》在 2018 年到期后也获得了自动延长。它意味着在对冲日益高涨的地区安全不确定性和彻底摆脱"战后体制"的共同需求下,日本长期坚持的"核避险"战略得以延续。日本的后处理项目并不具备经济性且伴随着巨大的核扩散风险早已是不争的事实。受福岛事件的影响,日本国内重启核电站的进程缓慢,对于分离钚的消耗速度不会有明显的提升。而一旦六所村后处理工厂于 2021 年开工,分离钚的存储量或将进一步增加。② 美国国内则对日本的钚堆积问题给地区安全和防扩散问题所带来的负面影响表现出担忧。日本的钚堆积问题无疑将增加朝鲜的弃核难度,朝鲜后来发表的白皮书也对日本旨在借助后处理项目谋求核武装进行了严厉的批判。③ 此外,由于历史问题和地缘政治因素,日本的钚堆积问题极易引发中、日、韩三国之间开展"后处理竞赛"。④ 为了应对上述问题,包括时任日本外相河野太郎在内的美日两国

---

① 从 20 世纪 80 年代开始的十多年里,韩国的导弹技术发展都受制于《导弹技术控制协议》(MTCR)以及美韩 1979 年备忘录对导弹射程和弹头重量的严格规定。然而,1998 年朝鲜试射"大浦洞 1"型导弹后,韩国也试射了"玄武"导弹。美国随后逐步放宽了对韩国导弹技术的限制。2001 年,美韩重新签署了导弹协议,将韩国导弹的射程由此前规定的 180 公里延长到 300 公里。2002 年,韩国从美国进口了 111 枚射程在 300 公里的布洛克战区导弹。2006 年朝鲜导弹试验后,韩国国防部提出将研发射程在 1000 公里的"天龙"巡航导弹,并成立韩国陆军导弹司令部。2012 年,韩美又确认将韩国的导弹射程由 300 公里增加至 800 公里,从而能够覆盖朝鲜全境。而在朝核危机愈演愈烈的背景下,美国特朗普政府最终同意解除对韩国导弹弹头的重量限制。

② World Nuclear News, "Further Delay to Completion of Rokkasho Facilities," December 28, 2017, http://www.world – nuclear – news.org/WR – Further – delay – to – completion – of – Rokkasho – facilities – 2812174.html, 2019 – 01 – 30.

③ 《朝鲜发布白皮书强调和平利用核能 批判日本持有大量核武原料》,环球网,2018 年 8 月 6 日,https://m.huanqiu.com/r/MV8wXzEyNjU1Mzc5XzEzOF8xNTMzNTE4NzYw, 2019 – 01 – 30。

④ Victor Gilinsky and Henry Sokolski, "Make US – Japanese Nuclear Cooperation Stable Again: End Reprocessing," Bulletin of the Atomic Scientists, June 27, 2018, https://thebulletin.org/2018/06/make – us – japanese – nuclear – cooperation – stable – again – end – reprocessing/, 2019 – 01 – 30.

有识之士在 2017 年 2 月 24 日发表了一份关于日本钚政策的联合声明，建议美日两国重新评估六所村后处理设施对地区和国际安全可能造成的影响；分析当前分离钚的安全性并减少国际社会的担忧；并在东北亚地区实现后处理冻结（暂停生产钚）。① 3 月 14 日，美国参议员马基（Edward Markey）、众议员谢尔曼（Brad Sherman）和福滕伯里（Jeff Fortenberry）联名向时任国务卿蒂勒森致信，要求其在东亚之行中明确向中、日、韩三国提出同时暂停后处理的建议。② 到了 11 月 7 日，一批前小布什政府时期的高官也加入支持暂停后处理的队伍中来。③ 即便如此，在美日两国政府的共同努力下，《美日核能协定》最终还是顺利得到续签。对安倍政府而言，这不仅强调了日本后处理权利的合法性，而且预示着在中长期内日本将始终作为一个"核门槛"国家而存在。从历史上看，该协定为日本的"核避险"战略提供了物质基础和制度性保障，从而使得部分保守派的"核大国迷梦"可以得到延续。在这些人看来，拥有核武器是日本在右倾保守化的道路上不可回避的问题。从现实安全的角度分析，《美日核能协定》亦是日本应对地区安全不确定性的"最后一张王牌"。尤其在美国相对衰弱的大背景下，尽管美日同盟军事一体化不断加强，但特朗普政府也曾多次表示过让日本自行承担防卫责任的意愿。日本面临"被抛弃"的战略风险在近几年确有上升的趋势。因此，以"核避险"战略对冲外部安全的不确定性是日本在安保领域自主性增强的必要显现。而从特朗普政府的角度来看，确保日本的核潜力对于美国整体国家安全战略具有非同寻常的意义。历史上，以"民用补偿军用"是美日核关系长期稳定的基石。给予日本积蓄核潜力的空间不

①　"NPEC's Executive Director signs Japanese Plutonium Policy Joint Statement," Nonproliferation Policy Education Center, February 24, 2017, http：//npolicy. org/article. php? aid = 1330&rid = 2, 2019 - 01 - 30.

②　Sherman Markey Fortenberry Letter to Secretary Tillerson, Congress of the United States, March 14, 2017, https：//sherman. house. gov/sites/sherman. house. gov/files/Sherman - Markey - Fortenberry - Letter - to - Secretary - Tillerson - March14. pdf, 2019 - 01 - 30.

③　"Former Bush Officials Back East Asia Plutonium Production Pause," Nonproliferation Policy Education Center, November 7, 2017, http：//npolicy. org/article. php? aid = 1352&rid = 2, 2019 - 01 - 30.

仅可以满足美国防扩散政策在形式上的成功，而且可以确保日本短期内不会脱离美日核关系的框架。现实中，美国为了遏制潜在的竞争对手，积极为日本"松绑"，鼓动其扩军修宪，打造"无缝衔接"的美日军事一体化建设。具有核潜力的日本既能威慑朝鲜，又能牵制中国，显然符合美国总体的地区安全利益。

然而，美日同盟延伸威慑机制的强化，尤其是《美日核能协定》的续约或使原本已经十分复杂的地区核态势更加纠缠不清。一方面，日、韩、朝之间存在一个联动的三角关系。日本以"核避险"战略对冲朝鲜的核、导威胁，而朝鲜同样以日本的钚堆积为借口不会轻易弃核。韩国则在后处理问题上采取盯住日本的做法。而一旦朝鲜弃核陷入僵局，韩国从美国那里获得后处理权限的可能性将进一步增加。这样一来，日本和朝鲜将更不愿意放弃各自的核项目，日、韩、朝三国的核潜力地位和实际拥核地位就此被锁定。另一方面，中、日、韩之间或面临"后处理竞赛"的风险。大规模的钚堆积造成了严重的核安全以及核扩散问题。为了避免出现核恐怖袭击或是核军备竞赛等极端情况，美、日两国国内均有人提出全面冻结东北亚后处理项目的倡议。① 不过，这种"一刀切"的设想在缺乏相应的经济和安全制度保障的情况下，几乎不可能被任何一方所接受。

综上所述，美国的延伸威慑战略在东北亚实际上面临着两难的困境。如果朝鲜的核导威胁不断提升，那么要继续维持日本和韩国的无核国家地位就会愈发困难。而一旦这种平衡被打破，那么整个地区都将陷入核军备竞赛。这就使得美国的延伸威慑，尤其是其核保护部分长期成为美日同盟和美韩同盟的战略核心。为了确保延伸威慑的可信度，美国与其东亚盟友纷纷建立了核磋商机制，前沿部署多层导弹防御系统，并定期举行大规模军事演习。此外，美国还在核政策宣示以及核武库建设方面

---

① See Letter Congress to Pompeo, U. S. House of Representatives, Committee on Foreign Affairs, August 22, 2018, http：//npolicy. org/Letters% 20and% 20Docs/2018 – 08 – 22_Letter_Congress_to_Pompeo. pdf, 2019 – 01 – 30.

强调核武器的作用及其灵活使用，从而满足延伸威慑战略的需要。① 然而，美国强化对日韩延伸威慑的做法无疑增加了对朝鲜的敌意，加剧了地区力量的不平衡发展，从而刺激朝鲜进一步谋求核导能力作为回应。这又反过来促使美日韩在延伸威慑的问题上继续加码。从朝核危机爆发以来，朝鲜的核导技术节节攀升，已然成为事实上的有核武器国家。而美日同盟和美韩同盟在军事一体化以及安全保障领域的合作也持续深化。从理论上分析，不能排除美国为了确保延伸威慑的可信度而重新向东北亚地区前沿部署核武器，甚至仿效北约核分享模式的可能性。但其带来的问题显然远比其解决的问题要多得多。尽管 2018 年以来，半岛形势一度峰回路转，南北关系的缓和以及特朗普和金正恩的首脑会晤给和平解决半岛无核化问题带来了曙光。但历史经验表明，只要结构性的安全困境得不到缓解，美国及其盟友坚持延伸威慑战略，那么半岛形势仍将呈现出紧张与缓和交织的复杂态势。随着朝美在先弃核还是先取消制裁，通过一揽子方案解决还是分步渐进弃核等问题上争执不下，双方或将重新回到以导弹试验和制裁—军演相互威逼的轨道上。

四、美国延伸威慑对中美战略稳定的影响

美国强化对东亚的延伸威慑，不仅给中国的周边安全造成压力，而且直接威慑中国的战略目的也越来越明显。尤其从 2012 年以来，在中国快速崛起和美国"亚太再平衡"的背景下，以"钓鱼岛"事件和"萨德"风波为代表，充分体现了美国的延伸威慑战略对中美战略稳定的消极影响。而特朗普政府上台后，美国更是提出重回"大国竞争时代"的口号，渲染中国的军事力量威胁，并继续强化排他性的战略力量建设，从而加剧了中美之间爆发军备竞赛和危机冲突的风险。中国固然有底气"不随美国新版《核态势审议报告》起舞"，但也要兼顾如何在高技术领

---

① Andrew O'Neil, "Extended Nuclear Deterrence in East Asia: Redundant or Resurgent?" *International Affairs*, Vol. 87, No. 6, 2011, pp. 1439 – 1457.

域占得先机，避免在战略竞争中陷入被动。此外，在所谓"灰色地带"和危机事件中，中国仍需通过双边和多边制度建设，维系中美之间的战略沟通和互信，避免因误判而引发冲突升级。

所谓战略稳定，主要是由危机稳定性和军备竞赛稳定性这两个关键要素所构成。① 其中，危机稳定性指的是双方的战略力量对比，包括武器数量、结构类型和使用原则等是否易于造成某一方在危机中对另一方采取威逼政策，甚至是核讹诈。同样，军备竞赛稳定性是指双方的战略力量对比是否易于引发军备竞赛。如果既容易采取威逼政策，又容易引发军备竞赛，那就说明双方之间的战略稳定性较弱。李彬指出，在新的国际格局下，可以将一般攻防理论与经典军备控制理论相结合，从而进一步丰富新时期战略稳定性的构成。② 其中，危机稳定性对应的概念是双方之间出现战略失衡，而军备竞赛稳定性则体现为双方之间的战略武器发展呈正相关关系。除此之外，"核禁忌"的牢固程度与战略互信也对维护战略稳定起到重要作用。而根据这一理论可以发现，美国的延伸威慑战略不仅使中国易于受到威逼，而且刺激中美开展军备竞赛，并在全球范围内削弱"核禁忌"的作用，最终破坏中美战略稳定。

从危机稳定性的角度来看，早在冷战时期，美国就利用其核优势在朝鲜战场上和"台海危机"中对中国采取威逼政策。冷战后，美国继续推行其核霸权政策。在第三次"台海危机"爆发后，美国总统克林顿于1997年颁布了第60号总统令（PPD-60），增加了可能对中国进行核打击的目标修订。2002年，小布什出台的《核态势审议报告》更是直接针对所谓的"中国威胁"，再次试图以"核恐吓"干预台海局势。③ 然而，随着中美经贸相互依赖的深化和中国军事力量的不断发展，美国直接对中国采取威逼政策的有效性越来越弱，中美之间的危机稳定性一度得到保障。但在新时期，中国与周边国家的摩擦日益增多，而中美之间的力

---

① 李彬：《军备控制理论与分析》，北京：国防工业出版社2006年版，第66-88页。
② 李彬、聂宏毅：《中美战略稳定性的考察》，载《世界经济与政治》，2008年第2期，第13-19页。
③ 朱锋：《"核态势评估报告"与中国》，载《国际政治研究》，2002年第2期，第82-91页。

量对比也呈现此消彼长的态势。这就使得美国及其盟友在强化延伸威慑战略的过程中更多地考虑如何实现制衡中国的目标。以"钓鱼岛"事件为例，美日两国通过一系列政治和军事合作，试图将双方的力量对比朝着不利于中国的方向发展，进而在争端中易于对中国施压，导致危机不稳定性增加。

2008 年国际金融危机爆发重创美国经济，再加上阿富汗和伊拉克两场战争久拖不决且消耗巨大，美国的综合实力呈现下降趋势。与此同时，在金融危机的波及下以西方发达国家为主导的国际体系受到巨大挑战，而以中国为代表的新兴国家则迅速崛起，权力转移的特征十分明显。为了维护美国的地区霸权，奥巴马政府上台后很快提出了"亚太再平衡"战略，试图制衡中国日益壮大的地区影响力。而美日同盟则成为该战略中的关键环节。由于美国削减防务开支，其再平衡战略急需日本在地区防务问题上分摊责任。从日本方面看，以 2010 年"撞船事件"和 2012 年"购岛事件"为标志，钓鱼岛危机持续升级造成中日关系不断恶化。而近几年中国海上力量又进一步增强，在东海和南海持续出现紧张态势。因此，日本在制衡中国的问题上与美国有着共同利益，试图通过进一步强化日美安全合作为日本在地区冲突中赢得优势。但另一方面，日本也认识到在美国相对衰落的大背景下，其延伸威慑的可信度值得令人怀疑。[①] 因此，日本政府以中国为假想敌大肆扩军修宪，谋求在安全事务上的独立自主，进而最终打破"战后体制"，成为"正常国家"。而美国在积极发挥日本作用的同时也注重确保其延伸威慑的可信度，从而避免日本在右倾保守化和扩军修宪的道路上越走越远，以至于脱离日美同盟的框架。

从政治表态上来看，尽管美国宣称在领土争端问题上保持中立，但为了确保延伸威慑战略的实施，最终还是给出了《美日安保条约》适用于钓鱼岛的承诺。2010 年"撞船事件"发生后，时任美国国务卿希拉

---

① 吴怀中：《安倍"战略外交"及其对华影响评析》，载《日本学刊》，2014 年第 1 期，第 51 页。

里·克林顿就声明,《美日安保条约》适用于钓鱼岛问题。[①] 而 2012 年 "购岛事件" 发生后,时任助理国务卿坎贝尔(Kurt Campbell)明确表示,美国在钓鱼岛主权归属问题上不持立场,但《美日安保条约》的覆盖范畴包括钓鱼岛。[②] 2013 年,希拉里再次发表声明称,美国反对单方面削弱日本对钓鱼岛行政管辖权的行为。[③] 2014 年 4 月,奥巴马访问东京时又给出正式承诺,即《美日安保条约》第五条适用于钓鱼岛争端。[④] 显然,奥巴马的表态主要是为了消除日本对美国安全承诺的疑虑。

然而,日本方面并不满足于仅仅得到美国政治上的支持,其主要的顾虑包括以下几个方面:首先,只要中日双方的冲突没有上升到军事对抗的级别,美国的政治承诺就很难发挥实际作用。换句话说,美国的延伸威慑能否有效应对低于大规模军事行动门槛以下的冲突存在较大的不确定性。这其实是冷战期间美国在柏林危机问题上就遇到过的悖论。尽管美国在战略力量方面具有优势,但在应对岛屿争端,尤其是冲突初始阶段,战略力量能发挥的作用其实较为有限。其次,虽然美国给出了安保条约适用于钓鱼岛争端的承诺,但对于美国具体在何种情况下会介入以及具体使用什么样的手段介入都不得而知。因此,美国释放的保护日本的信号仍然比较模糊,不足以威慑中国方面可能采取的行动。再次,美日对于钓鱼岛所具有的政治和战略意义有着完全不同的判断。由于地理上的隔阂,美国为了一些千里之外的岛礁,不惜以身犯险而保卫盟友,反而使得这种威慑有些不可信,更不用说动用战略武器了。最后,日本

---

① U. S. Department of State, "Joint Press Availability with Japanese Foreign Minister Seiji Mehara," speech by Hillary Rodham Clinton, in Honolulu, Hawaii, October 27, 2010, http: //m. state. gov/md150110. htm.

② "Statement of Kurt Campbell, Assistant Secretary of State," Maritime Territorial Disputes and Sovereignty Issues in Asia: Hearing before the Subcommittee on East Asian and Pacific Affairs of the Committee on Foreign Relations, 112th Congress, 2, September 20, 2012, http: //www. gpo. gov/fdsys/pkg/CHRG － 112shrg76697/html/CHRG － 112shrg76697. htm.

③ U. S. Department of State, "Remarks with Japanese Foreign Minister Fumio Kishida after their Meeting," speech by Hillary Rodham Clinton, January 18, 2013, http: //www. state. gov/secretary/20092013clinton/rm/2013/01/203050. htm.

④ Office of the Press Secretary, The White House, "Press Conference by Obama, Japanese PM Abe," April 24, 2014, http: //iipdigital. usembassy. gov/st/english/texttrans/2014/04/20140424298237. html#ixzz30J147bNS.

十分清楚中美之间主要是竞争关系，而与冷战时期美苏之间全面敌对的关系不同。美国过去一直试图在中日冲突当中扮演平衡者的角色，即在中国迅速崛起和日本右倾保守化的背景下，美国谋求利用日本制衡中国的崛起，同时与中国保持战略接触而防范日本过度扩充军备，并最终脱离日美同盟。① 通过中日两国相互牵制从而巩固美国的领导地位也符合其一贯的战略思维。② 考虑到当美国积极确保对日本的延伸威慑时，很有可能鼓励日本做出冒险行动或使中国产生战略误判，而一旦中日之间冲突升级又会使美国陷入进退维谷的尴尬境地。因此，每当美国向日本提供战略确保的同时，又会立即向中国进行战略再确保，阐明美国的地区安全政策不会威胁中国的核心利益，从而避免彻底激化矛盾。事实上，奥巴马在声明《美日安保条约》适用于钓鱼岛的同时也表示，"美国支持中国的和平崛起"，"美国没有划设红线"，并鼓励中日通过对话解决问题。③ 美国对中国的再确保无疑抵消了强调安保条约适用于钓鱼岛的威慑效果，而这正是日本所担忧的情况。④ 由于各方并非处于零和博弈的状态，使得延伸威慑与确保和再确保之间的关系变得十分微妙，美国在三者之间转圜的余地也就变得很大。⑤

因此，除了政治表态之外，日本方面更希望掌握美国将在钓鱼岛冲突中具体如何保卫日本的利益，将美国的延伸威慑落到实处。在这一背景下，日美两国军事一体化深入开展。双方通过共享军事情报、共同制

① Emma Chanlett - Avery, Kerry Dumbaugh, William H. Cooper, "Sino - Japanese Relations: Issues for U. S. Policy," Congressional Research Service, December 19, 2008, p. 20, https://assets. documentcloud. org/documents/370850/sino - janapnese - relations - issues - for - u - s - policy. pdf.

② ［美］兹比格涅夫·布热津斯基、布兰特·斯考克罗夫特：《大博弈——全球政治觉醒对美国的挑战》，姚芸竹译，北京：新华出版社 2009 年版，第 105 页。

③ The White House, "Joint Press Conference with President Obama and Prime Minister Abe of Japan," April 24, 2014, https://obamawhitehouse. archives. gov/the - press - office/2014/04/24/joint - press - conference - president - obama - and - prime - minister - abe - japan.

④ 《日媒：奥巴马访日追求实利 安倍盲目乐观导致失算》，环球网，2014 年 4 月 26 日，http://world. huanqiu. com/exclusive/2014 - 04/4981474. html? qq - pf - to = pcqq. c2c；"Japan's Security Dilemma," The Japan Times, August 6, 2013.

⑤ Mira Rapp Hooper, "Uncharted Waters: Extended Deterrence and Maritime Disputes," The Washington Quarterly, Vol. 38, No. 1, 2015, p. 130.

订作战计划、强化共同军事训练以及共建导弹防御系统等方式推进两军联合作战的能力建设。2012 年 7 月，双方围绕同意日本派遣自卫官常驻美国五角大楼达成协议，强化了两军在应对紧急事态时及时沟通、相互协调并做出快速反应的能力。随后，美日两国军方高层又围绕如何加强在海陆空及网络空间的联合行动进行了磋商。在这一时期，美国还向日本部署了第二个 X 波段雷达、F－35 隐形战机和鱼鹰旋翼机等一系列具有针对性的先进武器装备，从而应对中日在东海问题上的摩擦。此外，美日两国还以中国"占领"钓鱼岛为假想，制订联合作战计划。为了强化日本自卫队保卫"离岛"的能力，2012 年 8 月 21 日，美日两军开展了为期 37 天的"夺岛"联合军事演习。2013 年 1 月 23 日，美日又发起了代号为"铁拳"的联合军事演习。美军出动鱼鹰旋翼机运送日本自卫队登岛，并在日方的指引下对岛上目标发起导弹和空中打击。6 月，日本又派出"日向"号直升机航母及陆战自卫队与美国海军陆战队开展"黎明闪电"两栖军事演习。双方围绕抢滩登陆、夺取岛屿以及快艇突袭等多个科目进行协同作战。这也是日本海陆空自卫队第一次围绕"夺岛"进行联合演习，并与美军开展联合行动，双方协同作战的能力不断提升。而为了扫清两军协同作战的法律障碍，美国方面还积极支持安倍政府解禁集体自卫权。2012 年，美国智库战略与国际问题研究中心（CSIS）发布《美日同盟：亚洲稳定之锚》（通称第三次《阿米蒂奇—奈报告》），认为日本在行使集体自卫权方面的限制成为了日美同盟发展的"障碍"。[①] 2013 年举行的美日"2＋2"安全会谈则肯定了日本解禁集体自卫权的动议。[②] 2014 年上半年，包括奥巴马本人以及其他美国高官都纷纷表示支持日本解禁集体自卫权。[③] 2015 年，日本政府通过一系列安保

---

① Richard L. Armitage, Joseph S. Nye, "The U. S. - Japan Alliance: Anchoring Stability in A-sia," August 2012, http: //csis. org/files/publication/120810_Armitage_USJapanAlliance_Web. pdf.

② Ministry of Foreign Affairs of Japan, "Joint Statement of the Security Consultative Committee To-ward a More Robust Alliance and Greater Shared Responsibilities," October 3, 2013, p. 2, http: //www. mofa. go. jp/files/000016028. pdf.

③ The White House, "Joint Press Conference with President Obama and Prime Minister Abe of Ja-pan," April 24, 2014, https: //obamawhitehouse. archives. gov/the - press - office/2014/04/24/joint - press - conference - president - obama - and - prime - minister - abe - japan.

法案正式解禁了集体自卫权，加剧了中日之间爆发武装冲突的风险。

除了加强军事一体化合作之外，日本方面还尤其担心钓鱼岛争端升级后，中国会派遣所谓武装渔政船"占领"钓鱼岛。由于渔政船并非军舰，或许难以界定相关冲突是否构成武力攻击，因此可能存在无法援引安保条约要求美国军事介入的"灰色地带"。2014 年 5 月，安倍政府提出了 3 类共 15 种情形的"灰色事态"，其中第一类是"尚未达到武力攻击程度的侵害"，而第一类的第一种情形为"对离岛等的不法行为"。① 根据国际法的定义，同盟行使集体自卫权所应对的应当是明确受到武力攻击并威胁到国家安全、国民生命财产的行为。然而，如果"灰色事态"并未构成武力攻击，那么现行的同盟框架就需要适当调整从而做出有效应对。这一问题在 1997 年的防卫合作指针中并没有被提及。② 因此，日本方面开始提议美日修改防卫指针，并要求美国在钓鱼岛"有事"等情况下尽早介入。于是，新修订的防卫指针强调日美同盟从平时到战时的无缝对接，"强化运用层面的协调和共同计划的制订"，在行使集体自卫权的情况下协同作战，并突出在应对海上问题时的威慑力。③

新指针的第四部分名为"无间隙地确保日本的和平与安全"，实际上就是要涵盖此前没有明确的"灰色地带"中的冲突应对问题。由于国际安全形势日益复杂，日美同盟需要"从和平时期到发生紧急情况的各个阶段都要采取无间隙的、确保日本和平与安全的措施，包括日本没有受到武力攻击的情况。"④ "无间隙"也就成为了新指针的主要目标之一，反映出美国对日本更加明确的安全承诺。此外，新指针还在日本自卫队在本土以外的区域作战的问题上采取了模糊处理的办法，实际上是为日本重整军备、动用军事力量"松绑"。在日本自卫队的作战区域的划定上，新指针提出"日本及其周边海空域与接近海空域的经路"这一说法，使其作战空间富

---

① 《读卖新闻：日本拟修改自卫队法加强钓鱼岛防卫》，参考消息网，2014 年 4 月 28 日，http：//mil. cankaoxiaoxi. com/2014/0428/381156. shtml.

② Ministry of Foreign Affairs of Japan, "Guidelines for Japan – U. S. Defense Cooperation," 1997, http：//www. mofa. go. jp/region/n – america/us/security/guideline2. html.

③ 防衛省「日米防衛協力のための指針」、2015 年 4 月 27 日、http：//www. mod. go. jp/j/publication/book/pamphlet/pdf/guideline. pdf.

④ Ibid.

有弹性。而日美军事协同的区域更是包括确保"日本周边海域"及"海上交通安全"。此外，新指针提出日本自卫队的任务是在海陆空开展必要的防御作战行动，但又"不限于此"。通过新指针的提出，美日两国进一步落实了共同作战的目标，确立了作战范围、基本框架及战略战术原则。一旦今后在东海、南海甚至台湾海峡出现紧张局势，美日将以此为基础共同制订多个明确的作战计划。[1]

最后，既然是无缝对接，那也必然涉及战略力量的使用和协调。上文已经提及，为了确保"核保护伞"的可靠性，日本对美国任何大规模削减核武器或放弃首先使用政策的动议都持消极抵制的态度。而导弹防御虽然不能完全拦截中国的战略打击，但也能够削弱中国的威慑力量。[2] 因此，美日近年来的导弹防御合作除了关注朝鲜的威胁之外，更多的讨论是如何应对与中国的潜在冲突。在美国看来，导弹防御能够削弱中国战略力量的使用，但并不足以彻底瓦解中国的攻势或是打一场持久战。[3] 美国的战略力量当然能够用于对中国实施打击，但这样就会造成冲突升级，这是美国希望极力避免的。[4] 与冷战时期的情景有些相似，即一方面美国希望拖延，尽可能不要触发对中国进行导弹攻击的门槛；另一方面，日本必须有效减少本土可能受到的导弹打击，所以要求美国第一时间就积极介入。由于双方利益的不对称，在导弹防御系统仍然十分有限的情况下，决定应该保卫什么目标、放弃什么目标就具有很强的政治影响。日本主要希望拦截中国可能针对大型城市以及民用设施进行的导弹攻击，但这会过快地消耗美国有限的导弹拦截系统；而对于美国来说，在日本的美军基地显然是更重要的保护对象。如果针对这些设施进行打击，那么中美之间的冲突升级将会

① 「森本敏元防衛相『島しょ防衛強化が最優先』」、『日本経済新聞』、2015 年 5 月 31 日、https：//www. nikkei. com/article/DGXMZO87393900Y5A520C1I10000/.

② Sugio Takahashi, "Ballistic Missile Defense in Japan：Deterrence and Military Transformation," Proliferation Papers No. 44, Paris：IFRI, 2012, pp. 24 - 25, https：//www. ifri. org/en/publications/enotes/proliferation - papers/ballistic - missile - defense - japan - deterrence - and - military.

③ Marshall Hoyler, "China's 'Antiaccess' Ballistic Missiles and US Active Defenses," *Naval War College Review*, Vol. 63, No. 4, 2010, pp. 84 - 105.

④ Jonathan F. Solomon, "Demystifying Conventional Deterrence：Great - Power Conflict and East A-sian Peace," *Strategic Studies Quarterly*, Vol. 7, No. 4, 2013, pp. 117 - 157.

更加迅猛，但这样的防御对于日本来说意义并不是太大。① 为了解决这一分歧，美日两国利用延伸威慑对话机制围绕导弹防御的战略原则进行了多轮密切的磋商。尽管尚未披露出相关细节和结论，但不能排除双方最终参照当年北约核计划小组的经验，得出一个妥协性方案的可能。其大致思路是，当美日判断对手可能发射导弹时将采取"先发制人"的行动。这一点在安倍政府的防卫政策中已经有所体现，即将此前在夺岛作战中"包括使用巡航导弹"的方针升级为"精确应对弹道导弹和巡航导弹的攻击"，并明确提出针对弹道导弹威胁将采取"必要措施"。② 而当日本遭遇导弹攻击后，美国将立即投入战略核武器进行威慑性使用，从而迫使对手退却。

总体上，美日奉行"1+1>1"的战略思维，使得在钓鱼岛问题上的力量对比朝着不利于中国的方向发展。在美日强化延伸威慑战略的过程中，美国早已不再坚持在领土争端问题上不持立场的态度，反而倒行逆施，支持日本扩军修宪，使其逐渐摆脱战后和平宪法的束缚。此外，美国还向日本提供大量的先进武器装备，并反复举行大规模"夺岛"演习，从而强化日本应对常规冲突的能力。新版防卫指针出台后，美日军事合作更是朝着无缝对接的方向迈进。而在战略层面，美日围绕反导能力的合作已经十分深入。随着日本有望部署三段式多层导弹防御系统，或将削弱中国的战略威慑力量。更为关键的是，在钓鱼岛危机的场景下，如果美日在常规军事领域具备同中国对等甚至超出的力量优势，那将在冲突升级的过程中占据主动。考虑到美国在战略力量上仍然占据较大的优势，其更有可能在中日对峙或中方采取升级的情况下使用核武器进行威逼。由此看来，美国通过强化对日本的延伸威慑战略，在制衡中国的同时为日本在军事上"松绑"，从而使美国的战略力量成为天平外的砝码，增加了其实施威逼政策的本钱。需要指出的是，随着日本解禁集体自卫权并进一步扩充军事力量，美日很有可能在未来联合其他地区内盟友，对南海甚至台海问题进行干预。按照上述逻辑，中美之间或将出现

---

① Stephan Frühling, "Managing Escalation: Missile Defence, Strategy and US Alliances," *International Affairs*, Vol. 92, No. 1, 2016, p. 92.

② 日本防衛省『平成26年度以降に係る防衛計画の大綱について』、2014年12月17日、http://www.mod.go.jp/j/approach/agenda/guideline/2014/pdf/20131217.pdf.

更多的危机不稳定性。

再从军备竞赛稳定性的角度来看。新时期，美国借"亚太再平衡"战略积极在中国周边部署导弹防御系统的做法严重破坏了中美两国建立在"非均势核威慑"基础上的战略稳定。[①] 尽管美国宣称其导弹防御的目的是为了向盟友提供延伸威慑保护，威慑朝鲜的大规模杀伤性武器。但近年来，相关部署行动"搂草打兔子"，实际针对中国的战略意图愈发明显。例如，在"萨德"入韩的问题上，中方有充分的理由怀疑美国部署该系统的动机。中美学者此前已经围绕"萨德"系统对中国的影响展开了深入的讨论。从技术角度来说，中方的观点普遍认为，"萨德"系统附带的 X 波段雷达将帮助美国更早地探测到中国的洲际导弹，从而提升导弹拦截的成功率，进而削弱中国的核报复能力。此外，该雷达还将大范围监测中国的导弹试验情况，收集相关数据，对我国国家战略安全造成长期负面影响。但美国学者辩称，"萨德"系统的雷达将处于火控而非前沿预警模式，雷达视角将指向朝鲜而非中国内陆。[②] 对此，李彬反驳认为，即便"萨德"处于火控模式，其对途经东北的中国核反击弹头的探测距离仍然可以达到 4000 千米。[③] 此外，尽管美国现有的区域导弹防御系统也对中国的战略威慑能力造成负面影响，但相比之下，"萨德"入韩能够为美国带来更大的实质性收益。[④] 由于韩国毗邻中国的特殊地理位置，"萨德"系统要比美国在日本部署的 X 波段雷达更能有效监测中国的导弹试验，大幅缩短对从中国近海发射的潜射导弹的早期预警时间。而宙斯盾舰载雷达的探测距离和分辨率也远低于"萨德"系统。最后，相比红外预警卫星，"萨德"系统的高分辨率能够看清来袭导弹的弹头，有助于分别弹头和诱饵，从而大幅提升美国拦截中国导弹的效率。

① 阎学通：《东亚和平的基础》，载《世界经济与政治》，2004 年第 3 期，第 10 - 11 页。
② 刘冲：《从"萨德"入韩看中美战略安全互信的困境与出路》，载《现代国际关系》，2017 年第 4 期，第 7 页。
③ 李彬：《萨德雷达能看多远》，澎湃新闻网，2017 年 3 月 27 日，http://www. thepa-per. cn/newsDetail_forward_1648779.
④ 刘冲：《从"萨德"入韩看中美战略安全互信的困境与出路》，载《现代国际关系》2017 年第 4 期，第 7 页。

从战略层面分析，由于"萨德"入韩削弱了中国的核威慑力，长此以往必将对中美之间的"非均势核威慑"造成冲击。这也将进一步扩大美国在危机中向中国采取威逼政策的筹码，进而导致中国陷入战略被动。此外，随着日韩都同美国在导弹防御的问题上开展深入合作，可以预见美日韩以及澳大利亚将在导弹防御一体化方向上迈进，从而打造围堵中国的"亚洲版小北约"。① 2016 年 6 月，中国国家主席习近平和俄罗斯总统普京发表联合声明，对美国以朝核问题为借口而部署"萨德"系统的做法表示强烈反对，并指出"萨德"系统严重损害了中俄两国的战略安全利益。② 然而，美国及其盟友对于中俄的抗议置若罔闻，进而迫使我方做出升级军备的反制措施。中国国防部随后发表声明称，"将采取必要措施维护国家战略安全和地区战略平衡"。③ 考虑到中国一贯坚持"不首先使用核武器"政策且保持着较小规模的核武库，因此美国强化导弹防御势必增加对中国的战略压力。而为了恢复攻防平衡，中方既要增加洲际导弹的数量，注重其突防能力的建设，也要积极研发自主导弹防御系统，从而抵消美国企图获得的战略优势，避免陷入被动。

然而，中方的合理诉求却被美方认为是巨大的安全威胁。特朗普政府在最新的《核态势审议报告》中大肆渲染大国竞争的色彩，点名批评中国正积蓄战略力量，并拥有强大的所谓"区域反介入和区域拒止能力"（anti - access and area - denial capabilities），从而对美国的地区军事优势造成威胁。其背后反映出美国部分学者和军方人士长期以来的一种担忧，即未来在东海、南海或台海发生紧急事态时，美国派遣常规力量介入可能会促使中国采取主动升级的做法，运用核武器来迫使美国退出。美国始终怀疑中国的不首先使用政策和战略力量的发展意图，因此必须

① 陈向阳：《"萨德"入韩对东北亚地区的战略影响》，载《现代国际关系》，2017 年第 4 期，第 1 页。

② 《中华人民共和国主席和俄罗斯联邦总统关于加强全球战略稳定的声明》，新华社，2016 年 6 月 25 日，http://www.xinhuanet.com/politics/2016 - 06/26/c_1119111895.htm.

③ 《国防部：中方将考虑采取必要的措施维护国家战略安全》，环球网，2016 年 7 月 9 日，http://world.huanqiu.com/hot/2016 - 07/9147143.html.

保留强大的核优势来应对中方主动升级的可能。① 因此，特朗普政府不仅要求对现有"三位一体"核打击力量进行全面现代化升级，而且要根据特定战略目标和战场环境，发展能够灵活使用的核武器，从而在威慑可能失败的情况下能够继续保护盟友并实现战略目标。其中具体包括以 F - 35 战机作为平台的空射核导弹，低当量的潜射核导弹，以及海基核巡航导弹等。这种低当量、高精度的战术核武器有意模糊了常规战争和核战争之间的界限，降低了核武器的使用门槛，增加了误判和核冲突的风险。除此之外，特朗普政府正加紧在北约和东亚部署多层导弹防御系统，致力于将分散的战区和本土导弹防御系统连接起来，以全球性的导弹防御巩固美国排他性的战略力量。为了研发更加高效的拦截系统，美国导弹防御局到 2023 年的 5 年计划预算高达 467 亿美元，比上一个奥巴马政府时期的 5 年计划预算多出 137 亿美元。② 美国方面此前一直宣称其国家导弹防御计划只用于针对所谓"流氓国家"的大规模杀伤性武器，而其区域导弹防御计划主要是为了保护盟友和海外美军。而特朗普政府上台后坚持冷战思维，在其新版《国家安全战略》和《核态势评估》报告中都大肆渲染来自中国和俄罗斯的战略威胁，强调国际关系已重回"大国竞争时代"。尽管美国新版《导弹防御评估》报告并未明言将针对中俄发展战略反导能力，但特朗普总统在发布会上明确提出要"摧毁在任何时间、任何地点射向美国的任何导弹"。③ 这无疑将加剧大国间发生军备竞赛的可能。此外，新版《导弹防御评估》还强调发展助推段导弹

---

① See Elbridge Colby, "Nuclear Weapons in the Third Offset Strategy: Avoiding a Nuclear Blind Spot in the Pentagon's New Initiative," New American Security Center, January 2015, https://www. cnas. org/publications/reports/nuclear - weapons - in - the - third - offset - strategy - avoiding - a - nuclear - blind - spot - in - the - pentagons - new - initiative.

② Anthony Capaccio, "Trump's Defense Plan Would Boost Navy, Missile Defense, Boeing Plane," Bloomberg, February 13, 2018, https://www. bloomberg. com/news/articles/2018 - 02 - 12/trump - s - defense - plan - boosts - navy - missile - defense - boeing - plane - jdkgs7wa.

③ Paul Sonne, "Trump pledges to devise system to down missiles launched at U. S. 'anywhere, anytime, anyplace'", The Washington Post, January 17, 2019, https://www. washingtonpost. com/world/national - security/trump - pledges - to - devise - system - to - down - missiles - launched - at - usanywhere - anytime - anyplace/2019/01/17/e0518546 - 1a98 - 11e9 - a804 - c35766b9f234 _ story. html? noredirect = on&utm_term = . fd31b3e4060b.

防御技术，包括研发搭载激光武器的无人机反导系统以及天基反导系统。① 当然，相关大胆的举措或面临技术挑战，或效费比较低，能否得以顺利实施还有待时间的检验。但从目前发展态势来看，美国正在加速研制和部署全球一体化反导系统，并成立了太空部队。新版《国家安全战略》也已明确将导弹防御列为优先发展事项。而特朗普政府对于导弹防御的投入也在显著增加。②

在短期内，美国将继续坚持其实战威慑型的核战略，同时向中国周边积极部署包括"萨德"系统在内的多层导弹防御体系，对中国有限核力量的生存以及核威慑的有效性造成持续的冲击。然而，如果中国不能稳住阵脚，保持冷静，而是随着美国的新版《核态势审议报告》和《导弹防御评估》起舞，那必将陷入漫长的军备竞赛之中。毛泽东、周恩来等新中国第一代领导人早就意识到核武器与常规武器的本质区别，即核力量只能作为报复性威慑使用，而不能进行核战争，更不能用来讹诈别人。中国就此制定了防御性的核战略，始终坚持"不首先使用核武器"政策，且以"精干有效"为原则保持着一支具备最起码的核报复能力的战略力量。因此，以小规模的核武库和低调的核态势防止核战争或是核威逼是中国的核战略文化。③ 中国不仅从不参加任何形式的军备竞赛，而且历来主张实现全面核裁军，从而占据着推动建立无核世界的道德高地。在这一高明的核战略指导下，中国的战略导弹部队已经拥有了相当可信和可靠的威慑力，从而有效维护着国家安全。此时，如果中国力图在核武器的数量上追赶美国，或者竞相发展新型核武器，那无疑是回到美苏军备竞赛的老路。

不过，也应当看到，冷战后美国以核常融合、攻防兼备为主要特点持续强化其延伸威慑战略，维护全球军事霸权，对地区安全和战略稳定

---

① 2019 Missile Defense Review, DoD, January 2019, https：//www.defense.gov/Portals/1/Interactive/2018/11 – 2019 – Missile – Defense – Review/The% 202019% 20MDR _ Executive% 20Summary. pdf.

② 熊瑛，齐艳丽：《美国导弹防御系统 2018 财年预算分析》，《现代军事》2017 年第 8 期，第 68 页；熊瑛，王晖，齐艳丽：《美国导弹防御系统 2019 财年预算分析》，《飞航导弹》2018 年第 7 期，第 1 页。

③ 孙向丽：《中国军控的新挑战与新议程》，载《外交评论》，2010 年第 3 期，第 19 页。

造成消极影响。尤其在近年来，随着中美战略博弈加剧，美国正谋求在军事上对华获取全频谱优势。为了获得在地区冲突中的主动权，美军曾先后提出"空海一体战""第三次抵消战略"等概念，但其海空力量和信息化方面的优势尚不足以破除中国所谓的反介入区域拒止战略（A2/AD）。因此，特朗普政府开历史倒车推动"核重建"，研发新型核武器，并退出《中导条约》，无疑将给中国的周边和战略安全带来压力。而在导弹防御方面，经过多年的建设，美国的反导系统已经初步实现全球布局。本土防御方面，其陆基中段防御系统已经具备拦截小规模中远程弹道导弹和携带简易突防装置的洲际导弹的能力。区域防御方面则具备一定程度上保护美国太平洋司令部、欧洲司令部和中央司令部辖区免遭小规模中远程导弹和短程导弹打击的能力。① 按照当前预算，未来 5 年美国将拥有近百枚拦截中远程以上弹道导弹的拦截弹以及近千枚拦截中程导弹的拦截弹。② 此外，美军还明确将高超声速防御系统纳入国防预算并积极推进以无人机载激光拦截和天基拦截为代表的助推段导弹拦截系统建设。在不久的将来，美军将逐步形成针对俄罗斯、中国、朝鲜和伊朗等国的弹道导弹飞行全过程拦截能力和全方位预警能力。③ 而当攻防平衡向导弹防御一方倾斜时，美国或将倾向于采取"主动抑制发射"（left‐of‐launch）的方式预先破坏对手的导弹发射④，从而给中美战略安全增添不稳定因素。值得注意的是，在前沿部署方面，韩国或将引入"标准‐3"反导系统与"萨德"系统以及"爱国者"系统共同组建多层复合导弹防御体系。而日本此前传出或从美国引进两套先进的陆基"宙斯盾"系统。该系统是美国导弹防御朝着攻防一体化方向发展的代表，

---

① 王晖，熊瑛：《美国导弹防御系统最新发展及趋势分析》，《国际太空》2018 年第 4 期，第 48 页。

② 熊瑛，王晖，齐艳丽：《美国导弹防御系统 2019 财年预算分析》，《飞航导弹》2018 年第 7 期，第 5 页。

③ 于雪松，于洺，邵旭东，胡叶楠，张一彬：《美国导弹防御系统 2018 财年预算概况及启示》，《飞航导弹》2018 年第 4 期，第 1～7 页。

④ Geoffrey F. Weiss, "Seeing 2020: America's New Vision for Integrated Air and Missile Defense," Joint Force Quarterly 76, December 30, 2014, https://ndupress.ndu.edu/Media/News/Article/577599/seeing‐2020‐americas‐new‐vision‐for‐integrated‐air‐and‐missile‐defense/.

可以混装"标准－3""标准－6"、改进型"海麻雀"导弹和"战斧"巡航导弹，从而同时具备战略战术反导、拦截巡航导弹、反舰导弹和实施战术打击的能力。① 这种攻防一体、核常兼备、战略战术武器混装的新型前沿军事存在将使中国在可能出现的地区紧张态势中难以对冲突升级做出清晰的判断，再加上美国或通过前沿部署中程导弹来抵消中国的中导力量，最终帮助美国重新夺回地区冲突的主动权。

除此之外，以网络武器、人工智能和无人作战平台为代表的新军事技术革命将使得未来战争的成本大幅下降，战争的门槛不断降低，国家的好战倾向由此增加。由于缺乏国际法的规范和约束，无论是网络战还是通过无人作战平台发起的攻击都处于某种灰色地带，难以明确界定是否构成武装冲突甚至战争，以及应该如何反击的问题。再加上发动这类攻击往往不需要付出士兵流血甚至牺牲的代价，所面临的政治和法律禁忌更小。而这类新军事技术革命的出现或将使原本的战略威慑态势变得更加复杂。近年来，美国正不断强化与盟友的网络安全合作并将其纳入延伸威慑战略之中，同时前沿部署大量的无人作战平台。网络攻击可能威胁到核武器的指挥和控制系统，而无人作战平台可以搭载核武器并采取自主发射，从而增加了由于意外引发核战争的风险。这些都使得中美今后的战略博弈面临较大的不确定性。为了确保战略安全，把握战略主动，中国一方面需要适度提升核威慑力，在导弹防御、网络安全和人工智能等先进技术领域取得突破。另一方面，尽管中国在核裁军问题上拥有非常充分的理由拒绝谈判，但在中程导弹、无人机载巡航导弹、高超声速武器、网络武器等领域交叉博弈时，为了避免冲突升级的不确定性，中美之间达成相关共识的可能性依然存在。

---

① 《日本欲拦截巡航导弹有隐情 或引进射程400公里导弹》，环球网，2018年1月12日，http://mil.huanqiu.com/world/2018－01/11517135.html.

五、小结

冷战结束以后，全球已经进入和平与发展的新时期。随着防扩散与核裁军进程成为国际社会的主流，美国与东西方盟友之间的延伸威慑也一度呈现出弱化的态势。在北约方面，以德国为代表的"老欧洲"国家主张精简北约的延伸威慑模式，单边撤出全部美国前沿部署的核武器。在东亚方面，美日和美韩同盟也出现了短暂的"漂流"。从可信度曲线上看，这一过程表现为 C_1 向 C_2 运动，即在各国安全环境大幅改善的情况下，并不需要强有力的延伸威慑来确保核不扩散。然而，随着俄罗斯同北约关系的恶化以及朝核危机的爆发，延伸威慑的战略作用很快不降反升。在北约方面，美国和"新欧洲"国家在强化延伸威慑的问题上达成共识，并最终迫使"老欧洲"国家做出妥协。于是，北约不仅保留了前沿部署战术核武器的模式，而且积极推进欧洲导弹防御系统的建设。在东亚方面，由于日本和韩国都是核潜力国家，且在冷战期间有过核扩散或试图核扩散的"不良记录"，为了避免朝鲜的核导试验刺激其核扩散，美国通过政策宣示、前沿部署以及建立磋商机制等方式不断强化其延伸威慑（如图 7-1 所示）。从可信度曲线上来看，则体现为 C_1 向 C_3 至 C_4 运动的过程，即通过增加延伸威慑的可信度来降低核扩散的风险。

然而，美国继续沿用冷战时期的延伸威慑战略，试图以过去的手段解决今天的问题，其政策逻辑不仅越来越难以自洽，而且在具体实践上也对地区安全、大国战略稳定和全球核裁军进程都带来极其负面的影响。为了实现防扩散的目标，巩固军事霸权，美国在冷战后采取了进攻型的核战略与导弹防御相结合的办法，从而确立"排他性的战略力量优势"。冷战后的 4 份《核态势审议报告》总体上反映出美国的核武器使用范围越来越广，使用门槛越来越低，而使用选择越来越多的倾向。除了挥舞"核大棒"之外，美国还积极打造"金钟罩"般的导弹防御，并向盟友进行前沿部署。从可信度的角度来看，美国激进的政策宣示以及攻防兼

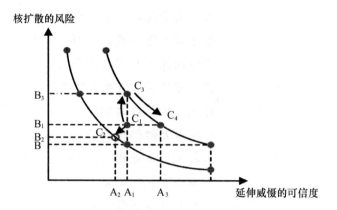

图7-1　冷战后美国与东西方盟友的延伸威慑确保机制及其可信度曲线

备的确保措施似乎强化了盟友对延伸威慑的信心。然而，这种对可信度的确保往往是建立在牺牲周边国家的安全与全球军控进程的代价之上，是开历史倒车，逆时代潮流而动。当美国及其盟友通过构筑排他性的战略力量而确保其处于绝对安全的地位时，必然导致在全球层面出现战略不稳定，在地区层面加剧地缘冲突和核导生化武器的进一步扩散。这又反过来促使美国的盟友要求更强大的延伸威慑以应对日益恶化的外部环境，结果使各方都陷入"鸡生蛋蛋生鸡"的困境之中。

在欧洲方面，北约有限精简延伸威慑和积极部署导弹防御的做法严重阻碍了美俄深度核裁军的展开。随着双方针锋相对地提出开发新型核武器的相关计划，美国退出《中导条约》，新一轮的军备竞赛呼之欲出。在全球战略稳定受到威胁的大背景下，中国核威慑的有效性和国家安全也会受到牵连，而国际防扩散体制抑或有动摇之虞。在亚洲方面，美国强化对日韩延伸威慑的做法又进一步刺激朝鲜发展核导能力，从而导致东北亚地区深陷核军备竞赛的阴影之中。由于朝鲜的核导技术日渐成熟，日韩国内一度出现了要么效仿北约模式，重新前沿部署核武器以确保安全，要么独立发展核武器的极端呼声。美国延伸威慑战略所造成的安全困境再次凸显。这不仅无助于朝核问题的解决，而且刺激各方始终保持紧张态势，对于中国的周边安全带来持续的消极影响。最后，美国的延伸威慑战略对中美战略稳定构成直接挑战。在中美力量对比此消彼长的新时期，美国往往以强化对盟友的安全保护为名，行制衡中国之实。在钓鱼岛问题上，美国不仅公开给予日本安全承诺，而且鼓励日本扩军修宪，解禁集体自卫权，并通过广泛而深入的军事合作大幅提升日本和中国进行海上对抗能力。此举有助于美国扮演天平外的砝码的角色，从而在冲突升级的过程中利用其战略力量的优势对中国进行威逼。而在"萨德"入韩的问题上，美国更是以应对朝鲜的核导威胁为借口，伺机削弱中国核威慑的有效性。在新版《核态势审议报告》中，美国更是固守冷战思维，渲染大国竞争，采取敌视中国的核政策，刺激中美展开核军备竞赛。但实际上，这一系列做法只会适得其反。美国不断强化核武器的作用，破坏全球和地区战略稳定，最终只会增加核冲突的风险，恶化美国及其盟友的安全环境，使得延伸威慑战略成为不可承受之重。

/第八章　结论/

　　美国政府始终认为，延伸威慑战略是实现防扩散的重要工具。但冷战经验表明，这一政策逻辑存在明显的局限性。事实上，只有当延伸威慑的可信度较高时，美国的安全承诺才能替代盟友发展核武器的政策，从而起到防扩散的作用。而延伸威慑的可信度高低则取决于美国与盟友之间所建立起来的公开承诺、前沿部署、核分享以及核磋商这四类确保机制。其中，最能够有效提升延伸威慑可信度的措施往往需要付出较大的成本，而且可能增加核安全以及美国受牵连的风险。因此，美国及其盟友在确保机制建设的过程中存在不同的利益偏好。通过延伸威慑确保机制及其可信度曲线可以发现，美国与不同盟友之间不尽相同的确保机制是导致延伸威慑可信度出现差异，进而造成不同核扩散行为的原因。冷战后，美国为了确保其核霸权，更加重视延伸威慑在应对大规模杀伤性武器扩散和确保关键盟友无核地位方面的作用。然而，美国通过进攻型的核战略和导弹防御强化延伸威慑的做法，却对全球战略稳定和中国周边安全造成极大的负面影响。

　　冷战时期，联邦德国和意大利都是美国运用延伸威慑手段实现防扩散的成功案例。作为核潜力国家，联邦德国和意大利在冷战初期也谋求拥有核武器。而在艾森豪威尔政府积极的核分享政策背景下，美德和美意之间都建立起了广泛的核武器前沿部署，并配套以"双重钥匙"机制和"北约核储备计划"，从而使得联邦德国和意大利对核武器拥有了部分的控制权。随着外部威胁的增加，德意两国又进一步要求对确保机制进行升级。美国方面则提出了"多边核力量"计划作为回应。然而，由于该计划所带来的核安全隐患以及美国对核武器集中控制的要求，使得肯尼迪政府在核分享问题上采取了大幅收缩的态度。美国和德意两国的关系很快陷入僵局。所幸美国随后抛出核计划小组作为补偿机制，为德意参与和影响北约核决策，并获得对核武器的柔性控制提供了保障。美国与德意两国也由此确保了长期稳定的核关系。相比之下，尽管美国对日本的延伸威慑也取得了一定的防扩散效果，但其仍然面临不确定性。由于日本国内政治的因素，冷战初期美国不仅无法在日本本土前沿部署核武器，而且不能公开谈及核保护政策。因此，美日围绕延伸威慑的确保机制处于十分脆弱的状态。而在中国核试验的冲击下，日本国内一度出现谋求独立核武装的呼声。为了弥补核保护的缺陷，美日两国政府采取了"核密约"这样一种特殊的确保机制。然而，日本方面仍然对美国的延伸威慑可信度感到怀疑，并坚持两边下注的"核避险"战略，即在推行"无核三原则"的同时保持强大的核能力，以备不时之需。美国则对日本的"核避险"战略提供了政治上和技术上的大力支持。尽管美国暂时防止了日本走上独立核武装的道路，但日本强大的核能力正引发周边国家乃至国际社会的广泛担忧。换句话说，美日之间的延伸威慑确保机制并不能完全消除日本的安全顾虑，因而仍面临一定程度的不确定性。

冷战后，美国继续坚持延伸威慑战略在应对大规模杀伤性武器扩散和维持关键盟友的无核地位方面的作用，而延伸威慑可信度及其确保机制理论依然能够解释美国及其盟友对延伸威慑战略所做出的调整。由于苏联威胁的消失，部分北约国家为了推动全球防扩散与核裁军进程，从而要求撤出所有部署在欧洲的战术核武器，精简延伸威慑。但随着"新冷战"的回潮，北约最终保留了前沿部署的战术核武器，甚至重新强化了延伸威慑的战略作用。在东亚方面，日韩两国由于面临日益严峻的朝核危机，因而反复要求对延伸威慑进行确保，建立核磋商机制，甚至提出效仿北约的核分享模式。为了强化对东西方盟友的延伸威慑，同时巩固美国在战后的霸权地位，美国不断谋求以实战型核威慑与导弹防御相结合获得排他性的战略力量。通过激进的核政策宣示以及攻防兼备的军事手段，美国力图打破冷战时期"相互确保摧毁"的战略格局，化解可信度危机，进而为自己和盟友构筑绝对安全。然而，这种对可信度的确保却是建立在牺牲全球防扩散与核裁军进程的代价之上，实际是一种本末倒置的行为。当美国及其盟友通过构筑排他性的战略力量而确保其处于绝对安全的地位时，必然导致在全球层面出现战略不稳定，在地区层面加剧地缘冲突和大规模杀伤性武器的进一步扩散。例如，在北约采取有限精简延伸威慑政策的情况下，美俄核裁军陷入停滞甚至发生逆转，新一轮军备竞赛呼之欲出。当美国同日韩强化延伸威慑时，又反过来刺激朝鲜大力发展核导技术，使得东北亚地区陷入漫长的安全困境之中。而这些都将持续恶化美国及其盟友的外部安全环境，冲击延伸威慑的可信度，直到这一战略成为美国及其盟友的不可承受之重。从这个意义上来说，延伸威慑的确保机制及其可信度理论具有一定的局限性。尽管该框架能够很好地解释从冷战至今美国如何确保延伸威慑的可信度及其防扩散的效果，但这一模型只从美国及其同盟管理的视角出发，忽略了强化延伸威慑所带来的负外部性反过来对战略安全所造成的影响。

而随着中美之间力量对比进入此消彼长的新时期，美国继续固守冷战思维，坚持以确保可信度从而实现防扩散为名，实际推行针对中国的延伸威慑战略。其旨在扩大中美战略失衡，谋求对华实施威逼政策的战略优势，并蓄意挑起新一轮军备竞赛，进而破坏中美之间的战略稳定。为了把握和平与发展的大局，妥善应对美国方面的核导攻势，中方应当在以下几个方面积极开展工作：首先，需要保持沉着冷静，客观评估美国新时期核导战略发展态势对中国造成的影响。继续以"不首先使用"和"精干有效"为指导原则，切实提升核武器的生存能力和导弹的突防能力，并注重对分导式多弹头技术、战略轰炸机以及战略核潜艇的研发，从而提升中国核威慑的有效性。其次，密切保持对高新技术领域的跟踪和投入。尽管导弹防御究竟能在多大程度上抵消对手的战略力量，还存在许多不确定因素。但中国理应研发自主导弹防御系统，从而能够对导弹防御在未来战略博弈中所扮演的作用具备清醒的认识，同时也避免由于落后世界先进军事技术水平而遭受讹诈。此外，包括高超声速武器、太空技术、网络技术、无人自主武器平台等新军事技术革命都有可能对当前的战略稳定态势造成颠覆性影响。由于这些技术和领域尚未建立明确的法律规制和军控体系，很可能成为更大的不稳定因素。再次，中美之间仍然要通过双边渠道开展更多的沟通和交流，增信释疑。除了中美战略对话和两军之间的互访交流之外，中美军控和技术专家也应增加工作会议的频率。中美可以围绕延伸威慑战略开展联合研究，阐述各自的利益及红线，促成最大共识。中方应明确提出，在遵从可信度及其确保机制的问题上，美方应当顾及相关国家的切身利益，避免加剧安全两难，否则只会徒增美国自身的战略负担，削弱美国及其盟友的整体安全；在选择具体的确保机制方面，柔性的核磋商机制是比较理想的折中手段，而重新前沿部署核武器无疑是开历史倒车，害人害己；如果必须通过部署反导来确保可信度，双方也可以通过共同商讨技术和法律层面的方案，如更换拦截弹，调整雷达运行模式和照射角度，签署安全保证和核查协议等方式，从而减小由于导弹防御及其前沿部署所带来的安全困境问题。最后，中方仍应在多边层面积极倡导全球防扩散与核裁军进程。中方应继续宣扬"不首先使用核武器"政策的先进性，与广大爱好和平的国家一起共同抵制美国强化核武器作用，挑起军备竞赛的错误行为。在外空安全的问题上，中国关于"人类命运共同体"的倡议已经在联合国取得了巨大的反响。而在网络安全和特定常规武器军控等相关领域，中国也要积极承担大国责任，继续发挥引领性作用。

/参考文献/

一、中文著作

陈崇北、寿晓松、梁晓秋：《威慑战略》，北京：军事科学出版社 1989 年版。

陈乐明：《战后西欧国际关系（1945—1984）》，北京：中国社会科学出版社 1987 年版。

陈佩尧：《北约战略与态势》，北京：中国社会科学出版社 1989 年版。

崔磊：《盟国与冷战期间的美国核战略》，北京：世界知识出版社 2013 年版。

崔丕：《冷战时期美日关系史研究》，北京：中央编译出版社 2013 年版。

杜祥琬：《核军备控制的科学技术基础》，北京：国防工业出版社 1996 年版。

樊吉社：《美国军控政策中的政党政治》，北京：社会科学文献出版社 2014 年版。

高望来：《核时代的战略博弈：核门槛国家与美国防扩散外交》，北京：世界知识出版社 2015 年版。

胡思德主编：《周边国家和地区核能力》，北京：原子能出版社 2006 年版。

姜振飞：《冷战后的美国核战略与中国国家安全》，北京：光明日报出版社 2010 年版。

金赢：《日本核去核从》，北京：外文出版社 2015 年版。

李彬：《军备控制理论与分析》，北京：国防工业出版社 2006 年版。

梁长平：《国际核不扩散机制的遵约研究》，天津：天津人民出版社 2016 年版。

刘宏松：《国际防扩散体系中的非正式机制》，上海：上海人民出版社 2011 年版。

刘华秋主编：《军备控制与裁军手册》，北京：国防工业出版社 2000 年版。

刘江永主编：《跨世纪的日本》，北京：时事出版社 1995 年版。

刘同舜、高文凡主编：《战后世界历史长编（第六册）》，上海：上海人民出版社 1985 年版。

潘其昌：《走出夹缝——联邦德国外交风云》，北京：中国社会科学出版社 1990 年版。

潘振强主编：《国际裁军与军备控制》，北京：国防大学出版社 1996 年版。

祁学远：《世界有核国家的核力量与核政策》，北京：军事科学出版社 1991 年版。

任晓：《韩国经济发展的政治分析》，上海：上海人民出版社 1995 年版。

上海市国际关系学会编印：《战后国际关系史料（第一辑）》，上海：上海市国际关系学会 1983 年版。

史志钦：《意共的转型与意大利政治变革》，北京：中央编译出版社 2006 年版。

汪婧：《美国杜鲁门政府对意大利的政策研究》，北京：社会科学文献出版社 2015 年版。

汪伟民：《美韩同盟再定义与东北亚安全》，上海：上海辞书出版社 2013 年版。

王绳祖主编：《国际关系史：第九卷（1960—1969）》，北京：世界知识出版社 1995 年版。

王羊：《美苏军备竞赛与控制研究》，北京：军事科学院出版社 1993

年版。

王震：《一个超级大国的核外交——冷战转型时期美国核不扩散政策（1969—1976）》，北京：新华出版社2013年版。

王仲春，夏立平：《美国核力量与核战略》，北京：国防大学出版社1995年版。

吴莼思：《威慑理论与导弹防御》，北京：长征出版社2001年版。

夏立平：《亚太地区军备控制与安全》，上海：上海人民出版社2002年版。

夏立平：《冷战后美国核战略与国际核不扩散体制》，北京：时事出版社2013年版。

徐光裕：《核战略纵横》，北京：国防大学出版社1987年版。

许海云：《北约简史》，北京：中国人民人学出版社2005年版。

杨生茂主编：《美国外交政策史（1775—1989）》，北京：人民出版社1991年版。

姚云竹：《战后美国威慑理论与政策》，北京：国防大学出版社1998年版。

臧志军、包霞琴：《变革中的日本政治与外交》，北京：时事出版社2004年版。

詹欣：《冷战与美国核战略》，北京：九州出版社2013年版。

张沱生主编：《核战略比较研究》，社会科学文献出版社2014年版。

张锡昌、周剑卿：《战后法国外交史（1944—1992）》，世界知识出版社1993年版。

赵恒：《核不扩散机制历史与理论》，北京：世界知识出版社2008年版。

赵伟明：《中东核扩散与国际核不扩散机制研究》，北京：时事出版社2012年版。

周琪、王国明主编：《战后西欧四大国外交（英、法、德、意）》，北京：中国人民公安大学出版社1992年版。

朱峰：《弹道导弹防御计划与国际安全》，上海：上海人民出版社2001年版。

朱立群等主编：《国际防扩散体系：中国与美国》，北京：世界知识出版社2011年版。

朱明权：《核扩散：危险与防止》，上海：上海科学技术文献出版社1995年版。

朱明权主编：《20世纪60年代国际关系》，上海：上海人民出版社2001年版。

朱明权、吴莼思、苏长和：《威慑与稳定——中美核关系》，北京：时事出版社2005年版。

朱强国：《美国战略导弹防御计划的动因》，北京：世界知识出版社2004年版。

资中筠主编：《战后美国外交史（下）》，北京：世界知识出版社1994年版。

二、中文译著

［澳］加文·麦考马克、［日］乘松聪子：《冲绳之怒》，董亮译，北京：社会科学文献出版社2015年版。

［法］皮埃尔·热尔贝：《欧洲统一的历史与现实》，丁一凡、程小林、沈雁南译，北京：中国社会科学出版社1989年版。

［美］戴维·阿布夏尔、理查德·艾伦主编：《国家安全——今后十年的政治、军事与经济战略》，柯任远译，北京：世界知识出版社1965年版。

［美］戴维·霍罗威茨：《美国冷战时期的外交政策——从雅尔塔到越南》，上海市"五七"干校六连翻译组，上海：上海人民出版社1974年版。

［美］亨利·基辛格：《选择的必要——美国外交政策的前景》，国际关系研究所编译室译，北京：商务印书馆1972年版，

［美］亨利·基辛格：《大外交》，顾淑馨、林添贵译，海口：海南出版社1998年版。

［美］理查德·罗斯克兰斯、阿瑟·斯坦：《大战略的国内基础》，

刘东国译，北京：北京大学出版社 2005 年版。

[美] 马克斯威尔·泰勒：《音调不定的号角》，北京编译社译，北京：世界知识出版社 1963 年版。

[美] 麦乔治·邦迪：《美国核战略》，褚广友等译，北京：世界知识出版社 1991 年版。

[美] 斯蒂芬·安布罗斯：《艾森豪威尔传（下卷）》，徐问铨等译，北京：中国社会科学出版社 1989 年版。

[美] 约翰·鲁杰主编：《多边主义》，苏长和等译，杭州：浙江人民出版社 2003 年版。

[美] 托马斯·谢林：《军备及其影响》，毛瑞鹏译，上海：上海人民出版社 2011 年版。

[美] 沃尔特·拉菲伯：《美国、苏联和冷战，1945—1980 年》，张静、牛可等译，北京：商务印书馆 1980 年版。

[美] 约翰·加迪斯：《遏制战略：战后美国国家安全政策评析》，时殷弘、李庆四、樊吉社译，北京：世界知识出版社 2005 年版。

[美] 约翰·纽豪斯：《核时代的战争与和平》，军事科学院外国军事研究部译，北京：军事科学出版社 1989 年版。

[美] 兹比格涅夫·布热津斯基、布兰特·斯考克罗夫特：《大博弈——全球政治觉醒对美国的挑战》，姚芸竹译，北京：新华出版社 2009 年版。

[日] 宇都宫德马：《世界和平与裁军》，王保祥等译，北京：北京大学出版社 1989 年版。

[苏] 尼基塔·赫鲁晓夫：《最后的遗言——赫鲁晓夫回忆录续集》，上海国际问题研究所、上海市政协编译组译，北京：东方出版社 1988 年版。

[西德] 库尔特·比伦巴赫：《我的特殊使命》，潘琪昌、马灿荣译，上海：上海译文出版社 1988 年版。

[西德] 弗朗茨·施特劳斯：《施特劳斯回忆录》，苏惠民等译，北京：中国对外翻译出版公司 1983 年版。

[西德] 康拉德·阿登纳：《阿登纳回忆录（1953—1955）》，上海外

国语学院德法语系德语组等译，上海：上海人民出版社 1975 年版。

［西德］威廉·格雷韦：《西德外交风云纪实》，梅兆荣等译，北京：世界知识出版 1984 年版。

［英］G. 巴勒克拉夫编著：《国际事务概览（1959—1960 年）》，曾稣黎译，上海：上海译文出版社 1986 年版。

三、中文论文

白建才："论冷战期间美'隐蔽行动'战略"，载《世界历史》，2005 年第 5 期。

崔丕：《美日对中国研制核武器的认识与对策（1959—1969）》，载《世界历史》，2013 年 2 期。

董向荣、韩献栋：《"朝鲜半岛信任进程"：背景、特征与展望》，载《东北亚论坛》，2014 年第 3 期。

樊吉社：《威胁评估、国内政治与冷战后美国的导弹防御政策》，载《美国研究》2000 年第 3 期。

封帅：《"双向失衡"结构与欧洲导弹防御议题中的美俄博弈》，载《俄罗斯研究》，2012 年第 4 期。

高奇琦，《美韩核关系（1956—2006 年）：对同盟矛盾性的个案考察》，复旦大学 2008 年博士学位论文。

耿志：《哈罗德·麦克米伦政府与英美核同盟的建立》，载《首都师范大学学报（社会科学版）》，2010 年第 6 期。

顾克刚、杰弗里·刘易斯：《不首先使用核武器：中美核对话的困境与出路》，载《外交评论》，2012 年第 5 期。

郭晓兵，孙茹：《美国核谋霸战略评析》，载《现代国际关系》，2006 年第 7 期。

黄大慧：《论日本的无核化政策》，载《国际政治研究》，2006 年第 1 期。

贾春阳：《美国核武器小型化：非常危险的举动》，载《世界知识》，2016 年第 5 期。

姜振飞、姜恒：《新世纪以来美国核力量发展政策的演变》，载《国际政治研究》，2013 年第 3 期。

匡兴华、朱启超、张志勇：《美国新型战略武器发展综述》，载《国防科技》，2008 年第 1 期。

李彬，聂宏毅：《中美战略稳定性的考察》，载《世界经济与政治》，2008 年第 2 期。

梁志：《"普韦布洛"号危机决策与美国的国际危机管理》，载《中国社会科学》2011 年第 6 期。

梁志：《"同盟困境"视野下的美韩中立国监察委员会争端（1954—1956）》，载《华东师范大学学报：哲学社会科学版》，2011 年第 6 期。

梁志：《中美缓和与美韩同盟转型（1969—1972）》，载《历史研究》，2016 年第 1 期。

刘冲：《从"萨德"入韩看中美战略安全互信的困境与出路》，载《现代国际关系》，2017 年第 4 期。

刘子奎：《奥巴马无核武器世界战略评析》，载《美国研究》2009 年第 3 期。

秦禾：《朝鲜问题对日本核政策的影响》，载《国际政治研究》，2009 年第 2 期。

沈丁立：《核扩散与国际安全》，载《世界经济与政治》2008 年第 2 期。

孙向丽、伍钧、胡思得：《日本钚问题及其国际关切》，载《现代国际关系》，2006 年第 3 期。

孙向丽：《中国军控的新挑战与新议程》，载《外交评论》，2010 年第 3 期。

陶文钊：《冷战后美日同盟的三次调整》，载《美国研究》，2015 年第 4 期。

汪伟民、李辛：《美韩同盟再定义与韩国的战略选择：进程与争论》，载《当代亚太》2011 年第 2 期。

王传剑，《驻韩美军重新部署之意义》，载《当代亚太》2004 年第 5 期。

王仲春，刘平：《试论冷战后的世界核态势》，载《世界经济与政治》2007 年第 5 期。

吴怀中：《安倍"战略外交"及其对华影响评析》，载《日本学刊》，2014 年第 1 期。

阎学通：《东亚和平的基础》，载《世界经济与政治》，2004 年第 3 期。

员欣依：《关于奥巴马政府"不首先使用核武器"政策的争论》，载《美国研究》，2017 年第 3 期。

袁小兵：《日本太空事业发展探析》，载《国际观察》，2011 年第 6 期。

张春：《弃核的可能性：理论探讨与案例比较》，载《世界经济与政治》2007 年第 12 期。

张贵洪：《国际核不扩散体系面临的挑战及发展趋势》，载《国际观察》2009 年第 6 期。

张帆：《高坂正尧早期国际政治思想述评》，载《国际政治研究》，2012 年第 2 期。

张曙光：《冷战国际史与国际关系理论的链接——构建中国国际关系研究体系的路径探索》，载《世界经济与政治》，2007 年第 2 期。

郑飞：《北约核分享制度——变迁与管理（1954—1966）》，复旦大学 2007 年博士学位论文。

朱锋：《"核态势评估报告"与中国》，载《国际政治研究》，2002 年第 2 期。

朱锋：《"核态势评估报告"与小布什政府新核战略》，载《世界经济与政治》，2002 年第 6 期。

朱锋：《核扩散与反扩散：当代国际安全深化的困境——以朝鲜核试验为例》，载《欧洲研究》2006 年第 6 期。

四、英文著作

Alexander L. George and Richard Smoke, The Deterrence in American

Foreign Policy: Theory and Practice, New York: Columbia University Press, 1974.

Alfred Grosser, The Western Alliance: European – American Relations since 1945, New York: The Continuum Publishing Corporation, 1980.

Andrew H. Kydd, Trust and Mistrust in International Relaitons, Princeton: Princeton Unviersity Press, 2005.

Andrew O' Neil, Asia, the US and Extended Nuclear Deterrence: Atomic Umbrella in the Twenty – first Century, New York: Routledge, 2013.

Ashley J. Tellis, Abraham M. Denmark and Travis Tanner, eds. , Strategic Asia 2013 – 2014: Asia in the Second Nuclear Age, Washington DC: National Bureau for Asian Research, 2013.

Avery Goldstein, Deterrence and Security in the 21st Century: China, Britain, France, and the Enduring Legacy of the Nuclear Revolution, Stanford: Stanford University Press, 2000.

Beatrice Heuser, NATO, Britain, France and the FRG, Nuclear Strategies and Forces for Europe, 1949 – 2000, London: Macmillan Press.

Bernard Brodie, The Absolute Weapon: Atomic Power and World Order, New York: Harcourt Brace, 1946.

Byung – kook Kim and Ezra F. Vogel, eds. , The Park Chung Hee Era: The Transformation of South Korea, Cambridge: Harvard University Press, 2011.

Carl H. Amme, NATO Strategy and Nuclear Defense, Westport: Greenwood Press Inc. , 1988.

Catherine McArdle Kelleher, Germany & the Politics of Nuclear Weapons, New York: Columbia University Press, 1975.

Christoph Bluth, Britain, Germany, and Western Nuclear Strategy, Oxford: Oxford University Press, 1995.

Clark Murdock, ed. , Exploring the Nuclear Posture Implications of Extended Deterrence and Assurance, Washington DC: Center for Strategic and International Studies Press, 2009.

Daryl G. Press, Calculating Credibility: How Leaders Assess Military Threats, Ithaca: Cornell Unviersity Press, 2005.

David N. Schwartz, NATO's Nuclear Dilemmas, Washington DC: Brookings Institution Press, 1983.

Don Oberdorfer, The Two Koreas: A Contemporary History, Reading: Addison – Wesley, 1997.

Donald Stone MacDonald, US – Korean Relations from Liberation to Self – Reliance, The Twenty – Year Record: An Interpretive Summary of Archives of the US Department of State for the Period 1945 to 1965, Boulder: Westview Press, 1992.

Douglas Holdstock and Frank Barnaby, eds. , The British Nuclear Weapons Programme, 1952 – 2002, London: Frank Cass, 2003.

Douglas J. Murray and Paul R. Viotti, eds. , The Defense Policies of Nations: A Comparative study, Baltimore: Johns Hopkins University Press, 1988.

Elisabetta Bini and Igor Londero eds. , Nuclear Italy – An International History of Italian Nuclear Policies during the Cold War, Trieste: Edizioni Università di Trieste, 2017.

Eric Schlosser, Command and Control: Nuclear Weapons, the Damascus Accident, and the Illusion of Safety, New York: Penguin, 2013.

Evelyn Goh, Meeting the China Challenge: The U. S. in Southeast Asian Regional Security Strategies, Hawaii: East – West Center, 2005.

Francis J. Gavin, Nuclear Statecraft: History and Strategy in America's Atomic Age, Ithaca: Cornell University Press, 2012.

Frank C. Zagare, The Dynamics of Deterrence, Chicago: University of Chicago Press, 1987.

Frank C. Zagare and D. Marc Kilgour, Perfect Deterrence, Cambridge: Cambridge University Press, 2000.

Geir Lundestad, Empire by Integration: The United States and European Integration, 1945 – 1997, Oxford: Oxford University Press, 1998.

George H. Quester, Deterrence Before Hiroshima, New Brunswick: Transaction, 1986.

Glenn Snyder, Deterrence and Defense, Princeton: Princeton University Press, 1961.

Graham Allison and Philip Zelikow, Essence of Decision: Explaining the Cuban Missile Crisis, New York: Longman, 1999.

Gregg Herkin, The Winning Weapon: The Atomic Bomb in the Cold War, New York: Vintage Press, 1982.

Gunnar Skogmar, The United States and the Nuclear Dimension of European Integration, New York: Palgrave Macmillan, 2004.

Hans J. Morgenthau, Politics among Nations: The Struggle for Power and Peace, New York: Knopf, 1948.

Harold A. Feiveson, ed. , The Nuclear Turning Point: A Blueprint for Deep Cuts and De – Alerting of Nuclear Weapons, Washington DC: Brookings Institution Press, 1999.

Henry A. Kissinger, The Necessity for Choice: Prospects of American Foreign Policy, New York: Harper & Brothers, 1961.

Henry A. Kissinger, Nuclear Weapons and Foreign Policy, New York: W. W. Norton, 1969.

Herman Kahn, On Thermonuclear War, Princeton: Princeton University Press, 1961.

Herman Kahn, On Escalation: Metaphors and Scenarios, New York: Praeger, 1965.

Hyung – A Kim and Clark W. Sorensen, eds. , Reassessing the Park Chung Hee Era, 1961 – 1979: Development, Political Thought, Democracy, and Cultural Influence, Seattle: University of Washington Press, 2011.

Jacques E. C. Hymans, The Psychology of Nuclear Proliferation: Identity, Emotions, and Foreign Policy, Cambridge: Cambridge University Press, 2006.

Janne E. Nolan, Trappings of Power: Ballistic Missiles in the Third World, Washington DC: Brookings Institution Press, 1991.

Jeffrey Boutwell, The German Nuclear Dilemma, Ithaca: Cornell University Press, 1990.

Jeffrey W. Knopf, ed. , Security Assurances and Nuclear Nonproliferation, Stanford: Stanford University Press, 2012.

John D. Steinbruner, The Cybernetic Theory of Decision: New Dimensions of Political Analysis, Priceton: Princeton University Press, 2002.

John L. Gaddis, We Now Know: Rethinking Cold War History, New York: Oxford University Press, 1997.

John Mearsheimer, Conventional Deterrence, Ithaca: Cornell University Press, 1983.

John Swenson – Wright, Unequal Allies? United States Security and Alliance Policy toward Japan, 1945 – 1960, Stanford: Stanford University Press, 2005.

Jonathan Mercer, Reputation and International Politics, Ithaca: Cornell University Press, 1996.

Karl – Heinz Kamp and David S. Yost, eds. , NATO and 21st Century Deterrence, Rome: NATO Defense College, 2009.

Kenneth Waltz, Theory of International Politics, Boston: Addison – Wesley, 1979.

Kim Jung – Ik, The Future of the US – Republic of Korea Military Relationship, New York: St. Martin's Press, 1996.

Kurt Campbell, Robert Einhorn and Mitchell Reiss, eds. , The Nuclear Tipping Point: Why States Reconsider Their Nuclear Choices, Washington DC: Brookings Institution Press, 2004.

Lawrence Freedman, Deterrence, Cambridge: Polity, 2004.

Lawrence Freedman, The Evolution of Nuclear Strategy, London: Palgrave Macmillan, 2003.

Lawrence Wittner, Confronting the Bomb: A Short History of the World Nuclear Disarmament Movement, Stanford, Stanford: Stanford University Press, 2009.

Lisa Martin, Coercive Cooperation: Explaining Multilateral Economic

Sanctions, Princeton: Princeton Unviersity Press, 1992.

Marc Trachtenberg, A Constructed Peace: The Making of the European Settlement 1945 – 1963, Princeton: Princeton University Press, 1999.

Marco Carnovale, The Control of NATO Nuclear Forces in Europe, Boulder: Westview Press 1993.

Maria Rost Rublee, Nonproliferation Norms: Why States Choose Nuclear Restraint, Athens: University of Georgia Press, 2009.

Melvyn Leffler and Odd Arne Westad, The Cambridge History of the Cold War, Cambridge: Cambridge University Press, 2010.

Michael Horowitz, The Diffusion of Military Power: Causes and Consequences for International Politics, Princeton: Princeton University Press, 2010

Michael Mandelbaum, The Nuclear Revolution: International Politics Before and After Hiroshima, Cambridge University Press, 1981.

Mitchell Reiss, Bridled Ambition: Why Countries Constrain Their Nuclear Capabilities, Washington DC: Woodrow Wilson Center Press, 1995.

Muthiah Alagappa, ed. , The Long Shadow: Nuclear Weapons and Security in 21st Century Asia, Stanford: Stanford University Press, 2008.

Nicholas Evans Sarantakes, Keystone: The American Occupation of Okinawa and US – Japanese Relations, Texas: Texas A&M University Press, 2000.

Patrick M. Morgan, Deterrence Now, Cambridge: Cambridge University Press, 2003.

Paul Buteux, The Politics of Nuclear Consultation in NATO 1965 – 1980, Cambridge: Cambridge University Press, 1983.

Paul Huth, Extended Deterrence and the Prevention of War, New Haven: Yale University Press, 1988.

Paul J. Bracken, The Command and Control of Nuclear Forces, New Haven, CT: Yale University Press, 1983.

Paul M. Kennedy, The Rise and Fall of the Great Powers: Economic Change and Military Conflict from 1500 to 2000, London: Unwin Hyman, 1988.

Peter Hayes et al. , American Lake, Nuclear Peril in the Pacific, New York: Penguin Books, 1986.

Peter Hayes, Pacific Powderkeg: American Nuclear Dilemmas in Korea, Lanham: Lexington Books, 1991.

Robert E. Osgood, NATO: The Entangling Alliance, Chicago: University of Chicago Press, 1962.

Robert Jervis, The Illogic of American Nuclear Strategy, Ithaca, NY: Cornell University Press, 1984.

Robert Jervis, Richard Ned Lebow and Janice Gross Stein, eds. , Psychology and Deterrence, Baltimore: Johns Hopkins University Press, 1985.

Robert Jervis, The Meaning of the Nuclear Revolution: Statecraft and the Prospect of Armageddon, Ithaca: Cornell University Press, 1989.

Robert Powell, Nuclear Deterrence Theory: The Search for Credibility, Cambridge: Cambridge University Press, 1990.

Ronald J. Granieri, The Ambivalent Alliance: Konrad Adenauer, the CDU/CSU, and the West, 1949 – 1966, New York: Berghahn, 2004.

Saadia Pekkanen, Paul Kallender – Umezu, In Defense of Japan: From the Market to the Military in Space Policy, Stanford: Stanford University Press, 2010.

Scott Sagan and Kenneth Waltz, The Limits of Safety: Organizations, Accidents, and Nuclear Weapons, Princeton: Princeton University Press, 1993.

Scott Sagan, The Limits of Safety: Organizations, Accidents, and Nuclear Safety, Princeton: Princeton University Press, 1993.

Scott Sagan and Kenneth Waltz, The Spread of Nuclear Weapons: A Debate, New York: W. W. Norton and Company, 1995.

Sebastian Reyn, Atlantis Lost: The American Experience with de Gaulle, 1958 – 1969, Amsterdam: Amsterdam University Press, 2010.

Seymour M. Hersh, The Price of Power: Kissinger in the Nixon White House, New York: Simon and Schuster, 1983.

Simon W. Duke and Wolfgang Krieger, U. S. Military Forces in Europe –

The Early Years 1945 – 1970, Boulder: Westview Press, 1993.

Stephen C. Schwartz, Atomic Audit: The Costs and Consequences of U. S. Nuclear Weapons since 1940, Washington DC: Brookings Institution Press, 1998.

Stephen M. Meyer, The Dynamics of Nuclear Proliferation, Chicago, IL: University of Chicago Press, 1984.

Steve Weber, Multilateralism in NATO: Shaping the Postwar Balance of Power, 1945 – 1961, California: University of California at Berkeley, 1991.

T. V. Paul, Patrick M. Morgan, and James J. Wirtz, eds. , Complex Deterrence: Strategy in the Global Age, Chicago: University of Chicago Press, 2009.

T. V. Paul, Power versus Prudence: Why Nations Forgo Nuclear Weapons, Montreal: McGill – Queen's University Press, 2000.

Thomas C. Schelling, Arms and Influence, New Haven: Yale University Press, 1966.

Thomas C. Schelling, Strategies of Commitment and Other Essays, Cambridge: Harvard University Press, 2006.

Toshi Yoshihara and James Holmes, eds. , Strategy in the Second Nuclear Age: Power, Ambition and the Ultimate Weapon, Washington DC: Georgetown University Press, 2012.

Vesna Danilovic, When the Stakes Are High: Deterrence and Conflict among Major Powers, Ann Arbor: University of Michigan Press, 2002.

Victor Cha, Alignment despite Antagonism: The United States – Korea – Japan Security Triangle, Stanford: Stanford University Press, 2000.

Vipin Narang, Nuclear Strategy in the Modern Era: Regional Power, Nuclear Postures and International Conflict, Princeton: Princeton University Press, 2014.

Vladislav Martinovich Zubok and Konstantin Pleshakov, Inside the Kremlin's Cold War: From Stalin to Khrushchev, Cambridge: Harvard University Press, 1996.

Wakaizumi Kei and John Swenson – Wright, The Best Course Available: A Personal Account of the Secret U. S. – Japan Okinawa Reversion Negotiations, Honolulu: University of Hawaii Press, 2002.

William Kaufmann, ed. , Military Policy and National Security, Princeton: Princeton University Press, 1956.

William Stueck, The Korean War: An International History, Princeton, N. J. : Princeton University Press, 1995.

William Walker, A Perpetual Menace: Nuclear Weapons and International Order, London: Routledge, 2012.

Wolfram F. Hanrieder, Germany, America, Europe: Forty Years of Foreign Policy, New Haven: Yale University 1989.

Yoichi Funabashi, The Peninsula Question: A Chronicle of the Second Korean Nuclear Crisis, Washington DC: Brookings Institution Press, 2007.

Young – Sun Ha, Nuclear Proliferation, World Order and Korea, Seoul: Seoul National University Press, 1983.

五、英文论文

Andrew O' Neil, "Extended Nuclear Deterrence in East Asia: Redundant or Resurgent?" International Affairs, Vol. 87, No. 6, 2011.

Ariel Levite, "Never Say Never Again: Nuclear Reversal Revisited," International Security, Vol. 27, No. 3, 2003.

Barry O' Neill, "The Intermediate Nuclear Force Missiles: An Analysis of Coupling and Reassurance," International Interactions, Vol. 15, No. 3/4, 1990.

Barry R. Posen and Andrew L. Ross, "Competing Visions for US Grand Strategy," International Security, Vol. 21, No. 3, 1996.

Beth A. Simmons and Allison Danner, "Credible Commitment and the International Criminal Court", International Organization, Vol. 64, No. 2, 2010.

Brett Ashley Leeds, "Alliance Reliability in Times of War: Explaining State Decisions to Violate Treaties," International Organization Vol. 57, No. 4, 2003.

Brett Ashley Leeds, Andrew G. Long and Sara McLaughlin Mitchell, "Re-evaluating Alliance Reliability: Specific Threats, Specific Promises," The Journal of Conflict Resolution, Vol. 44, No. 5, 2000.

Bruce M. Russett, "The Calculus of Deterrence," Journal of Conflict Resolution, Vol. 7, No. 2, 1963.

Chung – in Moon and Sangkeun Lee, "Military Spending and the Arms Race on the Korean Peninsula," Asian Perspective, Vol. 33, No. 4, 2009.

Dale C. Copeland, "Do Reputations Matter?" Security Studies, Vol. 7, No. 1, 1997.

Dan Reiter, "Security Commitments and Nuclear Proliferation," Foreign Policy Analysis, Vol. 10, No. 1 2014.

David J. Lektzian and Christopher M. Sprecher, "Sanctions, Signals, and Militarized Conflict," American Journal of Political Science, Vol. 51, No. 2, 2007.

David S. Yost, "Assurance and US Extended Deterrence in NATO," International Affairs, Vol. 85, No. 4, 2009.

Dong – Joon Jo and Erik Gartzke, "Determinants of Nuclear Weapons Proliferation," Journal of Conflict Resolution, Vol. 51, No. 1, 2007.

Douglas M. Gibler, "The Costs of Reneging: Reputation and Alliance Formation," Journal of Conflict Resolution, Vol. 52, No. 3, 2008.

Elchanan Ben – Porath and Eddie Dekel, "Signaling Future Actions and the Potential for Sacrifice," Journal of Economic Theory, Vol. 57, No. 1, 1992.

Erik Gartzke and Dong – Joon Jo, "Bargaining, Nuclear Proliferation, and Interstate Disputes," Journal of Conflict Resolution, Vol. 53, No. 2, 2009.

Etel Solingen, "The Political Economy of Nuclear Restraint," International Security, Vol. 19, No. 2, 1994.

Evan Medeiros, "Strategic Hedging and the Future of Asia – Pacific Stability," Washington Quarterly, Vol. 29, No. 1, 2005.

Fintan Hoey, "Japan and Extended Nuclear Deterrence: Security and Non –

proliferation," Journal of Strategic Studies, Vol. 39, No. 4, 2016.

Frank C. Zagare, "Deterrence is Dead. Long Live Deterrence," Conflict Management and Peace Science, Vol. 23, No. 2, 2006.

Franklin B. Weinstein, "The Concept of a Commitment in International Relations," Journal of Conflict Resolution, Vol. 13, No. 1, 1969.

George H. Quester and Victor A. Utgoff, "No First Use and Nonproliferation: Redefining Extended Deterrence," Washington Quarterly, Vol. 17, No. 2, 1994.

Glenn H. Snyder, "The Security Dilemma in Alliance Politics," World Politics, Vol. 36, No. 5, 1984.

James D Morrow, "Alliances, Credibility, and Peacetime Costs," Journal of Conflict Resolution, Vol. 38, No. 2, 1994.

James D. Fearon, "Signaling Foreign Policy Interests: Tying Hands versus Sinking Costs," Journal of Conflict Resolution, Vol. 41, No. 1, 1997.

James D. Fearon, "Signaling versus the Balance of Power and Interests: An Empirical Test of a Crisis Bargaining Model," Journal of Conflict Resolution, Vol. 38, No. 2, 1994.

James D. Morrow, "Alliances and Asymmetry: An Alternative to the Capability Aggregation Models of Alliances," American Journal of Political Science, Vol. 35, No. 4, 1991.

James D. Morrow, "Alliances: Why Write Them Down?" Annual Review of Political Science, Vol. 3, 2000.

James D. Morrow, "Signaling Difficulties with Linkage in Crisis Bargaining," International Studies Quarterly, Vol. 36, No. 2, 1992.

James J. Wirtz and James A. Russell, "US Policy on Preventive War and Preemption," The Nonproliferation Review, Vol. 10, No. 1, 2003.

John Lewis Gaddis, The Long Peace: Elements of Stability in the Postwar International System, International Security, Vol. 10, No. 4 (Spring, 1986).

John Mearsheimer, "Back to the Future: Instability in Europe after the Cold War," International Security, Vol. 15, No. 1, 1990.

John Mearsheimer, "The Case for a Ukrainian Nuclear Deterrent," Foreign Affairs, Vol. 72, No. 3, 1993.

John Mearsheimer, "The False Promise of International Institutions," International Security, Vol. 19, No. 3, 1994.

Joseph F. Pilat, "A Reversal of Fortunes? Extended Deterrence and Assurance in Europe and East Asia," Journal of Strategic Studies, Vol. 39, No. 4, 2016.

Kenneth N. Waltz, "Nuclear Myths and Political Realities," American Political Science Review, Vol. 84, No. 3, 1990.

Kyle Beardsley and Victor Asal, "Winning with the Bomb," Journal of Conflict Resolution, Vol. 53, No. 2, 2009.

Leopoldo Nuti, "Extended Deterrence and National Ambitions: Italy's Nuclear Policy, 1955 – 1962", Journal of Strategic Studies, Vol. 39, No. 4.

Leopoldo Nuti, "Me Too, Please: Italy and the Politics of Nuclear Weapons, 1945 – 1975," Diplomacy & Statecraft, Vol. 4, No. 1, 1993.

Llewelyn Hughes, "Why Japan Will Not Go Nuclear (Yet): International and Domestic Constraints on the Nuclearization of Japan," International Security, Vol. 31, No. 4, Spring 2007.

Lyong Choi, "The First Nuclear Crisis in the Korean Peninsula, 1975 – 76," Cold War History, Vol. 14, No. 1, 2014.

Mark J. C. Crescenzi, Jacob D. Kathman, Katja B. Kleinberg and Reed M. Wood, "Reliability, Reputation, and Alliance Formation," International Studies Quarterly, Vol. 56, Nol. 2, 2012.

Matake Kamiya, "Nuclear Japan: Oxymoron or Coming Soon?" The Washington Quarterly, Vol. 26, No. 1, 2002.

Matthew Fuhrmann and Sarah Kreps, "Targeting Nuclear Programs in War and Peace: A Quantitative Empirical Analysis, 1941 – 2000," Journal of Conflict Resolution, Vol. 54, No. 6, 2010.

Matthew Fuhrmann and Todd S. Sechser, "Nuclear Strategy, Nonproliferation, and the Causes of Foreign Nuclear Deployments," Journal of Conflict

Resolution, Vol. 58, No. 3, 2014.

Matthew Fuhrmann and Todd S. Sechser, "Signaling Alliance Commitments: Hand – Tying and Sunk Costs in Extended Nuclear Deterrence," American Journal of Political Science, Vol. 58, No. 4, 2014.

Matthew Fuhrmann, "Spreading Temptation: Proliferation and Peaceful Nuclear Cooperation Agreements," International Security, Vol. 34, No. 1, 2009.

Michael J. Siler, "U. S. Nuclear Nonproliferation Policy in the Northeast Asian Region during the Cold War: The South Korean Case," East Asian Studies, Vol. 16, No. 4, 1998.

Mira Rapp Hooper, "Uncharted Waters: Extended Deterrence and Maritime Disputes," The Washington Quarterly, Vol. 38, No. 1, 2015.

Philipp C. Bleek and Eric B. Lorber, "Security Guarantees and Allied Nuclear Proliferation," Journal of Conflict Resolution, 2014, Vol. 58, No. 3.

Robert Jervis, "Deterrence Theory Revisited," World Politics, Vol. 31, No. 2, 1970.

Robert Powell, "Nuclear Deterrence Theory, Nuclear Proliferation, and National Missile Defense," International Security, Vol. 27, No. 4, 2003.

Robert S. Norris, William M. Arkin, and William Burr, "Where They Were," Bulletin of the Atomic Scientists, Vol. 55, No. 6, November/December 1999.

Scott Sagan, "The Case for No First Use," Survival, Vol. 51, No. 3, 2009.

Scott Sagan, "The Commitment Trap: Why the United States Should Not Use Nuclear Threats to Deter Biological and Chemical Weapons Attacks," International Security, Vol. 24, No. 4, 2000.

Scott Sagan, "The Perils of Proliferation: Organization Theory, Deterrence Theory, and the Spread of Nuclear Weapons," International Security, Vol. 18, No. 4, 1994.

Scott Sagan, "Why Do States Build Nuclear Weapons? Three Models in

Search of a Bomb," International Security, Vol. 21, No. 3, 1996.

Se Young Jang, "The Evolution of US Extended Deterrence and South Korea's Nuclear Ambitions," Journal of Strategic Studies, Vol. 39, No. 4, 2016.

Seung－Young Kim, "Security, Nationalism and the Pursuit of Nuclear Weapons and Missiles: The South Korean Case, 1970－82," Diplomacy & Statecraft, Vol. 12, No. 4, 2001.

Sonali Singh and Christopher R. Way, "The Correlates of Nuclear Proliferation: A Quantitative Test," Journal of Conflict Resolution, Vol. 48, No. 6, 2004.

Stephan Frühling, "Managing Escalation: Missile Defence, Strategy and US Alliances," International Affairs, Vol. 92 No. 1, 2016.

Tony Smith, "New Bottles for New Wine: A Pericentric Framework for the Study of the Cold War," Diplomatic History, Vol. 24, No. 4, 2000.

Vipin Narang, "What Does It Take to Deter? Regional Power Nuclear Postures and International Conflict," Journal of Conflict Resolution, Vol. 57, No. 3, June 2013.

Yukinori Komine, "The ʻJapan Cardʼ in the United States Rapprochement with China 1969－1972," Diplomacy and Statecraft, Vol. 20, No. 3, 2009.

Yuri Kase, "The Costs and Benefits of Japan's Nuclearization: An Insight into the 1968/70 Internal Report," The Nonproliferation Review, Vol. 8, No. 2, 2001.

六、日文著作
岸信介『岸信介回顧録』東京：廣済堂1983年。
波多野澄雄『歴史としての日米安保条約』、東京：岩波書店2010年。
不破哲三『日米核密約』東京：新日本出版社2000年。
黒崎輝『核兵器と日米関係―アメリカの核不拡散外交と日本の選

択 1960 – 1976』東京：有志舎 2006 年。

　　加藤哲郎『日本の社会主義　原爆反対・原発推進の論理』、東京：岩波書店 2013 年。

　　加藤哲郎、井川充雄編『原子力と冷戦—日本とアジアの原発導入』、東京：花伝社 2013 年。

　　栗山尚一、中島琢磨、服部龍二、江藤名保子『外交証言録沖縄返還・日中国交正常化・日米密約』、東京：岩波書店 2010 年。

　　楠田實『楠田實日記』東京：中央公論新社 2001 年。

　　若泉敬『他策ナカリシヲ信ゼムト欲ス』、東京：文藝春秋社 1994 年。

　　田中明彦『安全保障—戦後 50 年の模索』東京：読売新聞社 1997 年。

　　細谷千博、有賀貞、石井修、佐々木卓也編『日米関係資料集 1945—1997』東京：東京大学出版会 1999 年。

　　小沢一郎『日本改造計画』東京：講談社 1993 年。

　　新原昭治『米政府安保外交秘密文書資料・解説』東京：新日本出版社 1990 年。

　　伊藤昌哉『日本宰相列伝 21：池田勇人』東京：時事通信社 1985 年。

　　中曽根康弘『天地友情：五十年の戦後政治を語る』東京：文藝春秋 1996 年。

　　中曽根康弘『政治と人生：中曽根康弘回顧録』東京：講談社 1992 年。

　　佐道明広、服部龍二、小宮一夫『人物で読む現代日本外交史—近衛文麿から小泉純一郎まで』東京：吉川弘文館 2008 年。

七、部分档案资料来源

Archivio dell'Ufficio Storico dello Stato Maggiore dell'Esercito Italiano（Archive of the Historical Office of the General Staff of the Italian Army, AUSSME）

Declassified Documents Reference System（DDRS）

Digital National Security Archives（DNSA）

Documents Diplomatiques Françaises（DDF）

Foreign Relations of the United States（FRUS）

National Archives and Records Administration （NARA）

『外務省外交記録』

『アメリカ合衆国対日政策文書集成』

/后 记/

白驹过隙，时光荏苒。转眼之间，我已在复旦大学享受了九年的求学生涯。回想初入校园的日子，和同学们一起背诵着"博学笃志，切问近思"的校训，却不知其中深意。如今大家早已各奔东西，在不同的工作岗位上奋力拼搏，而我在学术科研的道路上继续探索，也终于对复旦人如何治学、做人有了更深层次的理解。

初见导师沈丁立教授，是在2012年一次青年外事交流活动当中。沈老师在讲台上风度翩翩，用通俗易懂、幽默诙谐的方式鼓励青年人要勇于打破传统观念的束缚，始终保有开放而包容的心态，与同道中人相互学习、增进友谊。这正是孔子所说的"有朋自远方来，不亦乐乎"的道理。我当即被沈老师的演讲所深深吸引，憧憬着自己今后也能成为一名"传道、授业、解惑"的好老师。后来有幸成为沈老师的学生，看到沈老师在日常生活和工作中践行着古训，对我亦是一种鞭策。沈老师反复和我强调，批判精神是复旦的底蕴、是学者的灵魂。如果人云亦云，盲目相信书本和教条，那就不可能有任何创新，更谈不上做出学术贡献和创造社会价值。当然，创新要建立在扎实的研究基础之上。沈老师时常翻出他当年求学时的论文和笔记，告诫我人文社会科学是一个长期积累的过程，而最终的目标是要做到去粗取精，去伪存真。当我投稿的论文受到盲审专家的批驳时，沈老师把我拉到身边，一字一句地指出哪些表达不够准确到位，哪些论证存在逻辑问题。当我申请国外联合培养项目时，沈老师又倾力相助，为我多次撰写推荐信，搭建国际学术网络。沈老师时常教导我，做国际关系，既要有学术，又要讲立场；既要立足于中国，又要有世界眼光。这些都将让我一生铭记在心，感谢导师！

除了导师之外，我的博士论文还得到了学院多位老师的帮助。从论文开题到预答辩，樊勇明教授、徐以骅教授、陈志敏教授和张建新教授为我论文的构思和写作提出了极为宝贵的意见和建议。当然，还要感谢我的明审专家郭树勇教授，答辩委员会的刘军教授、夏立平教授、任晓教授、张贵洪教授以及盲审评委。各位老师都对我的博士论文提出了极具针对性的修改意见。从本科到博士阶段，我在课堂上或是讲座中向苏长和老师、陈玉刚老师、胡令远老师、潘忠岐老师、徐静波老师、包霞琴老师、张家栋老师、刘宏松老师、何佩群老师、蒋昌建老师、吴澄秋老师、朱杰进老师、陈玉聃老师、俞沂暄老师、张骥老师、马斌老师等学到了探究学问的方法，师恩难忘。另外，我要特别感谢我的硕导肖佳灵老师。肖老师治学严谨、诲人不倦的品格始终是我努力的方向。我还要特别感谢亦师亦友的沈逸老师和贺平老师。沈老师才思敏捷，观点独到；贺老师为人谦和，学问扎实。无论我遇到什么样的挫折，两位老师都愿意倾听，为我排忧解难，指点方向。沈逸老师更是在我担任助管期间，在生活上和学习上给予了巨大的支持和帮助，深表感谢！

感谢我师门的师兄师姐和师弟师妹在平日给予的鼓励。每次师门聚会都为我带来温暖和灵感。感谢同班同学连波、银培萩、王晓虎、陈楷鑫、李彦良、秦立志、李红梅、周亦奇、刘青尧、罗艳奇等与我共度博士生涯。感谢我各个求学阶段的辅导员、学工以及外办的老师。感谢金砖中心的侯筱辰和王蕾两位同事。筱辰工作细致认真，王蕾学术能力强，文字功底出色。在工作中，我不断向她们学习，亦获得了诸多帮助。特别感谢王蕾多次为我投稿的文章校对，包括我的博士学位论文。同时感谢环宇翔博士为我的博士论文绘制图表。

最后，我要感谢我的家人无私的付出。我的父母含辛茹苦把我抚养成人，平日里勤劳节俭，为我创造良好的学习环境，教会我读书做人的道理。我还要感谢我的岳父岳母，他们作为科研工作者能够理解学术道路的艰辛和不易，对我更加支持和包容。我更要感谢我的夫人，她始终积极乐观，笑看一切困难，为我加油鼓劲。她也不忘对我提出更高的要求，让我时刻反省自己的不足，更上一层楼。

日月光华，旦复旦兮。博士毕业只是学术生涯的起点。在众多老师和亲朋好友的帮助下，在复旦精神的感召下，相信我能够忠于学术，胸怀天下；不忘初心，砥砺前行。

2020 年 9 月 20 日修改于智库楼